쉽게 풀어 쓴

양조학

이석현·김상진·김종규·박 한 공저

백산출판사

머리말

  술(酒)은 인간을 위해 만들어진 것이 아니다. 술은 신(神)에게 바치기 위해 인간이 만들어낸 최고의 걸작품이다. 동서고금을 막론하고 신이나 조상에게 제사를 지낼 때는 예외 없이 술을 바치고 있다. 그래서 술은 만든다는 표현보다는 빚는다는 표현을 사용함으로써, 마치 도예가(陶藝家)가 도자기를 빚어내듯 술 빚어내는 것을 예술의 경지로 승화시키고 있다.

  신과 조상만이 받을 수 있는 천상(天上)의 음식인 술을, 신과 조상을 받드는 의식을 빙자하여 인간이 먹게 되었으며, 인간이 마심으로써 신의 경지를 넘보는 천기(天機)를 범하게 되어 술은 잘 마시면 약이 되지만 잘못 마시면 패가망신하는 묘약이 되는 것이다. 모든 경조사에 술이 빠질 수 없는 것도 이 때문일 것이다.

  인간의 희로애락을 술로써 달래고 인생을 논하는 자리에 윤활유로써의 구실을 톡톡히 해내는 술! 술은 나라와 민족을 초월하는 만국 공통의 음료이기에 민족마다, 나라마다, 지방마다 나름대로의 독특한 술이 있기 마련이다. 따라서 술 만드는 방법도 다양할 수밖에 없다.

  우리나라도 시공(時空)을 초월하여 고을마다, 집집마다 나름대로의 독특한 술과 음주문화가 있어 왔으나 일제 36년간에 모두 말살되어 기록조차 남아 있지 않은 경우가 대부분이며, 그나마 남아 있는 기록조차 제대로 전수되지 못한 실정이다 보니 양조에 관한 이렇다 할 전문서적이 태부족한 것이 우리의 현실이다.

  뿐만 아니라 우리나라에는 양조학(釀造學)을 체계적이고 심도 있게 교육할 수 있는 정규 교육기관이 전무하여 고품질 고가의 세계적인 명주(銘酒)를 생산할 수 있는 바탕이 전혀 마련되어 있지 못한 실정이다.

그러므로 양조에 관한 전문인력을 양성할 수 있는 양조학과를 전문대학 또는 대학에 신설할 필요가 절실하다. 다행히 일부 대학의 대학원이나 특수 대학원에서 양조에 관련되는 교과목을 개설하여 운영하고 있으니 매우 고무적인 일이 아닐 수 없다. 그 외에도 일부 학원이나 문화원 등에서 양조에 관한 실습 위주의 교육과정을 운영하고 있음도 간과할 수 없는 고무적인 일로 사료된다.

이러한 의미에서 국내적으로 양조학 분야에 있어 이렇다 할 교과서조차 없는 실정에 비추어볼 때, 이 책은 최초의 양조학 교과서라는 뜻에서 저자가 수년간 현장을 발로 뛰면서 자료를 수집 · 선별 · 정리함으로써 양조학에 관한 이론과 실제를 모두 갖출 수 있도록 집필하였다. 그러나 저자의 노력에도 불구하고 아직도 부족하고 추가해야 할 내용이 남아 있음을 잘 알고 있어 앞으로 판을 거듭할 때마다 수정 · 보완할 것을 약속드리며, 아무쪼록 이 책이 양조학을 공부하는 학생들에게는 훌륭한 교과서로써의 역할을 다하고, 양조분야에 종사하는 양조 전문가들에게는 훌륭한 참고서의 역할을 할 수 있기 바란다.

끝으로 이 책이 완성되기까지 훌륭한 자료와 사진 그리고 조언을 아끼지 않으신 모든 분과 출판을 흔쾌히 맡아주신 백산출판사 진욱상 사장님을 비롯하여 관계자 여러분께 심심한 감사의 말씀을 드린다.

2013년
저자 일동

차례

Chapter **3** ••• 와인의 개요

Chapter *4* ••• 각국의 와인

Chapter 5 ••• 우리나라 술의 역사와 특성

Chapter **6** ••• 술과 건강

Chapter

음료의 개요

1

음료의 개요

1. 음료의 역사

인류 최초의 음료는 물이다. 옛날 사람들은 이런 순수한 물을 마시고 그들의 갈증을 달래고 만족했을 것이다. 그러나 세계문명의 발상지로 유명한 티그리스(Tigris) 강과 유프라테스(Euphrates)강의 풍부한 수역에서도 강물이 오염되어 그 일대 주민들이 전염병의 위기에 처해지기도 했지만, 독자적인 방법으로 강물을 가공하여 안전하게 마신 것으로 전해진다. 인간은 오염으로 인해 순수한 물을 마실 수 없게 되자 색다른 음료를 연구할 수밖에 없었다.

음료에 관한 고고학적(考古學的) 자료가 거의 없기 때문에 정확히 알 수는 없으나 자연적으로 존재하는 봉밀(蜂蜜)을 그대로 또는 물에 약하게 타서 마시기 시작한 것이 그 시초라 한다.

1919년에 발견된 스페인의 발렌시아(Valencia) 부근에 있는 동굴 속에서 약 1만 년 전의 것으로 추측되는 암벽조각에는 한 손에 바구니를 들고 봉밀을 채취하는 인물그림이 있다. 다음으로 인간이 발견한 음료는 과즙(Fruit Juice)이다. 고고학적 자료로써 BC 6000년경 바빌로니아(Babylonia)에서 레몬(Lemon)과즙을 마셨다는 기록이 전해지고 있다. 그 후 이 지방 사람들은 밀빵이 물에 젖어 발효된 맥주를 발견해 음료로 즐겼으며, 중앙아시아 지역에서는 야생의 포도가 쌓여 자연 발효된 포도주를 발견하여 마셨다고 한다.

인간이 탄산음료를 발견하게 된 것은 자연적으로 솟아나오는 천연 광천수(Mineral Water)를 마시게 된 데서 비롯된다. 어떤 광천수는 보통 물과 달라서 인체나 건강에 좋다는 것을 경험으로 알게 되어 병자에게 마시게 했다.

기원전 그리스(Greece)의 기록에 의하면, 이러한 광천수의 효험에 의해 장수했다고 전해지고 있다. 그 후 로마(Rome)시대에는 이 천연 광천수를 약용으로 마셨다고 한다. 그러나 약효를 믿고 청량한 맛은 알게 되었으나 그것이 물속에 함유된 이산화탄소(CO_2) 때문이란 것은 알지 못했었다. 탄산가스의 존재를 발견한 것은 18C경 영국의 화학자 조셉 프리스트리(Joseph Pristry)이며, 그는 지구상 주요 원소의 하나인 산소의 발견자로서 과학사에 눈부신 업적을 남겼다. 탄산가스의 발견이 인공 탄산음료 발명의 계기가 되었고, 그 이후에 청량음료(Soft Drink)의 역사에 크게 기여하게 되었다고 한다. 그리고 인류가 오래전부터 마셔온 음료로 유(乳)제품이 있다.

목축을 하는 유목민들은 양이나 염소의 젖을 음료로 마셨다고 한다. 현대인들 누구나가 즐겨 마시는 커피도 AD 600년경 에티오피아에서 염소를 치는 칼디에 의해 발견되어, 약재와 식료 및 음료로 쓰이면서 홍해 부근의 아랍 국가들에게 전파되었고, 1300년경에는 이란(Iran)에, 1500년경에는 터키(Turkey)에까지 전해졌다.

인류가 음료의 향료에 관심을 가지게 된 것은 그리스(Greece)나 로마(Rome)시대부터라고 전해지고 있으나, 의식적으로 향료를 사용하게 된 것은 중세 때부터로, 십자군의 원정이나 16C경부터 시작된 남양(南洋) 항로개발로 동양의 향신료를 구하게 된 것이 그 동기가 되었다.

당시에는 초근목피(草根木皮)에 함유된 향신료(Spice and Bitter)를 그대로 사용하였으나, 18C에 과학의 다양화와 소비자의 기호에 맞춘 여러 종류의 청량음료가 시장에 나오게 되었다. 그 외 알코올성 음료도 인류의 역사와 병행하여 많은 발전을 거듭하여 오늘에 이르렀고, 유(乳)제품을 비롯한 각종 과일주스가 나오게 되면서 점점 다양화되어 현재에 이르게 된 것이다.

2. 음료의 정의

우리 인간의 신체 구성요건 가운데 약 70%가 물이라고 한다. 모든 생물이 물로부터 발생하였으며, 또한 인간의 생명과 밀접한 관계를 가지고 있는 것이 물, 즉 음료라는 것을 생각할 때 음료가 우리 일상생활에서 얼마나 중요한 것인지를 알 수 있다. 그러나 현대인들은 여러 가지 공해로 인하여 순수한 물을 마실 수 없게 되었고, 따라서 현대문명 혜택의 산물로 여러 가지 음료가 등장하게 되어 그 종류가 다양해졌으며 각자 나름대로의 기호음료를 찾게 되었다.

음료(Beverage)라고 하면 우리 한국인들은 주로 비알코올성 음료만을 뜻하는 것으로, 알코올성 음료는 '술'이라고 구분해서 생각하는 것이 일반적이라 할 수 있다. 그러나 서양인들은 음료에 대한 개념이 우리와 다르다. 물론 음료(Beverage)라는 범주(category)에서 알코올성, 비알코올성 음료로 구분을 하지만, 마시는 것은 통칭 음료라고 하며, 어떤 의미는 알코올성 음료로 더 짙게 표현되기도 한다. 또한 와인(Wine)이라고 하는 것은 포도주라는 뜻으로 많이 쓰이나 넓은 의미로는 술을 총칭하고 좁은 의미로는 발효주(특히 과일)를 뜻한다.

일반적으로 술을 총칭하는 말로는 리쿼(Liquor)가 있으나, 이는 주로 증류주(Distilled Liquor)를 표현하며, Hard Liquor(독한 술, 증류주) 또는 Spirits라고도 쓴다.

3. 음료의 분류

음료란 크게 알코올성 음료(Alcoholic Beverage=Hard Drink)와 비알코올성 음료
(Non-Alcoholic Beverage=Soft Drink)로 구분되는데, 알코올성 음료는 일반적으로
알코올이 포함된 술을 의미하고, 비알코올성 음료는 알코올이 포함되지 않은 것으
로 청량음료, 영양음료, 기호음료로 나눈다. 음료를 종류별로 분류해 보면 다음과
같다.

■ 음료의 분류

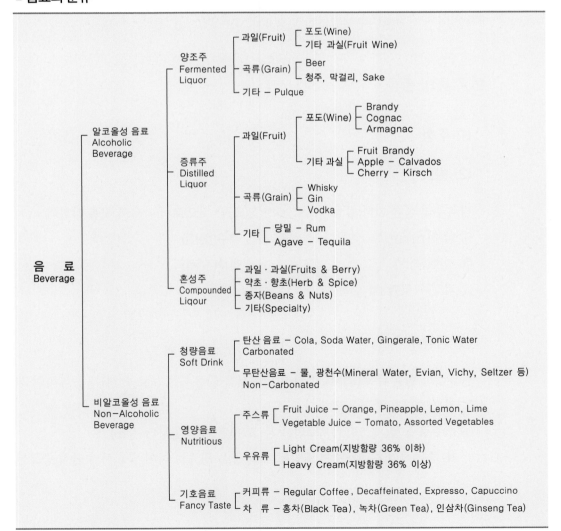

4. 주세법상 주류의 정의와 분류

1) 주류의 정의(제3조)

우리나라 주세법상 주류라 함은 주정(희석하여 음료로 할 수 있는 것을 말하며, 불순물이 포함되어 있어서 직접 음료로 할 수는 없으나 정제하면 음료로 할 수 있는 조주정을 포함한다)과 알코올분 1도 이상의 음료(용해하여 음료로 할 수 있는 분말 상태의 것을 포함하되, 약사법에 의한 의약품으로서 알코올분 6도 미만의 것을 제외한다)를 말한다. 즉 다시 말해 전분(곡류), 당분(과실)들을 발효 및 증류시켜 만든 1% 이상의 알코올(Ethanol)성분이 함유된 음료이다.

2) 주류의 종류

(1) 주정

(2) 발효주

발효주라 함은 기타 발효액으로 제성(製成)한 것으로서 다음의 것을 말한다.
① 탁주(濁酒) ② 약주(藥酒)
③ 청주(淸酒) ④ 맥주(麥酒)
⑤ 과실주(果實酒)

(3) 증류주

증류주라 함은 주료(酒料), 기타 알코올분을 함유하는 물료(物料)를 증류하여 제성한 것으로 다음의 것을 말한다.
① 소주로 통합(제조방법으로만 구분; 2013년 1월 1일부터 적용)
　가. 증류식 소주 : 녹말이 포함된 재료 등을 원료로 하여 발효시켜 단식 증류한 소주

나. 희석식 소주 : 주정을 주된 원료로 하여 물로 알코올도수를 낮춘 소주
　② 위스키　　　　　　　　　　③ 브랜디
　④ 일반 증류주　　　　　　　　⑤ 리큐르

(4) 기타 주류

5. 술의 역사

　술은 인류의 역사와 더불어 존재하였으며, 저마다 그
나라의 풍습과 민속을 담고 있다. 어느 나라의 술의 역사
를 보아도 그 기원은 아주 먼 고대로부터 전래되고 있으
며, 고대인에게 있어서 술은 신에게 바치는 신성한 음료
로 전승되어 왔음을 알 수 있다.

　인간이 어떻게 술을 알게 되었는가에 대해서는 어느
정도 추측으로 알 수 있다. 한 예로 원숭이가 술을 만들
었다고 전하는 말과 같이, 수렵시대에 바위틈이나 움푹
패인 나무 속에서 술이 발견되었다고 하는데, 이것은 과

아르마냑 지방의 연속증류기

실이 자연적으로 발효해서 술이 된 것이다. 이어서 유목시대와 농경시대 사이에 곡
류에 의한 술이 만들어져 술은 다양화되었다. 현재 곡주로서 가장 오래된 것으로 알
려진 것이 맥주인데 우리나라에서는 막걸리가 같은 예에 속한다.

　맥주의 기원은 인간이 한곳에 정착하여 농사를 짓기 시작한 농경시대부터 비롯
되었는데, BC 4000년경 수메르(Sumer)인에 의해 맥주가 최초로 만들어졌다고 한
다. 맥주 다음으로 발견된 술은 포도주(Wine)로, 구약성서(Bible)에 노아(Noah)가
포도주에 취한 기록이 있듯이 이미 포도원을 경작하였음을 추측할 수 있다. 그리스
신화에서는 디오니소스가 포도주 만드는 방법을 가르쳤다고 전한다.

　중세 이전까지 인간은 맥주, 포도주를 즐겨 마셨으나, 중세에 접어들면서 8C에

포도주의 신
디오니소스─레오나르도다빈치 그림

아랍의 연금술사인 제버(Geber)로 알려진 자비르 이븐 하얀(Jabir Ibn Hayyan)이라는 사람이 보다 강한 주정(酒精)의 제조과정을 고안해 냈다. 그 이후 십자군전쟁(1096~1291)으로 연금술 및 증류비법이 유럽에 전파되었고, 1171년에 헨리 2세가 아일랜드를 침입하였을 때 곡물을 발효하여 증류한 강한 술을 마셨다고 한다.

12C경 러시아에서 보드카(Vodka)가 만들어졌고, 13C경에는 프랑스에서 아르노 드 빌누브(Arnaud de Villeneuve)라는 의학교수에 의해 브랜디(Brandy)가 발견되었다. 17C경 네덜란드 라이덴 대학의 의학교수인 실비우스(Sylvius) 박사에 의해 진(Gin)이 탄생했고, 거의 같은 시기에 서인도제도에서는 사탕수수를 원료로 한 럼(Rum)을 만들어 마셨다. 그 후 멕시코에 있는 스페인 사람들은 원주민이 즐겨 마시던 발효주인 풀케(Pulque)를 증류하여 테킬라(Tequila)를 만들었다. 이외에도 수많은 리큐르(Liqueur)가 만들어졌고, 각 나라마다 자기 민족에 맞는 새로운 알코올음료가 생겨나고 있다.

6. 알코올농도 계산법

알코올농도라 함은 온도 15℃일 때의 원용량 100분 중에 함유하는 에틸알코올의 용량(Alcohol Percentage by Volume)을 말한다.

이러한 알코올농도를 표시하는 방법은 각 나라마다 그 방법을 달리하나, 현재 일반적으로 전 세계의 술에 표시되고 있는 알코올농도는 프루프(Proof)와 프랑스의 게이뤼삭(Gay Lussác)이 고안한 용량분율(Percent by Volume)을 사용하고 있다.

1) 영국의 도수표시방법

영국식 도수표시는 사이크(Syke)가 고안한 알코올 비중계에 의한 사이크 프루프(Syke Proof)로 표시한다. 이것은 50°F에서 같은 용량의 증류수의 12/13의 중량을 가진 스피리트를 알코올 함유 음료의 표준강도라고 하며, 이것을 한국 도수로 계산하면 57.1%가 된다. 이 스피리트를 100으로 해서 물이 0일 때 순수 에틸알코올을 175등분하여 100을 초과한 것은 오버 프루프(Over Proof; O.P.)라 하고, 100을 초과하지 않은 것은 언더 프루프(Under Proof; U.P.)라고 한다. 그러나 이 방법은 다른 나라에 비해 매우 복잡해서 최근에는 수출품목 상표에 영국식 도수를 표시하지 않고 미국식 Proof를 사용하고 있다.

2) 미국의 도수표시방법

미국의 술은 강도표시를 프루프(Proof) 단위로 한다. 60°F(15.6℃)에 있어서의 물을 0으로 하고 순수 에틸알코올을 200프루프로 하고 있다. 이것은 주정도를 2배로 한 숫자로 100프루프는 주정도 50%라는 의미이다(예 : 86프루프=43°).

- 화씨(華氏; Fahrenheit's temperature scale)
  1720년에 G.D. 파렌하이트가 쓰기 시작한 온도 눈금으로 어는점(0℃)을 32°F, 1기압하의 물의 끓는 점(100℃)을 212°F로 한 것이다.
  °F=9/5℃+32   ℃=5/9(°F−32)

■ 섭씨 · 화씨 온도대조표

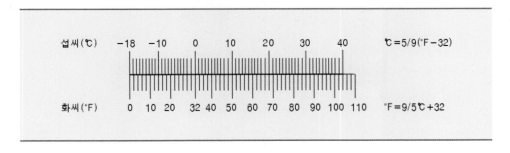

3) 독일의 도수표시방법

독일은 빈디쉬(Windisch)가 고안한 중량비율(Percent by Weight)을 사용한다. 100g의 액체 중 몇 g의 순에틸알코올이 함유되어 있는가를 표시한다. 술 100g 중 에틸알코올이 40g 들어 있으면 40%의 술이라고 표시한다(예 : 40°=33.5% Alc/Weight).

4) 우리나라의 도수표시방법

스프리트가 완전히 에틸알코올일 때를 100으로 해서 이것을 100등분으로 표시한 것이다. 이는 % 또는 °와 같은 표시이다.

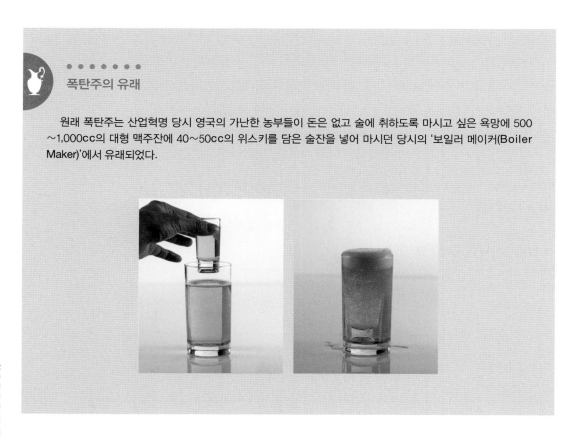

폭탄주의 유래

원래 폭탄주는 산업혁명 당시 영국의 가난한 농부들이 돈은 없고 술에 취하도록 마시고 싶은 욕망에 500~1,000cc의 대형 맥주잔에 40~50cc의 위스키를 담은 술잔을 넣어 마시던 당시의 '보일러 메이커(Boiler Maker)'에서 유래되었다.

7. 술의 분류

1) 양조주

양조주(Fermented Liquor)란, 술의 역사로 보아 가장 오래전부터 인간이 마셔온 술로서 과실 중에 함유되어 있는 당분(糖粉), 즉 과당(果糖)이나 곡류(穀類) 중에 함유되어 있는 전분(澱粉)을 전분당화 효소(酵素)인 디아스타아제(Diastase)와 효모(酵母)인 이스트(Yeast)를 작용시켜 발효(醱酵), 양조(釀造)하여 알코올(Alcohol)이 생긴 음료(飮料)를 말한다.

단발효주는 원료에 함유된 당분을 그대로 발효시켜 음용하는 주류를 가리키며, 포도주나 사과주와 같은 과실주가 여기에 속한다.

복발효주는 전분질을 당화시켜 발효시킨 것을 말하며 맥주와 같이 맥아의 아밀라아제(amylase)로 원료의 전분을 당화시킨 당액을 발효시켜 음용하는 것을 단행복발효주라 하고 청주와 같이 코지(koji)균의 아밀라아제로써 전분질을 당화시키면서 동시에 발효를 진행시켜서 만든 주류를 병행복발효주라고 한다. 중국이나 일본 및 우리나라에는 이와 같은 병행복발효주가 많다.

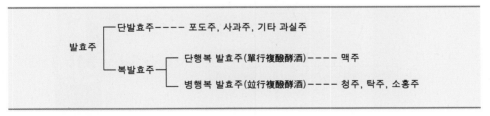

발효주
- 단발효주 ---- 포도주, 사과주, 기타 과실주
- 복발효주
  - 단행복 발효주(單行複醱酵酒) ---- 맥주
  - 병행복 발효주(竝行複醱酵酒) ---- 청주, 탁주, 소홍주

(1) 과실류를 원료로 한 술의 제조

과실류에 포함되어 있는 과당(Fruit Sugar)에 효모를 첨가하면 에틸알코올(Ethyl Alcohol)과 이산화탄소(CO_2) 그리고 물(H_2O)이 만들어진다. 여기서 이산화탄소는 공기 중에 산화되기 때문에 알코올성분을 포함한 액이 술로 만들어진다.

■ 과실류를 원료로 한 술의 제조과정

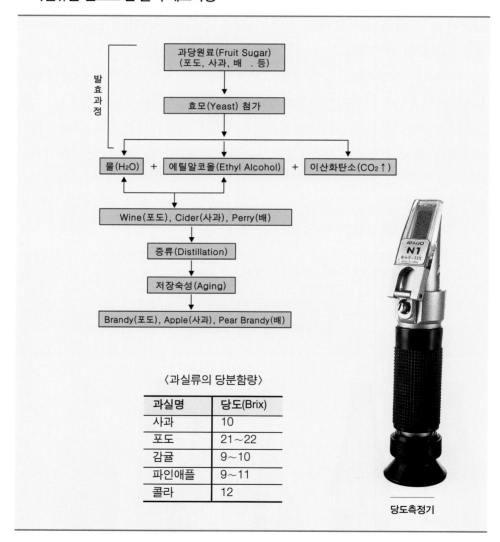

발효과정

과당원료(Fruit Sugar)
(포도, 사과, 배 . 등)

↓

효모(Yeast) 첨가

물(H_2O) + 에틸알코올(Ethyl Alcohol) + 이산화탄소(CO_2↑)

↓

Wine(포도), Cider(사과), Perry(배)

↓

증류(Distillation)

↓

저장숙성(Aging)

↓

Brandy(포도), Apple(사과), Pear Brandy(배)

〈과실류의 당분함량〉

과실명	당도(Brix)
사과	10
포도	21~22
감귤	9~10
파인애플	9~11
콜라	12

당도측정기

(2) 곡류를 원료로 한 술의 제조

곡류에 포함되어 있는 전분 그 자체는 직접적으로 발효가 되지 않기 때문에 전분을 당분으로 분해시키는 당화과정을 거친 후에 효모를 첨가하면 알코올로 발효되어 술이 만들어진다.

■ 곡류(Grain)를 원료로 한 술의 제조과정

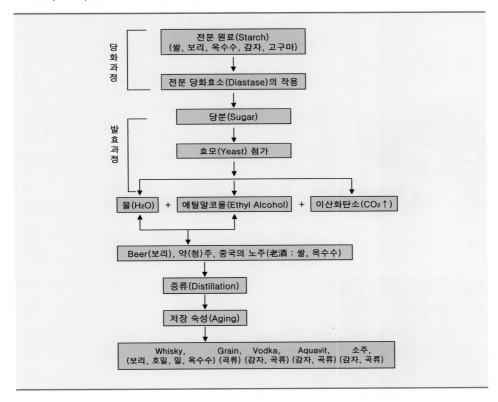

2) 증류주

일반적으로 과실이나 곡물로부터 양조하여 만드는 양조주는 효모의 성질이나 함유량에 의하여 와인의 경우 8~14%, 맥주의 경우 6~8% 내외의 알코올을 얻을 수 있는데, 증류주는 이보다 높은 알코올농도를 얻기 위해서 양조한 술을 증류해서 만든다.

(1) 증류의 원리

혼합물을 구성하는 각각의 성분물질은 서로 다른 기화점(Evaporation point), 즉 비등점(Boiling point)을 가지고 있다는 데서 착안된 것이다. 물과 알코올이 섞여 있는 것을 가열하면 176°F(80℃)에서 알코올은 액체에서 수증기로 기화하며, 물(H₂O)은 212°F(100℃)에 도달할 때까지 기화현상을 일으키지 않는다. 따라서 176°F(80℃)~212°F(100℃) 사이의 온도를 유지하면서 가열하면 알코올분만이 기화되므로 이것을 다시 176°F(80℃) 이하로 냉각시키면 순도가 높은 알코올을 얻을 수 있다.

(2) 증류기(Distiller)

우리나라 토고리 증류기

단식증류기

① 단식증류기(Pot still)

단식증류는 밀폐된 솥과 관으로 구성되어 있으며, 구조가 매우 간단하고 1회 증류가 끝날 때마다 발효액을 넣어 증류하는 원시적인 증류법이다.

아일랜드 사람들은 아랍인들이 향수를 제조할 때 사용하던 알렘빅(Alembic)이라는 흙으로 빚은 증류기를 향수 제조보다 위스키 제조에 사용하기 시작했는데, 이 알렘빅이 단식증류기의 시조라 할 수 있다.

- 장점 : 시설비가 저렴하고, 맛과 향의 파괴가 적다.
- 단점 : 대량생산이 불가능하고, 재증류의 번거로움이 많다.
- 대표적인 술 : Malt Whisky

② 연속식 증류기(Patent still)

1831년 영국의 Aeneas Coffey가 개발한 신식 증류기로 2개의 Column still로 구성되어 있다.

- 장점 : 대량생산이 가능하고, 생산원가 절감, 연속적인 작업을 할 수 있다.

연속증류기(보드카)

- **단점** : 주요성분이 상실되고, 시설비가 고가이다.
- **대표적인 술** : Grain Whisky, Vodka, Gin 등

위스키

브랜디

진

보드카

럼

데킬라

소주

3) 혼성주

혼성주는 증류주 또는 양조주에 초근목피(草根木皮), 향료, 과즙, 당분을 가해서 만든 술로서 리큐르(Liqueur)라고 불리는 모든 술이 여기에 속한다.

갈리아노

캄파리

트리플섹

큐라소

깔루아

Chapter

맥주

2

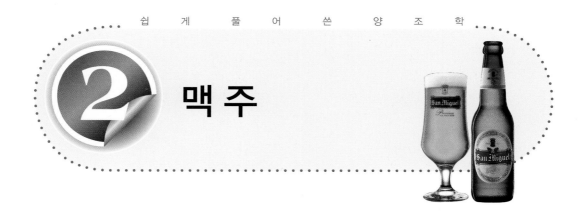

2 맥 주

1. 맥주의 기원

　자연계에 존재하는 과실즙, 꿀 등과 같은 당분을 함유한 물질은 공기 중에 떠돌아 다니는 효모가 부착 또는 혼입해서 발효를 일으켜 알코올 함유물을 만든다고 생각한다. 그러나 곡류를 원료로 한 알코올 함유물은 인간이 어떤 지방에 정착하여 곡류를 재배하고 다시 그 곡류에 소화성(消化性)을 높여서 여러 가지 가공을 행할 수 있기 때문에 가능했다고 생각된다.

　예를 들면, 맥분(麥粉)에 물을 가해 잘 섞어서 빵반죽을 만들고, 이때 효모를 가하고 그 발효에 의해서 빵을 만들게 되는데, 빵과 맥주의 제조과정을 살펴보면 유사한 점이 매우 많다. 이와 같은 또는 유사한 경로를 더듬어서 맥주의 양조도 아주 옛날 여러 민족에 의해 여러 곳에서 창시(創始)되었다는 것을 여러 가지 증거를 통해 알 수 있다. 그러나 현재의 맥주(Beer)는 고대 바빌로니아(Babylonia; 현재 이라크)와 이집트 등에서 발달해서, 문화의 교류와 함께 여러 지역으로 전파된 것으로 추측되는데, 그 경로는 부정확하여 아직까지 자세히 알려진 바가 없다. 하지만 고고학자들의 연구에 의하면 BC 4000~BC 5000년 전부터 맥주에 관한 유적이 나타나고 있고,

맥류(麥類)의 발상지는 지중해 농경 문화권 내의 티그리스(Tigris), 유프라테스(Euphrates) 두 강의 연안지방으로 기술하고 있다. 따라서 고대 바빌로니아(Babylonia)는 곡물재배 및 맥주제조 발상지로서 또한 인류문화 요람지로 알려져 오고 있다.

모뉴멘트 블루
Monument Blue, 맥주에 관한 최고의 기록. BC 3000년경 수메르에서 닌-하라(Nin-Hara) 여신에게 바칠 맥주를 만드는 광경(루브르박물관 소장)

1) 고대 바빌로니아(Babylonia)의 맥주

곡물을 원료로 한다는 점에서 맥주의 기원은 인간이 한곳에 정착하여 농사를 짓기 시작한 농경시대부터 비롯된다 하겠다. 혹자는 BC 7000년에 바빌로니아에서 시작되었다고 하는데, 역사의 고증을 종합하면 BC 4000년경에 수메르(Sumer)인에 의해 맥주가 최초로 만들어졌다고 보는 것이 타당할 것 같다.

1953년 메소포타미아(Mesopotamia)에서 발견된 비판(碑版)의 문자를 해석한 결과, 기원전 4200년경 고대 바빌로니아에서는 이미 발효를 이용해 빵을 구웠으며, 그 빵으로 대맥(大麥)의 맥아를 당화시켜 물과 섞어서 맥주를 만들었다는 사실을 알게 되었다.

수메르인에 대한 가장 오래된 기록은 파리 루브르박물관에 소장되어 있는 '모뉴멘트 블루(Monument Blue)'인데, 방아를 찧고 맥주를 빚어 닌나(Nina 또는 Nin-Harra) 여신에게 바치는 모양이 기록되어 있다. 이러한 수메르인들은 티그리스(Tigris)와 유프라테스(Euphrates) 양쪽 강 유역의 중요한 메소포타미아 평원에 이주해서, 그곳에 훌륭한 문화를 건설하고, 곡물을 재배해서 맥주 양조의 기술을 고도로 발달시켰으며, 그 문화는 고대 그리스, 로마문명의 기초가 되었다.

2) 고대 이집트 맥주의 양조법

고대 이집트(Egypt)의 맥주 제조법은 거의 완전하게 회화에 의해 기록되어 있기 때문에 옛날부터 상세하게 알려져 있는데, 한 연구 자료에 따르면 BC 3000년경 이집트인들은 내세(內世)가 있다고 믿어, 죽은 자는 열 가지 육류, 다섯 가지 포도주, 네 가지 맥주, 열한 가지 과일, 그리고 여러 가지 과자와 부장물을 원했다고 한다.

이상에서 미루어보아 이집트에서도 당시 맥주제조가 이루어졌던 것으로 볼 수 있다. 이는 수메르인보다 훨씬 후의 일로, 아마도 소아시아인의 이동으로 양조기술이 전래된 것으로 추측된다. BC 2300년경에 제작된 고대 이집트의 벽화는 그 시대의 맥주제조과정을 잘 보여주는데, 당시의 맥주제조방법은 다음과 같다.

① 대맥(大麥)을 방아에 찧는다.
② 찧은 대맥(大麥)을 가루로 분쇄한다.
③ 물을 넣고 반죽을 한다.
④ 반죽한 것을 빵 모양으로 만든다.
⑤ 고인돌형의 불돌에 외부만 약간 누를 정도로 굽는다.
⑥ 빵을 갈아서 항아리에 물과 함께 넣고 불을 가한다.
⑦ 하루를 방치해서 농축한 죽 형태로 된 것을 버드나무 가지째 위에서 눌러 큰

항아리에 흘려 넣어 자연발효를 행한다(전발효).

⑧ 전발효 후 바로 소비하는 맥주 외에, 다시 항아리에 넣어 후발효를 시킨다.

⑨ 뾰족한 뚜껑을 닫는다.

⑩ 항아리가 넘어지지 않도록 구멍을 뚫어놓은 평판 위에 세워 저장한다.

외상 맥주가 있었던 바빌로니아

고대 바빌로니아의 함무라비(Hammurabi; BC 1728~1686) 법전의 360조항 중에 맥주와 관련된 것을 보면 다음과 같다.

제108조 : 맥주집 여인이 맥주값으로 곡식을 마다하고 귀중한 은전을 요구하거나 곡물의 분량에 비해 맥주의 분량을 줄이면 그녀는 벌을 받을 것이며 물속에 던져지리라.

제109조 : 죄진 자를 맥주집에 숨기고 관가에 알리지 않으면 그 주인은 사형에 처하리라.

제110조 : 수도원에 거주하지 않은 여승 또는 사제가 맥주집을 내거나 맥주를 마시러 주점에 들어가면 화형에 처하리라.

제111조 : 맥주집에서 보통 맥주 60실라(1sila는 약 0.5ℓ)를 외상으로 주면 추수 때 곡식 50실라를 받아라.

이와 같은 법조문으로 미루어보아 바빌로니아시대의 주점은 정부에서 관장하였다고 볼 수 있으며, 바빌로니아의 탁월한 통치자였던 '네부카드네자르(Nebukadnezar : BC 605~562)'는 예루살렘을 점거해 유대인 포로를 바빌로니아로 데려가 맥주제조에 진력하였으며, 당시에 벌써 큰 맥주공장이 있었다고 한다. 함무라비(Hammurabi)왕 때도 맥주의 주원료는 대맥(大麥)을 사용하였다는 것이 확실하며, 그 밖에 맥주와 유사(類似)한 술로써 참깨와 기타 곡류(穀類)로 만든 술이 있었고, 때로는 꿀이나 계피(桂皮)를 첨가하였다고 한다. 당시에는 일반 맥주를 시카루(Sikaru)라 하였고, 단맛을 가진 맥주를 시라수(Sirasu)라 했으며 그 밖의 곡주를 쿠루누(Kurunnu)라 했다. BC 4200년경 수메르 민족에 의해 처음 제조된 맥주는 그 후 아르메니아, 코카서스 그리고 러시아 영토까지 전해지고 이어 게르만 민족에게까지 전래되었다.

고대 바빌로니아의 맥주 마시는 모습

3) 맥주의 어원

맥주의 어원은 '마신다'는 의미의 라틴어 '비베레(Bibere)'라고도 하고, 게르만족의 곡물이라는 의미의 베오레(Bior)에서 유래되었다고 한다. 세계 각국에서 맥주는 다음과 같이 불린다.

맥주의 어원

- 독일-비어(Bier)
- 프랑스-비에르(Biere)
- 체코-피보(Pivo)
- 러시아-피보(Pivo)
- 미국-비어(Beer)
- 스페인-세르베자(Cerveza)
- 포르투갈-세르베자(Cerveja)
- 영국-에일(Ale)
- 이탈리아-비르라(Birra)
- 덴마크-올레트(Ollet)
- 중국-페이주(碑酒)

각국의 맥주

4) 맥주의 발전

맥주는 농경 정착시대 이후 인간이 가장 좋아하는 대표적인 곡물 발효주의 일종으로, 보리를 발아시켜 당화하고 홉(Hop)을 넣어 효모에 의해서 발효시킨 술이다. 이산화탄소가 함유되어 있기 때문에 거품이 이는 청량 알코올음료라고 할 수 있다. 고대의 맥주는 단순히 빵을 발효시킨 간단한 양조방법에서 시작하여 수도원 중심으로 발전해 오다가 중세를 지나면서 도시가 발전하고 길드제도가 정착함에 따라 일반 시민들도 맥주 양조기술을 가질 수 있게 되었다. 이 무렵에는 맥주 품질을 향상시키려는 움직임도 일어나기 시작해서 독일에서는 1516년에 대맥, 물, 호프 이외의 원료를 사용해서는 안된다고 하는 맥주 순수령도 나오게 되었다. 그리고 19세기 중엽에는 맥주 양조기술에 화학의 메스를 댄 프랑스의 대화학자 루이 파스퇴르(1822~1895)가 등장하였다.

미생물학의 기초를 쌓았던 그는 발효란 효모의 움직임에 의한 것임을 명확하게 하고, 맥주 효모가 60℃ 이상의 온도에서는 작용하지 않는다는 것을 발견하게 되었다. 그 이론의 연장으로 술의 재발효를 방지하기 위한 방법, 즉 저온살균법을 발견하게 되었다.

이 방법은 그의 이름을 따서 파스처라이제이션(Pasteurization; 파스퇴르법)이라 불렸고, 맥주는 이 방법을 사용함으로써 장시간 보관이 가능하게 되어 이후로 급속도로 보급되어 갔다. 파스퇴르의 '맥주에 유해한 미생물이 파고들지 못하게 함으로써 맥주 효모만으로 맥즙을 발효시킨다'라는 방법은 독일이나 덴마크의 미생물학자에게 계승되어 1883년에는 한센(Hansen)이 질 좋은 효모를 골라서 이것을 순수하게 배양·증식한 효모의 순수배양기술을 개발했다. 그에 앞서 1870년대에 독일의 칼 폰 린네(Carl von Linne)가 암모니아 압축법에 의한 인공 냉동기를 발명하면서 처음으로 공업적으로 사계절을 통한 양조를 가능하게 하여 맥주의 품질향상에 기여하게 되었다. 이에 따라 저온에서 천천히 오랜 시간에 걸쳐 발효·숙성시켜야 하는 하면발효맥주 양조는 비약적으로 발전하게 된다.

또 맥주에 유해한 미생물의 연구나 그의 침투·감염을 막는 미생물 관리기술의 연구도 정비되어져 처음으로 질 좋은 맥주를 실패하지 않고 양조하는 기술이 완전하게 확립되었다. 이것은 맥주 양조가 오늘날과 같은 거대산업으로 발전하는 기초가 되었음을 의미한다.

클레오파트라의 아름다움은 맥주에서

클레오파트라의 얼굴은 남아 있는 석상으로 미루어보아 파스칼이 '그 코가 조금만 낮았더라면 세계 역사가 바뀌었을 것'이라고 감탄했을 정도로 아주 빼어난 미인은 아니었다. 그런데 케사르, 안토니우스 등 로마제국의 영웅들이 꼼짝 못하고 그녀에게 반한 것은 그녀의 뛰어난 재치와 피부의 매끄러운 감촉 때문이었으리라는 것이 역사가들의 일반적인 견해이다. 그 단서를 제공해 주는 문서 중의 하나는 고대 로마의 박물학자 플리니우스가 쓴 『박물지』이다. 그 책에는 이렇게 적혀 있다.

"이집트 여성은 얼굴 미용에 맥주를 이용했다. 맥주의 거품은 일종의 미안료여서 얼굴의 피부를 곱고 젊게 만드는 데 도움을 준다."

2. 맥주의 원료

맥주는 대맥, 호프, 효모, 물을 주원료로 사용하며 전분 보충원료로서 쌀, 옥수수, 전분, 설탕 등을 부원료로 사용하고 있다.

1) 대맥(大麥, barley)

맥주에 사용되는 모든 곡류를 대표하는 것은 대맥이라 하겠다. 수메르인들은 보리와 밀을 주원료로 하여 맥주를 빚었으며, 함무라비(Hammurabi)시대에도 맥주의 주원료는 대맥이었고 기타 곡류도 사용하였다고 한다. 1290년 뉘른베르크(Nürnberg)에서는 귀리, 호밀, 소맥(小麥) 등의 사용은 금지하고 대맥만을 사용하도록 지시했으며, 15세기 초에 아우크스부르크(Augsburg)에서는 맥주 제조에 귀리만을 사용하도록 하였다. 프랑스의 기록에는 맥주제조에 대맥(大麥), 소맥(小麥), 호밀, 옥수수, 기장 등을 사용했다는 것으로 보아 모든 곡식은 맥주제조의 원료로 사용될 수 있음을 알 수 있다.

오늘날에도 맥주의 종류에 따라서 대맥의 맥아(麥芽) 이외에 밀, 쌀, 수수, 옥수수 등을 약간씩 섞어 빚는다. 양조용 대맥은 보통 보리(6조종)와 달리 2조종을 주로 사용하며, 맥주용 보리는 낱알이 크고 균일하며 곡피는 얇고 광택을 띤 황금빛이 양호

맥주용 보리의 조건

① 껍질이 얇고, 담황색을 띠고 윤택이 있는 것
② 알맹이가 고르고 95% 이상의 발아율이 있는 것
③ 수분 함유량은 13% 이하로 잘 건조된 것
④ 전분(澱粉) 함유량이 많은 것
⑤ 단백질이 적은 것(많으면 맥주가 탁하고 맛이 나쁘다)

하다.

보리품종은 2조종(二條種)과 6조종(六條種)이 있으며, 2조종 보리는 입자가 크고 곡피가 얇은 맥주 양조에 적합하므로 독일, 일본, 우리나라 등지에서는 2조종 보리만을 사용하고 있으나, 미국에서는 대부분 6조종 보리가 사용되고 있다. 대표적인 양조용 대맥은 영국의 아처(Archer), 독일의 한나(Hanna), 스칸디나비아의 골드(Gold) 등인데, 각 지방에서는 그곳의 풍토에 알맞은 품종을 개발하게 되어 그 종류는 수없이 많다.

우리나라에서는 1960~1970년대에 골든 멜론(Golden melon)이 재배되었으나 지금은 품종개량을 통해 제주보리(1992년), 진양보리(1993년), 남향보리(1995년), 신호보리(1999년) 등을 경상남도, 전라남도, 제주도 일대에서 재배하고 있다.

2) 호프(인포, 忍布; Humulus luplus L.)

(1) 호프의 식물학적 성상(性狀)

호프(Hop)는 뽕나무과(桑科), 삼나무아과(麻亞科) 식물로서 자웅이주(雌雄移住)이며, 숙근성, 연년생 식물이다. 구화(毬火)는 맥주 양조에 쓰이는 것으로서 맥주 특유의 상쾌한 쓴맛을 내며, 거품, 색깔 등을 띠게 하고 방부의 역할을 한다. 그리고 호프는 양조용 이외에도 사료용, 의약용, 섬유용, 타닌 제조용 등 그 용도가 매우 다양하다.

호프

호프가 우리나라에 처음 도입된 것은 1938년이며, 처음으로 함경남도 혜산진에서 재배하여 여기서 남은 양은 일본에 수출한 기록이 있다. 그 후 1942년 수원농사시험장으로부터 할러타우(Hallertau)를 함경남도에 심었는데 재래의 것과 달라서 한국 할러타우(Korean Hallertau)라고 명명하였다.

우리나라에서는 1990년대 초까지 강원도 홍천군, 평창군, 횡성군에 맥주회사 직영농장과 위탁농가에서 호프를 재배하였으나 농산물 수입개방 및 경쟁력 약화로 현재는 재배하는 농가가 없다.

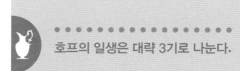

호프의 일생은 대략 3기로 나눈다.

① 휴면기 : 10월~3월
② 영양기 ┌ 유경기 : 4월
        └ 생장기 : 5월~6월
③ 생식기 ┌ 개화기 : 6월~7월
        ├ 구화기 : 7월
        └ 성숙기 : 8월~9월

필렛호프(Pellet Hops)
생호프를 분쇄 · 압착해서
토끼의 변 정도로 굳힌 것

홀호프(Whole Hops)
꽃의 형태 그대로 사용

(2) 호프의 원산지와 재배연혁

호프의 원산지는 지중해 연안이라고 하며, 옛날부터 약초를 넣어 맥주의 맛과 향기를 돋우고 약효를 얻었다고 한다. 호프도 그 약초 중의 하나로 바빌로니아의 통치자(統治者)였던 네부카드네자르(Nebukadnezar)시대에 포로(捕虜)로 끌려온 유대인들이 맥주제조에 종사하여 처음으로 호프를 사용하였는데, 이 시기로 보아 기원전 6세기경부터 맥주의 첨가물로 호프를 사용하였음을 알 수 있다.

호프재배에 관한 최초의 기록은 남부 독일 바이에른(Bayern)에서 나왔는데, 기원전 736년 바이에른주 할러타우(Hallertau) 지방의 가이젠펠트(Geisenfeld)라는 곳에서 전쟁포로로 일하던 벤데족(Wende, 8~9세기경 독일 북동부에 이주한 슬라브족)이 호프 농장의 장비(裝備)에 관하여 기술하였던 것이다. 또한 768년 프랑켄(Franken) 지방의 피핀(Pipin)왕 때의 기록에는 남부 독일 바이에른주 프라이싱(Freising)의 사원(寺院) 근처에 있는 호프 농장에 관한 내용이 있다.

호프 농원이 켄트에 최초로 세워진 것은 1533년 노르포크(Norfork)에 있는 호프 농원으로 기록되어 있다. 이때 재배작물로서의 호프의 가치는 정부에 의해 인정된 해가 1549년과 1553년이었다. 호프를 주로 사용하게 된 것은 중세 후기의 일이며, 14~15세기에 이르러 호프의 사용은 도처에 전파되었다.

1477년에 기록된 비망록(備忘錄)에는 도르트문트(Dortmund)에서 1447년까지 그루트(Grut)를 제조(製造)하였으며, 1477년에 비로소 호프만을 사용하게 되었다고 한다.

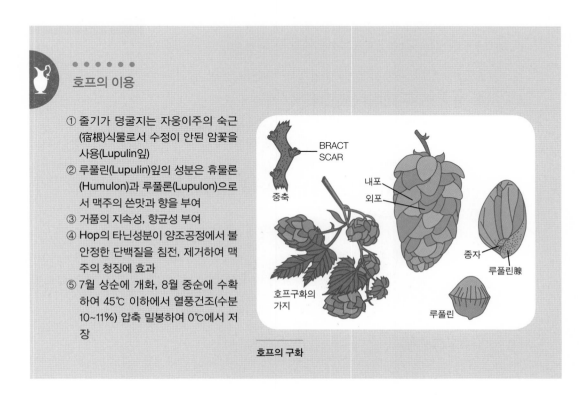

호프의 이용

① 줄기가 덩굴지는 자웅이주의 숙근(宿根)식물로서 수정이 안된 암꽃을 사용(Lupulin잎)
② 루풀린(Lupulin)잎의 성분은 휴물론(Humulon)과 루풀론(Lupulon)으로서 맥주의 쓴맛과 향을 부여
③ 거품의 지속성, 항균성 부여
④ Hop의 타닌성분이 양조공정에서 불안정한 단백질을 침전, 제거하여 맥주의 청징에 효과
⑤ 7월 상순에 개화, 8월 중순에 수확하여 45℃ 이하에서 열풍건조(수분 10~11%) 압축 밀봉하여 0℃에서 저장

BRACT SCAR

중축

내포
외포

종자

루풀린腺

호프구화의 가지

루풀린

호프의 구화

3) 효모(酵母; Yeast)

맥주에 사용되는 효모는 맥즙 속의 당분을 분해하고 알코올과 탄산가스를 만드는 작용을 하는 미생물로써, 발효 후기에 표면에 떠오르는 상면발효효모(上面醱酵酵母; Top Yeast)와 일정기간을 경과하고 밑으로 가라앉는 하면발효효모(下面醱酵酵母; Bottom Yeast)가 있다. 따라서 맥주를 양조할 때 어떤 효모를 사용하느냐에 따라 맥주의 질도 달라진다.

(1) 효모의 정의

효모(酵母; Yeast)란 진핵세포로 된 고등미생물로서 주로 출아에 의하여 증식하는 진균류를 총칭한다. 이스트(Yeast)란 명칭은 알코올발효 때 생기는 거품(foam)이라는 네덜란드어인 'Gast'에서 유래되었다.

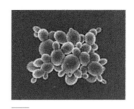

효모

효모는 식품 미생물학상 매우 중요한 미생물로서 알코올 발효 등에 강한 균종이 많아 옛날부터 주류의 양조, 알코올 제조, 제빵 등에 이용되어 왔으며, 식·사료용 단백질, 비타민, 핵산관련 물질 등의 생산에 큰 역할을 하고 있다.

① 야생효모(Wild Yeasts)

자연계에서 분리된 그대로의 효모를 야생효모(Wild Yeast)라 한다.
예) 과실의 표피, 우유, 토양

② 배양효모(Cultural Yeasts)

우수한 성질을 가진 효모를 분리하여 용도에 따라 배양한 효모를 배양효모라 한다.

③ 효모의 형태

| 구형 | 달걀형 | 타원형 | 레몬형 | 소세지형 | 삼각형 |

효모의 형태

- **난형** : 효모의 대표적인 형태로서 맥주효모(*Saccharomyces cerevisiae*), 빵효모, 청주효모 등이 여기에 속한다.
- **타원형** : 포도주의 양조에 사용하는 *Saccharomyces ellipsoideus*가 대표적인 타원형 효모이다.

- **구형** : *Torulopsis Versatilis*가 대표적인 구형으로 간장의 후숙에 관여하여 맛과 향기를 부여하는 내염성 효모이다.
- **Lemon형** : 방추형이라고도 하며 *Saccharomyces Apiculatus*와 *Hapseniaspora* 속에서 볼 수 있다.

이외에 소시지(Sausage)형, 삼각형, 위균사형 등이 있다.

④ 효모의 세포구조

효모세포의 구조는 외측으로부터 두터운 세포벽으로 둘러싸여 있고, 세포벽 바로 안에는 세포막이 있는데 이 막은 원형질막이라고도 부른다. 원형질막 속에는 원형질이 충만되어 있으며, 그 속에는 핵, 액포, 지방립, 미토콘드리아, 리보솜 등이 들어 있다. 효모세포의 크기는 종류, 환경조건, 발육시기에 따라 다르나, 일반적으로 배양효모의 경우 5~6×7~8μ 정도이며, 야생효모의 경우 3×3.5~4.5μ 정도이다.

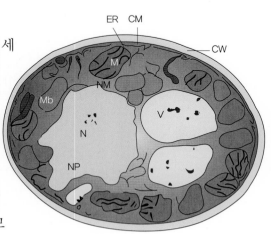

효모(Candida tropicalis)의 전자 현미경
CM ; 세포막, CW ; 세포벽, ER ; 소포체, M, mitochondria ; Mb, microbody, N ; 핵, NM ; 핵막, NP ; 핵막공, V ; 액포

4) 물

맥주 양조는 원래 수질이 좋은 곳을 선택하여 시작되었다고 한다. 과거에는 양조수의 질(質)을 임의로 개량하지 못했기 때문에 그 지방의 수질에 따라서 맥주의 타입이 결정되었다고 볼 수 있다. 뮌헨(München)의 농색맥주(濃色麥酒)와 필젠(Pilsen) 지방의 담색맥주(淡色麥酒)가 그 대표적인 예라고 하겠다. 양조용

암반수

수는 무색(無色) 투명(透明)하고, 착색, 혼탁, 부유물, 이취 등이 없어야 하며, 각종 무기성분도 적당량 함유되어야 한다.

5) 전분 보충원료

맥주 양조의 경우 맥아 전분의 보충원료로서 자주 다른 전분질 원료를 사용하는데 그 이유는 경제적인 것과 당화작업을 원활하게 하기 위해서이다. 일본에는 주세법에 의해 맥아의 50%까지 부원료의 사용을 허용하고 있는데, 실제 사용량은 맥주의 맛과 향기 등을 상하게 할 염려가 있기 때문에 제한적으로 사용되고 있다.

전분 보충원료로서 가장 중요한 것은 옥수수 및 백미인데, 일본에서는 감자전분, 고구마전분, 소맥전분 등을 이용하는 곳도 있으며, 나라에 따라서는 포도당, 전화당, 설탕 등의 당류를 이용하는 곳도 있다.

(1) 쌀

쌀은 전분함량이 많으며, 가장 양호한 맥주용 전분원료로서 특히 일본에서는 옛날부터 사용하고 있다. 쌀립(粒)의 곡피 및 호분(胡粉)층은 단백질 및 지방이 풍부하며, 정백(精白)의 경우 겨와 함께 제거되기 때문에, 백미(白米)의 단백질 및 유지 함량은 현미에 비해 현저히 적다. 맥주에는 오로지 경백미만 이용된다.

■ 쌀의 성분

성 분	현 미	국내산 경백미
수 분	13.43	14.4
조 단백질(건물 %)	8.13	7.0
조 지방(건물 %)	2.72	0.65
조 섬유(건물 %)	1.20	
가용성 질소물(건물 %)	73.20	
회 분(건물 %)	1.32	
전분가(건물 %)		71.4
Extract(건물 %)		79.5

(2) 전분

■ 각종 전분의 호화 온도

맥주용 부원료로써 이용되는 것은 고구마전분, 감자전분, 소맥전분, 옥수수전분이다.

전 분	호화시작	호화종료
감자	66.0	80.0℃
고구마	68.0	81.0℃
옥수수	70.5	86.6℃
쌀	64.5	72.0℃
소맥	55.0	66.5℃

(3) 옥수수

미국에서는 부원료의 80%를 차지하며, 일본에서도 최근에 많이 사용하고 있다. 옥수수는 립(粒) 자체로서는 지질 함량이 많기 때문에 맥주용으로 배아를 분리해 배유만을 그릿츠(grits; 옥분) 또는 플레이크(flake) 상

태로 사용한다. 옥수수기름은 약 80%가 불포화지방산으로서 맥주품질에 악영향이 있으므로 맥주용에는 지질함량이 0.5~1.0% 이하인 것을 사용한다.

(4) 소맥

독일이나 벨기에에서 특수맥주(Weissbeir or Weizenbier) 양조용으로 소맥맥아가 사용되고 있다. 소맥에는 백색종, 황색종 및 갈색종이 있는데, 유럽에서 맥주용으로 재배되는 것은 갈색종이다.

■ 소맥의 성분(%)

수분	조단백질	조지방	전분	가용성 질소물	조섬유	회분
13.5	12.5	1.9	57.0	10.9	2.3	1.9

3. 맥주의 제조공정

맥주의 제조과정은 크게 제맥, 양조(담금, 발효), 저장 및 여과, 제품화의 5공정으로 나눌 수 있다.

1) 제맥(製麥; Malting)

맥아제조의 주목적은 ① 당화효소, 단백분해효소 등 맥아제조에 필요한 효소들을 활성화 또는 생합성시키고, ② 맥아의 배조(焙燥)에 의해서 특유의 향미와 색소를 생성시키고 동시에 저장성을 부여하는 데 있다.

수확된 보리는 제맥공장의 창고에 일정기간 저장하여 충분한 발아력이 생길 때까지 휴면(休眠)기간을 둔다. 그러므로 제맥공정은 9월 상순에 시작하는 것이 보통이다. 원료 보리는 보리 정선기(大麥精選機)를 이용하여 토사, 짚, 잡초종자, 금속파편 등의 협잡물을 제거하고 다시 선입기(選粒機)로 보리입자의 크기를 일정하게 선별하여 수분흡수 속도나 발아를 일정하게 함으로써 발아관리를 용이하게 한다.

(1) 보리(大麥; Barley)

담황색으로 생기가 있고 광택이 있어야 한다. 녹색 또는 흰색의 것은 성숙이 불완전한 것이며, 곡립 끝이 갈색인 것은 곰팡이가 발생한 것이며, 색택이 불량한 것은 수확 전후에 우습(雨濕)이 있었던 것으로서 발아력이 낮다. 그리고 보리의 수분함량은 10~13% 이하의 잘 건조된 것을 사용한다.

(2) 정선(精選; Careful Selection)

대맥은 맥아제조에 앞서서 기계적 조작에 의해 원대맥(原大脈)에 함유된 지푸라기, 볏짚, 이삭, 돌, 잡초의 종자, 충해립(蟲害粒) 등을 정선에 의해 제거한다. 대맥

은 정선에 의해서 균일한 침맥도를 얻고, 따라서 균일한 상태로 발아할 수 있도록 한다.

(3) 침맥(浸麥; Steeping)

입자의 크기나 형태가 일정하게 선별된 보리를 물에 침지하여 발아에 필요한 수분을 흡수시킨다.

보리의 수분흡수 속도는 초기에는 빠르고 수분이 40%를 넘으면 완만해진다. 발아를 완성시키기 위해서 필요한 수분은 42~44%이며 이 수분함유량에 도달하는 데 요하는 시간은 수온에 따라 다르고 수온이 높을수록 침맥시간은 단축되지만 대맥의 표면에는 많은 미생물이 존재하여 수온이 높으면 발아 중에도 쉽게 번식하게 되므로 20℃ 이상은 피하도록 한다. 또 수온이 너무 낮으면 침맥시간이 연장되어 보리가 질식하는 등의 위험이 있으므로 보통 우물물의 온도인 약 12~14℃에서 침맥시킨다. 침맥에 의해 수분이 40% 이상 함유되므로 호흡현상은 왕성해지고 산소의 소비가 많아지며 산소가 결핍되면 발아가 균일하지 않게 된다. 또 호흡에 의해서 발생하는 CO_2도 발아를 저해하므로 침맥시에는 침맥조의 하부로부터 통기하며 침지와 물빼기를 반복하고 물을 빼어 수 시간 동안 CO_2를 제거하든가 침맥조의 하부로부터 흡인, 제거한다.

침맥시간은 수온이나 보리의 성질에 따라 일정하지 않으나 보통 약 40~50시간 소요된다.

(4) 발아(發芽; Germination, Sprouting)

침맥이 끝난 보리는 발아실의 작은 구멍이 있는 발아상(發芽床)으로 옮기고 습한 공기를 통하면 보리는 일제히 발아를 시작하게 된다. 발아 중의 보리는 호흡에 의해서 열과 CO_2를 발생하게 되므로 맥층(麥層)에 12~17℃의 공기를 통기하여 온도를 일정하게 유지하는 동시에 산소를 공급하고 CO_2를 배출시켜 보리가 질식하는 것을 방지하고 맥층을 뒤집어 어린뿌리(幼根)가 엉키지 않도록 한다.

이렇게 하여 약 1주일 후에는 수개의 어린뿌리가 알갱이의 하단에서 알갱이 길이의 약 1.5배로 자라고 싹은 알갱이 등쪽의 곡피 안쪽을 따라서 알갱이 길이의 약 2/3까지 자란다. 발아 6~7일째부터 건조공기를 송풍하여 어린뿌리를 말린다. 이렇게 해서 발아 시작부터 7~8일로 발아는 완료되고 알갱이 전체가 가루처럼 연하게 되며 손가락으로 부스러뜨릴 수 있는 상태가 된다. 이것을 녹맥아(Green Malt, Grunmalz)라 하며, 이때 수분함량은 약 42~45%이다.

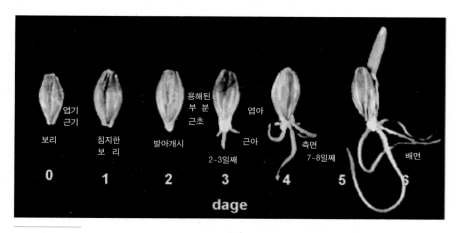

보리의 발아 과정

(5) 녹맥아(綠麥芽; Green Malt)

일명 엿기름이라고도 하며, 수분함량은 41~45%이다.

(6) 배조(焙燥; Kilning)

발아가 끝난 녹맥아를 수분함량 8~10%로 건조하고 다시 1.5~3.5%로 하는 공정을 배조라고 한다. 배조의 목적은 ① 녹맥아의 성장과 용해작용을 정지시키고, ② 저장성을 부여하며, ③ 생취(生臭)를 제거하고 맥아 중의 당과 아미노산이 반응하여 멜라노이딘(Melanoidine) 색소를 생성하여 맥아에 특유한 향기와 색을 부여하고, ④ 뿌리의 제거를 용이하게 하는 데 있다.

(7) 탈근 · 정선(脫根 · 精選)

맥아의 뿌리를 제거하는 것으로 맥아근(麥芽根)은 흡습성이 강하고, 고미를 가지기 때문에 맥아에 섞여 들어가면 맥아를 습윤하게 하고, 맥주에 불쾌한 고미를 주며, 또한 착색의 원인이 된다.

(8) 저장(貯藏; Preservation)

맥아의 저장은 20℃ 이하가 바람직하고, 습기의 흡수를 가능한 한 피하는 것이 좋다. 고온 상태로 방치할 때에는 효소력이 약하고, 맥즙 여과를 지연시켜 혼탁을 일으키며, 또한 색도를 높여서 맥주의 품질을 떨어뜨리는 원인이 된다.

2) 담금공정

담금공정은 ① 맥아분쇄, ② 담금, ③ 맥즙 여과, ④ 맥즙 자비(煮沸)와 호프첨가, ⑤ 맥즙 냉각 및 정제의 공정을 거치게 된다.

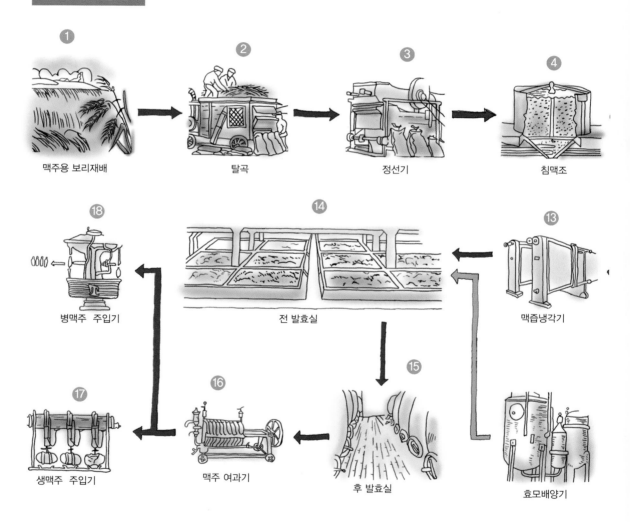

맥주제조공정

① 맥주용 보리재배
② 탈곡
③ 정선기
④ 침맥조
⑱ 병맥주 주입기
⑭ 전 발효실
⑬ 맥즙냉각기
⑰ 생맥주 주입기
⑯ 맥주 여과기
⑮ 후 발효실
효모배양기

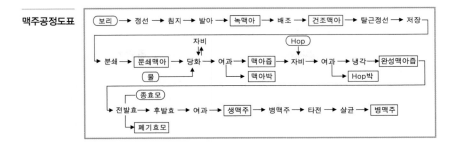

맥주공정도표

보리 → 정선 → 침지 → 발아 → 녹맥아 → 배조 → 건조맥아 → 탈근정선 → 저장 →

→ 분쇄 → 분쇄맥아 → 당화 → 여과 → 맥아즙 → 자비 → 여과 → 냉각 → 완성맥아즙 →
자비 ↑↓ Hop ↓ Hop박
물 → → 맥아박

→ 전발효 → 후발효 → 여과 → 생맥주 → 병맥주 → 타전 → 살균 → 병맥주
종효모 ↑
→ 폐기효모

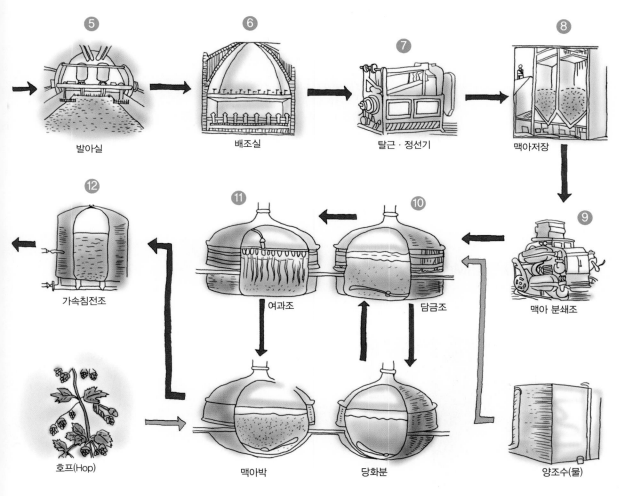

⑤ 발아실

⑥ 배조실

⑦ 탈근 · 정선기

⑧ 맥아저장

⑫ 가속침전조

⑪ 여과조

⑩ 담금조

⑨ 맥아 분쇄조

호프(Hop)

맥아박

당화분

양조수(물)

(1) 맥아분쇄

맥아는 분쇄하여 내용물과 물의 접촉을 용이하게 하고 가용성 물질의 용출과 효소에 의한 분해가 충분히 진행될 수 있도록 한다.

맥아의 곡피부에는 맥주의 품질에 나쁜 영향을 미치는 안토시아노겐(Anthocyanogen)이나 고미물질을 함유하고 있으며, 여과를 용이하게 하기 위해서도 곡피부는 지나치게 분쇄되지 않도록 하면서

맥아분쇄

배젖부분만 곱게 분쇄해야 한다. 맥아분쇄는 롤러와 체가 짝이 된 분쇄기가 이용된다. 분쇄가 적당치 못하면 엑기스분의 수득률에 영향을 미칠 뿐 아니라 담금작업, 맥즙 여과, 맥주의 맛, 색, 혼탁에도 영향을 미치게 되므로 분쇄의 관리는 대단히 중요하다. 또 분쇄의 정도는 맥아의 성질, 맥주의 종류, 담금방법, 맥즙 여과장치에 따라서 적당히 선택한다. 맥즙 여과에 있어서 여과조를 사용하는 경우와 여과기를 사용하는 경우가 있으며 여과방법에 따라 맥아의 분쇄도를 달리하여 여과가 용이하도록 한다.

(2) 담금(Mashing)

담금의 목적은 분쇄한 맥아 또는 부원료로부터 맥주발효에 적합한 맥즙을 많이

담금

얻는 데 있으며, 이것은 적당한 온도와 산도의 담금용수로 이루어진다.

맥아성분의 추출은 10~15%는 단순한 용해에 의한 것이지만 대부분이 효소에 의한 용해로 이루어진다. 맥아의 아밀라아제(Amylase)는 맥아 및 부원료의 전분을 덱스트린(Dextrin)과 말토오스(Maltose)로 분해하며 단백분해효소는 단백질을 가용성의 함질소물질로 분해한다. 피타아제(Phytase)는 피틴(Phytin)을 이노시톨(Inositol)과 인산염으로 분해한다. 45~50℃에서는 함질소물

질의 분해, 용해가 촉진되고 피타아제(Phytase)가 작용한다. 60~65℃에서는 발효성 당이 가장 많이 생성되며, 70~75℃에서는 전분의 약화가 빠르고 60~65℃에서보다 덱스트린(Dextrin)이 많아진다.

이와 같이 각 단계 온도에 유지하는 시간의 장단에 따라 추출성분의 종류와 비에 여러 가지 차이가 생긴다. 담금용수의 pH가 높으면 효소작용은 저하되므로 맥즙 여과에 보다 많은 시간이 걸리고 맥즙은 투명하게 되지 않는다. pH가 높은 맥즙으로부터 제조된 맥주는 색이 짙고 고미가 강하며, 맥주의 혼탁에 대한 내구성이 떨어진다. 그러므로 이러한 용수에는 $CaSO_4$나 산을 첨가하여 pH를 조절한다.

(3) 맥즙 여과

당화 및 단백분해가 끝난 매시(Mash;엿기름)는 맥아찌꺼기(Spent)를 제거하고 맥즙(Wort)을 얻기 위하여 가늘고 긴 구멍(Slit, 폭 0.4~0.7mm, 길이 20~30mm)이 있는 황동제의 여과판과 액이 모이는 바닥이 있는 이중바닥의 여과조(Lautertub)를 이용하여 자연 여과하거나 여과기(Mash filter)에 매시를 펌프로 압송하여 여과포를 통하여 여과하게 된다.

(4) 맥즙의 자비(煮沸)와 호프첨가

여과된 맥즙은 맥아 솥에서 호프를 첨가하고 끓이게 되는데 ① 맥즙을 농축하고

맥주의 제조와 성분 맥즙은 왜 끓여야 하나?

맥즙을 끓여야 하는 이유는 맥주에 쌉쌀한 맛을 내는 흡성분을 용출시키고, 휘성분들을 증발시키며, 맥주의 보존성을 좋게 하기 위함이다. 바로 이 과정을 거치면 불필요한 잉여성분들을 응고·침전시켜서 제거할 수 있는 것이다. 또, 특유의 황금색과 맥아 향미를 형성시키는 과정이기도 하다. 이러한 과정을 거치는 것이 정통 맥주라 하겠다.

(보통 엑기스분 10~10.7%), ② 호프의 고미성분이나 향기를 추출하고, ③ 가열에 의해서 응고하는 단백질이나 타닌의 결합물을 석출시키고, ④ 효소의 파괴 및 살균하는 것이 목적이다.

호프의 첨가량은 완성된 맥즙 1㎘에 대해서 1.5~1.8kg 정도이고 맥즙을 끓이는 동안 2~3회에 나누어 첨가하며 첨가시기나 첨가량은 맥주의 종류나 호프의 종류에 따라 달라진다.

끓이는 시간은 1~2시간 정도이며 농축된 맥즙에는 단백질 등의 열응고물이 응고되며 액은 윤이 있고 감미와 상쾌한 호프의 향기 및 고미를 가지게 된다. 다음에 호프 분리조(Hop Strainer)를 통해서 호프 찌꺼기(Spent Hop)를 제거하고 냉각공정으로 옮긴다.

(5) 맥즙의 냉각 및 정제

맥즙의 냉각

맥즙은 침전조(호프의 잔재와 응고된 단백질을 분리)에 옮겨져 응고물을 침전시킨다. 맥즙은 잡균으로부터 오염되기 쉽고 또 냉각으로 인한 액의 대류를 방지하기 위해서 60℃ 이상에 보온하면서 침전시킨다. 응고침전(Trub)을 분리 제거한 맥즙은 다시 5℃로 냉각한다. 냉각기는 밀폐식으로 잡균 오염의 우려가 없는 평판 열교환기가 주로 사용된다. 냉각하면 냉각 응고물(Cold break)이 생기고 이들 응고물은 주로 단백질이며 타닌, 호프 수지 등이 함유되어 있다. 이들의 응고물은 주로 맥주의 숙성을 촉진하고 맛을 좋게 하기 위해서 완전히 제거해야 하며, 이를 위해 원심분리기를 이용한다.

3) 발효공정

발효는 전발효(Fermentation)와 후발효(Maturation)로 구별한다.

(1) 전발효(前醱酵, Fermentation)

냉각된 맥즙에 0.5% 정도의 맥주 효모를 첨가하여 알코올발효를 하는데 이것을 전발효라고 한다. 전발효는 발효실의 개방된 용기나 밀폐식 탱크에서 행하며, 하면발효의 경우 5~10℃에서 8~12일이 걸린다.

전발효

우선 냉각된 맥즙 1kℓ당 효모를 약 5ℓ 첨가하여 발효조에 넣으면 효모는 곧 생장 · 번식하는 동시에 발효성 당을 소비하고 알코올과 이산화탄소를 배출하는 발효작용을 한다. 이때 발효의 진행을 그대로 방임하지 않고 온도조절을 통하여 대략 8~12일에 전발효가 끝나도록 조절한다. 발효상태는 대개 효모 첨가 후 3일까지 가장 왕성하게 진행되고, 맥즙 중에 효모 수는 4~5일에 최고에 달하며, 이때 발효도가 가장 왕성하다. 전발효가 끝날 때에는 효모가 발효조 밑에 가라앉아 발효된 맥주와 분리된다. 전발효가 끝난 맥주를 미숙성 맥주(Young Beer)라고 한다.

(2) 후발효(後醱酵; Maturation)

저주공정(貯酒工程)이라고도 하며 전발효가 끝난 맥주는 맛과 향기가 거칠기 때문에 저온에서 서서히 나머지 엑기스분을 발효시켜 숙성을 하는 동시에 필요량의 탄산가스를 함유시킨다. 즉 저주의 목적을 요약하면 다음과 같다.

후발효

① 엑기스분을 완전히 발효시킨다.

② 발생한 CO_2를 저온에서 적당한 압력(0.48~0.5%)으로 필요량을 맥주에 녹인다.

③ 맥주 특유의 미숙한 향기(Jung bouquet)나 용존되어 있는 다른 가스를 CO_2와 함께 방출시킨다.

④ 효모나 석출물을 침전 분리시켜 맥주의 여과를 용이하게 한다.

⑤ 거친 고미가 있는 호프 수지의 일부를 석출 · 분리시켜 세련되고 조화된 향미

로 만든다.

⑥ 맥주 혼탁 원인물질(단백질, 타닌 결합물질)을 저온에서 석출·분리시킨다.

저주조(후발효탱크)는 단열구조의 0~1℃의 저주실 내에 설치된다. 저주조는 내부에 글라스 라이닝이나 알루미늄제를 사용하며, 숙성을 위한 저장기간(Lagering)은 맥주의 종류에 따라 다르나, 보통 생맥주의 경우 40~60일, 병맥주는 70~90일 정도 걸리며, 온도는 0~2℃의 낮은 온도로 냉각장치를 설치하고 완전히 보온해야 한다.

4) 저장 및 여과공정

여과공정

숙성된 맥주는 여과하여 투명한 맥주로 만든다. 여과의 주된 목적은 다음과 같다.

① 맥주 중의 효모나 석출된 호프 수지나 단백질의 대부분은 저주조 바닥에 침전되어 제거되나 여과는 액 중에 혼탁되어 있는 부분을 제거한다.

② 맥주 혼탁의 원인이 되는 불안정한 콜로이드 물질을 제거한다.

각 저주조의 맥주를 혼합하여 품질이 균일하게 되도록 하고 맥주 냉각기를 통하여 0~1℃로 냉각하여 여과하게 된다.

5) 제품화

압력탱크의 맥주를 병, 캔, 생맥주통에 담고 포장하여 제품화하는 공정이다. 여과 후 살균하지 않고 여과기로 효모를 제거한 것이 생맥주(Draft Beer)이며, 병이나 관에 주입 전 또는 주입 후에 살균하여 보존성을 부여한 맥주(Lager Beer)가 일반적인 병맥주, 캔맥주이다.

여과한 맥주는 보통 말하는 생맥주이며, 이 중에는 극히 수는 적으나 효모나 그 외의 미생물이 존재하고 병 포장 후 시일이 경과하면 번식하여 혼탁하거나 향미가 변화하게 되며, 또 인베르타아제(Invertase; 전화효소) 등의 효소가 맛의 변화를 촉진하는 경우도 생각할 수 있으므로 이들을 불활성화하기 위하여 저온살균(Pasteurization)을 한다. 병 주입 전의 살균방법으로는 평판 열교환기와 홀딩튜브(Holding tube)로 된 순간 살균기(Flash pasteurizer)를 이용하여 70℃에서 20여 초간 가열, 살균하는 방법으로 가열에 의한 맥주 향기의 변화가 적고 보존성이 높은 맥주를 얻을 수 있다.

4. 맥주의 분류

1) 효모에 의한 분류

맥주는 효모형에 따라 상면발효와 하면발효로 크게 나뉜다.

(1) 상면발효맥주(上面醱酵麥酒; Top Fermentation Beer)

발효 도중에 생기는 거품과 함께 상면으로 떠오르는 성질을 가진 효모(호기성 효모)를 사용하여 만드는 맥주이다.

상면발효

상면발효맥주는 18~25℃의 비교적 고온에서 2주 정도 발효 후 15℃ 정도에서 약 1주간의 숙성을 거쳐 만들어진다.

이 방법은 냉각설비가 개발되지 않았던 15세기 이전까지 사용되던 양조방법인데, 주로 영국 맥주가 여기에 속하며, 영국의 스타우트(Stout)맥주, 에일(Ale)맥주, 포토(Porter)맥주가 여기에 속한다.

상면발효의 대표적인 효모 : *Saccharomyces Cerevisiae*

① 스타우트(Stout)

스타우트는 아일랜드에서 시작된 상면발효맥주의 꽃이다. 이 맥주는 검게 구운 맥아를 풍부하게 사용해서 검은색에 가깝다. 스타우트의 대표적인 종류에는 아이리시(Irish), 임페리얼(Imperial), 스위트(Sweet), 포린스타일(Foreign-Style), 오트밀 스타우트(Oatmeal Stout)로 구분되며, 알코올도수는 4~11%로 다양하고 호프(Hop)를 많이 사용해 맛 또한 진하다.

Original Irish Stout   Best Extra Stout

Brown Ale   Scotch Ale

② 에일(Ale)

영국의 대표적인 맥주로 라거맥주에 비해 호프(Hop)를 1.5~2배 정도 더 첨가하기 때문에 호프의 향과 쓴맛이 강하다. 발효시킬 때 산과 에스테르화합물이 많이 생성되어 과일향이 풍부하게 나는 것이 특징이다. 향과 색의 차이에 따라 마일드 에일(Mild Ale), 스코틀랜드식 에일(Scottish Ale), 페일 에일(Pale Ale), 브라운 에일(Brown Ale), 인디아 페일 에일(India Pail Ale) 등으로 구분한다.

③ 포터(Porter)

이 Porter맥주는 영양가가 높아서 심한 육체노동을 하는 노동자들에게 알맞았다. 특히 런던 빅토리아역의 짐꾼들이 많이 마셨기 때문에 Porter라는 이름을 얻게 되었다. 바싹 건조한 농색맥아와 흑맥아를 섞어 만들기 때문에 진한 색의 흑맥주이다. 입속에서 느껴지는 바디감이 좋고, 단맛이 나며 거품이 많은 것이 특징이다.

Taddy Porter

④ 램빅(Lambics)

벨기에에서 가장 전통적인 발효법을 사용해 만드는 맥주이다. 일반적인 맥주는 발효시킬 때 외부 공기와의 접촉을 차단하지만 램빅은 발효시키기 전에 뜨거운 맥즙을 공기 중에 직접 노출시켜 자연에 존재하는 야생효모와 미생물이 자연스럽게 맥즙에 섞여 발효하게 만든 맥주이다. 발효가 끝난 뒤 긴 숙성과정을 거치는데 2~3년간 숙성하는 경우도 있다.

Kirek Lambic

(2) 하면발효맥주(下面醱酵麥酒; Bottom Fermentation Beer)

하면발효맥주는 발효 중 밑으로 가라앉는 성질을 가진 효모(염기성 효모)를 사용하여 만드는 맥주로, 비교적 저온에서 발효되며, 일반적으로 라거맥주(Lager Beer)라고 부른다. 라거 맥주는 5~10℃의 저온에서 7~12일 정도 발효 후, 다시 1~2개월간의 숙성기간을 거쳐 만들어진다.

하면발효

이러한 라거맥주 양조방법은 맥주의 품질을 안정시키기 위하여 근세에 개발된 보다 우수한 정통 맥주 양조방법으로 현재에는 영국을 제외한 전 세계 맥주시장을 주도하고 있다. 체코의 필젠(Pilsen)맥주, 독일의 도르트문트(Dortmund)맥주, 미국, 일본, 한국 등의 맥주가 여기에 속한다. 세계 맥주 생산량의 약 3/4 정도를 차지하고 있다.

♣ 하면발효의 대표적인 효모 : Saccharomyces Carlsbergensis

① 라거맥주(Lager beer)

라거맥주는 하면발효 효모에 의하여 저온숙성(2~10℃)과 긴 후발효기간을 통해 바닥에서 발효되는 맥주이다. 하면발효에서는 저온에서의 숙성과정을 라거링(lagering)이라 부른다.

♣ 라거(Lager)란 독일의 라게른(lagern : 저장하다)에서 유래한 말이다.

② 도르트문트(Dortmund)맥주

유럽에서 가장 큰 양조도시인 독일 도르트문트 지방에서 센물을 사용해 만든 맥주이다. 알코올도수는 약 3~4% 정도이며, 필젠타입보다는 향이 조금 무거우나 산뜻하고 쓴맛이 적은 담색맥주 계열이다.

Dortmunder Union Export

③ 복(Bock)

독일 북부에서 유래한 라거맥주의 일종으로 동절기 내내 충분한 숙성과정을 거쳐 봄에 즐기는 맥주이다.

Sam Adams Triple Bock

④ 필스너(Pilsner)

체코 필젠 지역에 살던 보헤미아인들에 의해 유래된 맥주이다. 연수를 사용해 만든 황금색으로 담색맥주의 효시라 할 수 있다. 알코올함량은 3~4.5%이다.

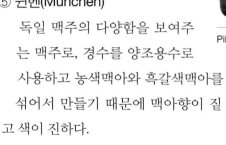

Pilsner Urquell

⑤ 뮌헨(München)

독일 맥주의 다양함을 보여주는 맥주로, 경수를 양조용수로 사용하고 농색맥아와 흑갈색맥아를 섞어서 만들기 때문에 맥아향이 짙고 색이 진하다.

Sillamäe München

⑥ 바이첸비어(Weizenbier)

보리 맥아 이외에 밀(Wheat)을 사용하여 풍부한 거품과 흰색에 가까운 빛깔을 내는 부드럽고 신맛이 있는 맥주이다.

Maclay Honey Weizen

2) 맥즙 농도에 따른 분류

주로 독일에서 분류하는 방법으로 발효 전 맥즙의 농도에 따라 2~5% 아인파흐비어(Einfachbier), 7~8% 샹크비어(Schankbier), 11~14% 폴비어(Vollbier), 16% 이상 슈타르크비어(Starkbier)로 분류되며 보통 맥주의 맥즙 농도는 10.0~10.7%이다.

♣ 독일에서는 맥즙 농도에 따라 세금을 부여하고, 우리나라에서는 알코올도수에 따라 세금을 부여하고 있다.

3) 맥주의 타입에 따른 분류

맥주의 색, 향기, 고미 등에 따라 필젠(Pilsner), 도르트문트(Dortmund), 빈(Wien), 뮌헨(München) 등의 각 타입으로 분류된다. 이들의 명칭은 각 맥주가 처음 생산된 지명에서 유래하며, 그 지방의 원료, 양조용수의 성질 등에 의해서 특징이 생기게 되나 근래에는 양조기술이나 수질개량기술의 진보에 따라 이들 지역 이외에서도 널리 생산되고 있다.

4) 맥주의 색도에 따른 분류

색의 농·담에 따라서 농색(濃色), 담색(淡色), 중간색 맥주로 분류된다. 농색맥주에는 뮌헨(München), 상면발효의 것으로는 영국의 포터(Porter), 스타우트(Stout) 등이 여기에 속한다. 담색맥주에는 필젠(Pilsner), 도르트문트(Dortmund) 맥주가 대표적이며 우리나라 맥주도 대부분 여기에 속한다. 영국의 페일에일(Pale Ale)은 상면발효의 담색맥주에 속한다. 중간색의 것으로 빈(Wien) 타입의 맥주가 있다.

담색맥아

농색맥아

5) 열처리방법에 따른 분류

(1) 저온 열처리 맥주

효모의 발효를 억제하여 발효가 진행되지 않도록 해 맥주의 맛을 균일하게 보존하는 방법이다. 병에 들어간 맥주를 저온 열처리기에 통과시키는 방법인데, 이 때 맥주는 60℃까지 올라갔다가 다시 상온으로 낮아진다. 공정의 총소요 시간은 40~50분이고, 맥주 온도가 60℃를 유지하는 시간은 약 10분이다. 저온 열처리는 파스퇴르에 의해 발견되었는데 일명 파스퇴르법(Pasteurization)이라고도 한다. 독일의 뢰벤브로이(Löwenbräu), 네덜란드의 하이네켄(Heineken), 덴마크의 칼스버그(Carlsberg), 일본의 기린(Kirin), 미국의 앤호이저 부시의 버드와이저(Budweiser), 그리고 우리나라에서는 보통 '레귤러 맥주'라 불리며 대표적으로 OB라거가 여기에 해당된다.

(2) 비열처리 맥주

비열처리 맥주 카스

효모 및 미생물을 비열처리방식으로 제거한 맥주이며, 일반적으로 열처리를 하지 않은 생맥주가 대표적이다. 비열처리를 하면 맥주 특유의 좋은 맛을 내는 각종 미세한 성분이 파괴되지 않고 효모가 여과과정에서 제거되어 거품도 빨리 사그라지고 맛도 부드러워진다.

① 생맥주의 적정온도

생맥주는 미살균상태이므로 항상 온도를 2~3℃로 유지해야 하며, 7℃ 이상일 경우 맥주의 맛이 시어지게 된다. 따라서 글라스에 서비스할 때에는 항상 3~4℃ 정도의 적절한 온도가 유지되어야 한다.

생맥주통

5. 국가별 맥주산업

●네덜란드 맥주 ●영국 맥주 ●덴마크 맥주 ●벨기에 맥주 ●일본 맥주 ●중국 맥주 ●한국 맥주

●캐나다 맥주 ●멕시코 맥주 ●미국 맥주 ●독일 맥주 ●프랑스 맥주 ●체코 맥주 ●오스트레일리아 맥주

1) 영국

30년전쟁 이후 자유공업화 시기까지 맥주산업은 특히 잉글랜드(England)와 남독일 바이에른(Bayern)에서 크게 발달하였다. 영국에 있어서 맥주산업은 헨리 8세(1509~1549)의 통치하에서 처음 시작되었다 해도 과언이 아니다.

1524년에 호프를 넣은 맥주가 영국에 들어가게 되었는데, 영국에서는 원래 호프를 첨가한 맥주를 Beer라 하고 첨가하지 않은 것을 Ale이라 하여 구분하였다. 16세기까지도 영국의 Ale맥주에 호프를 첨가하는 것은 변조(變造)라고 간주(看做) 하였으나 Ale에도 차차 호프를 넣게 되고 Beer라 총칭(總稱)하게 되었다.

1730년 런던의 양조기사(釀造技師) 하우드(Harwood)가 포터(Porter)라는 상면발효맥주(上面醱酵麥酒)를 만들기 시작했는데, 'Porter'란 말은 '짐을 나르는 사람'이란 의미로, 이 맥주는 영양가가 높아서 심한 육체노동을 하는 짐꾼에게 알맞다는 뜻에서 지어진 이름이다.

포터맥주는 농색맥아(濃色麥芽)를 사용하므로 맥주의 색이 짙고 호프도 극히 많이 넣었으며, 알코올함량이 높다. 문헌에 의하면 당시의 호프 첨가량은 현재 영국

• 아서 기네스 선사(Arther Guinness) : 스타우트라고 하면 기네스를 가리킬 만큼 유명하다. 런던의 펍(pub)들은 거의 모두 각 맥주회사 직영으로 그 회사제품을 전매하는 경향이 많으나 기네스 스타우트만은 반드시 판매하고 있다.
• 상품 : ① 기네스 스타우트(Guinness Stout)
         ② 올드 피클리어(Old Peculier)
         ③ 뉴 캐슬(New Castle)
         ④ 맥큐언(Mc.ewan's)

표준량의 3~5배나 되며 숙성기간이 길었다고 한다. 포터맥주는 폭발적인 인기를 얻어 급속히 전파되었으므로 다량생산(多量生産)의 발판을 이루게 되었다.

18, 19세기에 걸쳐 영국은 세계 최대의 맥주 생산국이 되었으며, 1830~1840년 사이에는 독일 사람들이 잉글랜드로 건너가서 새로운 양조기술(釀造技術)을 습득하였다고 한다.

19세기에 이르러 산업혁명의 영향을 받아 인구는 도시로 집중되고 맥주 소비는 급격히 증대하여 포터맥주의 생산은 수요에 미치지 못하게 되었다.

한편, 농색맥아의 생산비는 높고 수득률은 낮아 양조기사들은 저질의 대맥을 쓰거나 착색제(着色制) 등을 사용하게 되었으므로 1816년에는 맥주원료로 맥아, 호프, 효모 이외에는 사용하지 못하도록 규정하고 착색원료(着色原料)로는 맥아를 배조(焙燥)하여 만든 색맥아(色麥芽)만을 허용하였다. 그러나 그 품질은 원래의 맛을 내지 못하고 포터맥주의 애호가(愛好家)를 잃게 되었다.

19세기 후반에는 포터맥주가 극도로 쇠퇴되고 그 대신 페일 에일이 번성하기 시작하였다. 때마침 농업기술의 발달로 품질 좋은 대맥을 재배하고 증기기관에 의한 대량수송이 가능하게 되었다.

페일 에일이 보급되는 한편 농색(濃色) 포터맥주에 미련을 가진 소비자에게 새로이 스타우트(Stout)라는 강한 맥주가 등장하게 되었다.

1847년 설탕(砂糖)의 사용을 허가하였으므로 스타우트맥주 제조과정에서 흔히 설탕을 첨가하였다. 스타우트는 원래 런던에서 시작되었으나 아일랜드의 더블린시에서도 생산하게 되었다.

기네스(Guiness)맥주는 풍미와 보관성이 양호하여 큰 인기를 얻었으며, 해외에도 수출하게 되었다.

영국은 상면발효맥주의 본고장으로 종류가 많아서 특색을 일괄적으로 말하기는 어렵지만 색으로 구분하면 감미가 부드러운 담색맥주(Pale Ale, Light Ale), 담색과 농색의 중간으로 갈색을 띤 중간색 맥주(Mild Ale), 농색으로 강하면서 산미가 산뜻한 농색맥주(Stout, Porter), 그리고 하면발효맥주로 저장기간이 긴 라거맥주(Lager Beer) 등이 있다.

영국 맥주의 종류가 많은 것은 그 제도에서 기인한다고 볼 수 있는데, 1880년경 제정된 세법에 의하면 맥아소비세(麥芽消費稅)를 폐지하고 맥주에 대한 세제는 종

흑맥주(Black Beer)

흑맥주는 캐러멜맥아와 색맥아를 사용해서 흑맥주 특유의 색과 맛을 가지게 만든 것이다. 캐러멜맥아는 수분 50%의 녹맥아를 로스터라고 하는 가열장치로 110~130℃로 가열한 것이며, 색맥아는 7~8% 정도의 수분을 흡수시키고 로스터로 200℃ 정도에서 가열한 것이다. 이것은 캐러멜맥아보다 강한 빛깔과 향기가 있다. 또 흑맥주의 경우 보통 맥주보다 호프를 많이 사용해서 제조한다.

▣ 흑맥주의 맛

커피와 양주에 가까운 특유의 맛이 난다. 맥주라는 느낌이 없고 맛이 좀 텁텁하고 뒷맛이 쓰다. 쏘는 맛이 거의 없고, 다른 맥주처럼 거품이 금방 사라지지 않고 오래오래 남아 있어 고소한 맛이 흑맥주의 특징이라 할 수 있다.

▣ Widget의 역할

위젯(Widget)은 플라스틱으로 만든 탁구공 모양의 기구로 기네스캔의 바닥에 붙어 있다. 그래서 캔이 열리면 위젯에 잡혀 있던 소량의 맥주와 질소가스가 맥주로 섞이면서 크리미한 거품을 낸다. 위젯은 캔 기네스 맛이 마치 펍(Pub)에서 생으로 마시는 것처럼 느끼게 해준다.

류나 제조방법과 상관없이 오직 그 원맥즙의 농도에 따라 부가되었으며, 원료는 맥아 이외에 소맥, 옥수수, 쌀 등의 곡류를 일부 보조원료로 사용하였으므로 양조업자는 자유롭게 제조방법을 선택할 수 있었기 때문이다.

상면발효(上面醱酵)방식은 제조공정의 관리 및 품질의 안정화면(安定化面)으로 볼 때 하면발효(下面醱酵)방법보다 어려운 점이 많으나, 소요기간이 짧고 상면발효 맥주 특유의 향미(香味)를 가지며 영국의 기후 풍토에 오랫동안 습관화되었으므로 보수적인 섬나라 영국 국민은 이를 지속(持續)하고 있다. 1882년 독일에서 이주(移住)해 온 상인들이 처음으로 하면발효맥주 공장을 설립하였으며, 근년(近年)에 와서는 영국에서도 하면발효에 의한 담색(淡色) 라거맥주(Lager Beer)가 급격히 증가하고 있다.

2) 독일

근세에 이르러 독일의 맥주산업은 특히 바이에른(Bayern) 지방을 중심으로 발달하였다. 기원후 1800년경 바이에른에서는 영업상의 모든 규제를 풀고 동시에 맥주의 과세제도를 개혁하였다.

바이에른에서 양조업이 발달하게 된 것은 그 제조기술이 크게 뒷받침했던 것으로 바이엔슈테판(Weihenstephan)의 양조기술(釀造技術, 현재 뮌헨공과대학 양조공학과)의 공이 크다고 하겠다.

바이에른은 이와 같이 제도의 개혁과 양조기술의 발달로 독일에서도 가장 앞선 맥주의 고장이 되었으며, 19세기에 이르러서는 북독일에도 거의 바이에른의 하면발효양식(下面醱酵樣式)이 도입되었다. 그러나 1830년대 산업의 자유화가 시작될 때까지 양조업은 가내공업형태를 벗어나지 못하였다.

산업이 자유화됨에 따라 양조업은 차차 정치, 경제, 과학기술적인 면에서 종합적으로 검토하여 발전시켰다. 무엇보다도 맥주공장에 증기기관을 도입함으로써 대규모의 생산이 가능하게 되었고, 맥아제조장치의 개선으로 좋은 품질의 원료를 대량으로 공급할 수 있게 되었다.

맥주 병마개의 톱니 수는?

1892년 영국의 윌리엄 페인트라는 사람이 톱니를 21개로 특허를 받아 하루에 1천달러씩 특허사용료를 받았다고 한다.

19세기에는 독일에서도 당도계 외에 온도계를 사용하게 되었고, 맥주공장은 점차 냉동기를 이용하게 됨으로써 자연에서 얻은 얼음으로 냉각시키던 불편을 덜게 되었으며, 원하는 온도를 임의로 조절할 수 있게 되었다.

19세기 후반에 이르러 자연과학, 특히 화학의 발달로 제조과정의 변화를 알 수 있게 되었으며, 미생물을 발견하고 순수배양(純粹培養)함으로써 맥주 제조과정은 신비스런 장막(帳幕)을 벗고 완전히 기술적으로 다스리게 되었다. 맥주를 저장하는 통은 수백 년간 나무로 제작하여 사용하였으나 차차 철과 알루미늄 그리고 최근에는 스테인리스 스틸 탱크가 등장하였으며, 그 규모도 점차 대형화되었다. 바이에른의 맥주양조는 그 전통을 존중하여 '맥주제조에 대맥, 호프 그리고 물만을 사용할 수 있다는 원료의 순수법령(純粹法令; 세계에서 가장 오래된 식품제조에 관한 법령으로써 1516년에 반포되었다)'을 아직도 준수하고 있다.

제2차 세계대전 때 맥아가 극히 부족하여 국가에서 하면발효맥주에도 맥아 대신 일부 설탕(砂糖)을 사용하도록 지시하였으나, 바이에른의 양조업자들은 일치단결하여 이를 거부하고 고난을 감수하였다. 그러나 전쟁 중에는 농도(濃度)가 낮은 맥주를 생산하였다.

바이에른에서는 19세기 초에 이르기까지 브라운맥주(담색과 농색의 중간으로 갈색을 띤 맥주)가 지배적이었다. 이 브라운맥주를 토대로 하여 뮌헨 타입의 맥주가 나타났는데, 이는 색이 짙고 고미가 강하며 감미가 돌 뿐만 아니라 맥아향기가 강한 것이 특징이다.

뮌헨 타입 맥주의 평판이 예상외로 좋아서 삽시간에 많은 애호가를 얻게 되었다. 이는 뮌헨의 수질이 경도(硬度)가 높고 탄산(炭酸)을 많이 함유하여 그와 같은 맥주 제조에 적합하였으므로 대표적인 독일 맥주의 한 타입을 이루었다. 북독일의 도르트문트에서는 하면발효방식을 도입한 후 고유한 맥주 타입을 형성하였는데, 이는 필젠맥주의 담백한 점을 보강하고 뮌헨식의 달콤한 맛과 농색맥아 향기를 약화시켜 만든 담색맥주라고 하겠다. 한편, 1842년에 필젠의 담색맥주가 바이에른에 들어오기 시작함으로써 농색맥주와 경쟁하게 되었는데 필젠의 맥주는 비교적 단기간에 상당한 시장을 획득하였다.

이에 자극을 받아 바이에른에서도 담색맥주를 생산하여 점차 증가함으로써 현재는 대부분이 담색맥주가 되었다. 담색맥주는 생산비가 낮고 특히 전후(戰後)에 소

① ②

• 벡스사 : 브레멘은 13세기경부터 북해와 발트해 연안의 여러 도시에 맥주를 수출하던 전통을 가진다. 그 전통을 이어받은 벡스사는 독일에서 가장 수출량이 많은 것으로 알려져 있다.
　상품 : ① 벡스 비어(Back's Bier)
• 뢰벤브로이사 : '사자의 양조소'를 의미하는 뢰벤브로이는 본고장 뮌헨을 대표하는 명품
　상품 : ② 뢰벤브로이(Loewenbraeu)

비자의 기호(嗜好)가 변하였기 때문이라고 한다.

맥주양조가 산업화됨에 따라서 소규모 공장들은 문을 닫게 되었다. 1833년 드레스덴(Dresden)에서 처음으로 발트슐롭헨(Waldschlobchen)이란 맥주제조주식회사가 창립된 후에 수많은 맥주공장이 통합되고 주식회사(株式會社)로 전향(轉向)하였으며, 맥주생산성은 전체적으로 증가하였다.

독일은 하면발효맥주의 발상지로서 양조기술자는 아직도 품질위주의 생산방식을 취하고 있다.

독일 맥주는 일반적으로 짙고 풍부한 맛을 주며 부드러운 촉감과 온화한 향기를 지녀 그 품질의 우수성을 세계에 자랑하고 있다.

독일의 맥주는 각 지방의 수질(水質), 원료(原料), 기후(氣候), 생활습성(生活習性)에 따라 양조방법(釀造方法)이 선택되었으므로 그 종류도 수없이 많다. 맥즙의 농도(濃度)에 의해서 아인파흐비어(Eingfachbier; 2~5%), 샹크비어(Schankbier; 7~8%), 폴비어(Vollbier; 11~14%), 슈타르크비어(Starkbier; 16% 이상) 등으로 구분하며, 하면발효에 의한 폴비어(Vollbier) 중에는 라거비어(Lagerbier), 엑스포르트비어(Exportbier; Hell(담색맥주), Dunkel(흑맥주)), 필스너비어(Pilsner-Bier), 메르첸비어(Märzenbier) 등이 있고, 슈타르크비어(Starkbier)에는 벅크비어(Bockbier), 도펠보크(Doppelbock; 18% 이상) 등이 있다.

상면발효맥주로 일부 소맥을 사용하여 만든 바이첸비어(Weizenbier), 바이첸보크(Weizenbock), 바이첸도펠보크(Weizendoppelbock) 등을 찾아볼 수 있으며, 각 지방 또는 맥주공장의 특유한 맥주 이름은 일일이 헤아릴 수 없다.

3) 덴마크

게르만민족의 일파(一派)인 데인(Dane; 덴마크 사람)인은 오랜 옛날부터 맥주를 마셔왔으므로 맥주제조는 일상생활 중에서 중요한 부분을 차지하였으리라 짐작된다. 이와 같은 자가양조(自家釀造)는 중세 말까지 지속되었으며, 15세기 중엽부터 판매를 목적으로 양조하기 시작했다. 기록에 의하면 1440년 남독일 바이에른으로부터 덴마크의 국왕에 오른 크리스토퍼(Christopher)는 훈령(訓令)을 내려 맥주양조를 널리 권장(勸獎)하였으며 그 뒤를 이어 올덴부르크(Oldenburg) 왕조의 크리스티안(Christian) I세도 맥주산업 진흥에 비상한 관심을 기울여 1454년에는 수도 코펜하겐에 왕립 양조장을 설치하였다.

덴마크의 맥주가 세계적으로 명성(名聲)을 떨치게 된 것은 그보다 훨씬 후의 일로 1847년 칼스버그(Carlsberg) 양조장이 설립되면서부터라고 할 수 있다.

이 공장의 건립자 야코프 야콥센(Jacob Jacobsen)은 24세에 부친의 유업(遺業)을 이어받아 맥주제조에 종사하였으나, 당시에 생산되었던 상면발효맥주는 독일에서 들여오는 하면발효맥주만 못하여 고객이 줄게 되자 독일의 양조방식을 도입하였다. 그는 라거비어(저장기간이 긴 맥주)의 명산지(名産地) 뮌헨에 가서 하면발효양조의 비법(秘法)을 배우는 한편, 당시 뮌헨에서 양조기술로 제일간다는 슈파텐(Spaten) 맥주공장의 기사(技師) 가브리엘 제들마이어(Gabriel Sedlmayer)로부터 효모를 얻어와서 새로운 방법으로 맥주를 생산하게 되었다.

새로운 맥주는 처음부터 대호평(大好評)을 받아 덴마크의 맥주산업은 급속도로 발전하기 시작하였다.

칼스버그회사는 바이에른의 하면발효방식을 도입한 후 과학기술의 진흥(振興)에 힘써 양조기술의 선구적인 역할을 해왔을 뿐만 아니라 교육문화사업에 공헌한바 크므로 그 명성은 한층 더 높다. 칼스버그와 투보르크(Tuborg)회사는 덴마크의 대표적인 맥주회사로 외국인의 관광코스가 되었다. 그리고 칼스버그연구소의 한센이 완성한 효모 순수배양법은 전 세계의 맥주회사가 항상 안정된 품질의 맥주를 만드는 것을 가능하게 하였다.

•칼스버그사 : 칼스버그(칼계곡)는 야콥센이 자기 아들 칼의 이름을 따서 붙인 소유지의 지명. 칼스버그연구소는 효모 연구가로 유명한 한센 등을 배출했다.
•상품 : 칼스버그(Carlsberg)

칼스버그

4) 체코

12세기경부터 보헤미아(Bohemia) 왕국에도 점차 도시가 형성되기 시작하였다. 그중 프라하(Prague)와 필젠(Pilsner)은 일찍부터 발달하여 독일인이 많이 들어오고 산업도 발달하게 되었다.

보헤미아 국왕은 독일인에게 여러 가지 특권(特權)을 주어 도시의 재정을 위한 수입원을 확보하려 하였다.

필젠시가 1295년에 당시의 발케브 2세(Valcav II)로부터 양조권한(釀造權限)을 얻게 된 것도 이와 같은 시책(施策)에 의한 것이며, 면허를 얻은 시민의 양조업은 크게 번성하기 시작했다.

한편, 국왕 샤를 4세(Charles Ⅳ)는 필젠의 맥주양조산업이 유망하므로 호프의 공급지를 물색하는 것이 무엇보다도 중요한 일이라 생각하고 스스로 보헤미아 일대를 두루 살펴본 후 엘베(Elbe)강의 지류(支流)인 오레(Ohre) 연안의 사츠(Saaz) 지방에 호프재배를 장려하기 시작하였다. 사츠(Saaz)의 호프는 그 품질이 우수하여 급속히 번창하게 되었으며, 현재 각국에 수출하고 있다.

필젠 지방의 맥주는 원래 상면발효방식에 의해 빚어졌는데, 1836년에 돌연히 맥주 맛이 저하되어 그 대책을 협의한 끝에 남독일 바이에른으로부터 양조기사를 초청하여 하면발효방법을 도입하기로 하였다.

1842년에 '시민맥주양조장'이 시범으로 건립되었으며, 바이에른의 양조기사 요

•쿠스폴 공단 : 전 세계에 필스너맥주의 원천이라는 긍지를 자랑하는 이름 필스너 우르켈(우르켈은 원천이라는 뜻). 연수가 풍부한 필젠의 제품다운 투명하고도 산뜻한 맛의 맥주
•상품 : 필스너 우르켈(Pilsner Urquell)

필스너 우르켈

필스너 우르켈 양조장

셉 그롤(Josep Groll)을 초청하여 양조케 하였다. 그
롤(Groll)은 맥주공장 건립위원들이 준비한 원료 즉
굵고 고운 필젠산 대맥(大麥), 향기로운 사츠(Saaz)
호프, 필젠의 연수를 사용하여 바이에른의 기술을
발휘하였다. 1842년 10월 그 첫선을 보인 맥주는 엷
은 황금빛깔에 흰 거품을 띠고 상쾌한 고미(苦味)를
지녀 뜻밖의 대호평을 받았다.

새로이 탄생된 필젠 타입의 맥주는 그 명성이 차
차 높아져 여러 나라에 수출하게 되었으며, 각국에서는 그와 비슷한 맥주를 만들어
필젠 타입이라 하여 판매하고 있다. 체코가 세계적인 맥주 생산국으로 발전하게 된
것은 필젠의 맥주 덕분이라 하겠는데, 1992년 체코의 1인당 맥주 소비량은 135리터
로 독일 다음으로 맥주 소비량이 많은 국가이다.

5) 네덜란드

일본의 도쿠가와시대에 네덜란드의 사절이 막부에 헌상한 물건 가운데 맥주통이
있다. 아마도 일본인 최초로 마신 맥주는 네덜란드 맥주였을 것으로 보인다.

해양국으로서의 역사가 있는 나라인 만큼 일찍부터 맥주 수출에 힘을 써 하이네
켄과 스콜은 해외에 50개 이상의 공장을 갖고 있는 세계 4위의 큰 맥주회사로 꼽힌
다. 네덜란드식 맥주의 독특한 효모의 맛과 향기, 그리고 깔끔한 뒷
맛이 특징이라 하겠다. 그 밖에 10개 정도의 작은 회사가 있다.

•하이네켄사 : 네덜란드 내수시장의 반 이상을 형성할 뿐만 아니라 해외 여러
나라에서도 널리 애음되는 맥주
•상품 : 하이네켄(Heineken)

하이네켄

6) 미국

미대륙에 맥주가 상륙한 것은 1620년 필그림 파더스(Pilgrim Fathers)가 메이플라워(Mayflower)호를 타고 매사추세츠주의 플리머스(Plymouth) 항구에 도착한 때라고 한다. 미국 식민지에 이주한 사람들이 심한 활동을 하고도 피로를 달랠 길이 없었으며 본국으로부터 맥주를 구해 온다는 것은 쉬운 일이 아니었다.

한편, 이민자들의 사망률이 비교적 높은 것은 음료수가 맞지 않아 건강을 해치기 때문이라고 생각하였으므로 개척자들은 가내 소비를 위하여 간단한 도구로 맥주를 빚은 듯하며, 그 후에 이주해 오는 사람들은 미국생활에 익숙해질 때까지 맥주를 만들 수 있도록 본국으로부터 맥아(麥芽)를 가져왔다고 한다.

건국의 아버지 조지 워싱턴(George Washington; 1732~1799)도 맥주를 빚는 처방을 가지고 있었고, 미국 '독립전쟁의 아버지'라 일컫는 새뮤얼 애덤스(Samuel Adams; 1722~1803)는 그의 부친과 마찬가지로 한때 양조에 종사하였으며, '퀘이커' 교리(교회의 계급 또는 의식을 거치지 않고 직접 신과 통하려고 하는 예수교 일파)를 미국에 전도한 윌리엄 펜(William Penn; 1644~1718)은 자기 소유의 양조장을 가지고 있었다고 한다.

미국에서 호프를 재배하기 시작한 것은 1625년 뉴네덜란드(New Netherland)에 살던 네덜란드인들의 덕택이며 그들은 또한 1632년에 북미주 최초의 맥주양조장을

- 밀러브루잉사 : 맥주의 본고장 밀워키 최대의 맥주회사. 미국의 대표적인 맥주로, 순하면서도 호프 향기가 살아 있어서 산뜻하다. 세계 최대의 맥주회사로 키웠다.
- 상품 : ① 밀러 제뉴인 드래프트(Miller Genuine Draft)
- 앤호이저부시(Anheuser-Busch)사 : 1852년 슈나이더가 시작한 회사를 앤호이저와 그의 사위인 부시가 인수, 세계 최대의 맥주회사로 키웠다.
- 상품 : ② 버드와이저(Budweiser)

세웠다. 그러나 유럽식 맥주양조가 시작된 것은 대륙발견 이후 150년이 지난 1637년 라인란트(Rheinland)에서 온 컬리스(Curlis)란 사람이 버지니아에 맥주공장을 세움으로써 시작되었다고 볼 수 있으며, 이어서 뉴잉글랜드(New England), 펜실베이니아(Pennsylvania) 등에서도 판매용 맥주를 생산하였다.

미국의 맥주제조는 남북전쟁(1861~1865)까지만 해도 가내공업에 불과하였으며 영국식 상면발효 타입으로서 에일(Ale), 포터(Porter) 등의 거품이 없는 스틸맥주(Still Beer)였으나, 1840년경부터 소개된 독일의 라거비어(Lager Bier)는 특히 남북전쟁 이후 전국의 기호(嗜好)를 독점하게 되었다. 19~20세기에 걸쳐 시카고(Chicago), 밀워키(Milwaukee), 세인트루이스(St. Louis), 필라델피아(Philadelphia) 등에서도 양조공업이 시작되었다. 그 창시자들은 독일계 이주민들로서 특히 밀워키(Milwaukee)는 아직도 독일계 사람들이 많으며, 대표적인 맥주도시라고 할 수 있다.

1933년 버드와이즈병

미국은 산업기술이 급속히 발달함에 따라 각 지방에 철도가 연결되었고 맥주는 병제품으로 대량생산이 가능하게 됨으로써 군소(群小) 맥주공장은 통합되고 생산규모도 대형화되었다.

미국의 맥주는 독자적인 방향으로 발전하여 색이 엷고 고미(苦味)가 약하며 맛이 담백한 미국 맥주 타입을 이루게 되었으며, 유럽식 하면발효 양조방식에 비하여 숙성기간이 짧은 속성(速成)에 가까운 맥주가 많다.

미국은 현재 맥주 생산량이 세계에서 가장 많으며, 세계 최대의 생산규모를 자랑하는 앤호이저부시(Anheuser-Busch)를 비롯하여 쿠어스(Coors), 밀러(Miller) 등의 대형 맥주회사가 있다.

7) 일본

메이지유신(明治維新)의 격동이 지나자 영국, 미국, 독일인들이 왕래하게 되었으며, 맥주를 애음(愛飮)하던 그들은 맥주수입을 시작하였다. 그러나 당시 화물선의 속도가 늦어 운송도중 변질되는 경우가 많았으므로 일본에서 맥주를 제조할 필요를 느꼈다.

이에 1869년 미국의 양조기사 윌리엄 코프랜드(William Copeland)가 도쿄 남쪽 40km 떨어진 요코하마에서 용솟음치는 샘물을 발견하고 그 옆에 'Spring Valley Brewery'를 세우고 맥주를 만들어 재일 외국인이나 기항(寄航)하는 선박에 공급하게 되었는데, 이것이 일반 소비자에게 맥주를 판매한 시초라 할 수 있다.

현재 일본의 맥주시장은 크게 아사히, 삿포로, 기린맥주 등 3개 회사가 각축을 벌이고 있으며, 이외에도 산토리, 오키나와의 오리온맥주를 비롯하여 전국 각지에 270여 개의 지역 맥주회사가 존재하며, 계절에 따라서 그 계절에만 나오는 맥주가 존재할 정도로 일본의 맥주는 다양하다.

• 기린맥주주식회사 : 1870년 일본 최초의 맥주공장을 인수한 영국인 J. 돈스와 T.B. 글러버가 재팬브루어리사를 설립하여 기린맥주회사의 시초가 된다. 1888년 독일풍 라거맥주를 기린맥주라는 브랜드로 첫 발매를 시작했다.
• 상품 : 기린라거맥주, 이치방 시보리 나마, 주로쇼 등

• 삿포로맥주주식회사 : 메이지시대에 일본 홋카이도 삿포로시에 설립한 맥주회사로 독일에서 공부한 맥주장인(brewmaster) 세이베이 나카가와가 첫 삿포로맥주(Lager)를 1876년에 가이타쿠시 맥주 양조장에서 생산하기에 이른다. 이듬해 1877년, 가이타쿠시의 상징인 북극성을 상표로 한 맥주를 발매한다.
• 상품 : 삿포로 흑라벨, 에비스, 라거, 클래식 등

8) 오스트레일리아

오스트레일리아에 이주한 이민자들은 나쁜 수질 때문에 고생을 하였다. 영국 해군처럼 물에 럼을 넣어 마시기도 하다가 1794년에 시드니에 도착한 존 보스턴이 옥수수를 원료로 하여 맥주를 양조한 것이 오스트레일리아 맥주의 시초이다.

• 포스터주류회사 : 포스터 형제가 포스터주류회사를 시작한 것은 1888년. 이들은 자신들의 주류제조기술로 오스트레일리아인의 입맛에 맞는 맥주를 제조했다. 몇 년 뒤 자본부족으로 회사를 현지 채권단에 넘겼는데 이것이 현 포스터스 주류그룹의 시초이다.
• 상품 : 포스터스(Forster's)

포스터스(Forster's)

9) 한국

우리나라에 맥주가 들어온 것은 구한말이었다. 1876년 개항 이후 서울과 개항지에 일본인 거주자가 늘어나면서 일본 맥주가 들어왔는데, 초기에 들어온 맥주는 '삿포로맥주'였으며 1900년을 전후하여 '에바스맥주', '기린맥주'가 선보였다.

당시 맥주를 마실 수 있는 계층은 일부 부유층이나 상류층에 한정되었으며, 1910년경에 일본의 맥주회사들이 서울에 출장소를 내면

서 맥주 소비량이 크게 증가하게 되었다.

우리나라에서 본격적으로 맥주회사가 설립된 것은 1933년 일본맥주주식회사가 조선맥주를 설립한 것이 그 시초이며, 뒤이어 같은 해 12월에 일본의 기린맥주주식회사가 소화기린맥주(동양맥주의 전신)를 설립하였다. 이 두 회사는 해방과 함께 1945년 적산관리 공장으로 지정되어, 미국 군정에 의해 관리되다가 1951년에 이르러 민간에게 불하되었는데 이것이 현재의 하이트맥주(조선맥주)주식회사와 오비맥주(동양맥주)주식회사이다.

현재 우리나라의 맥주시장은 HITE맥주, OB맥주, 1992년에 설립한 진로쿠어스맥주 등 3사체제를 이루었으나, OB맥주는 1998년 9월, 진로쿠어스맥주는 2001년 3월에 세계 4위 맥주회사인 벨기에의 인터브루사와 합작으로 운영되고 있다.

6. 소비자가 선정한 Best 맥주

1) 호가든(Hoegaarden)

원산지 : 벨기에

스타일 : 밀 맥주(Wheat Beer)

알코올도수 : 4.9%

마시기 좋은 온도 : 9~10℃

역사   벨기에의 수도 브뤼셀 동쪽에 위치한 호가든 지방은 예로부터 최고 품질의 밀이 생산되는 지역으로, 황금빛 구름 컬러와 함께 부드럽고 상쾌한 맛을 내는 벨기에 화이트맥주, 호가든이 처음 만들어진 곳이다. 밀맥주라고도 불리는 화이트맥주는 말 그대로 밀을 원료로 한다. 보리 몰트와 함께 밀이 사용되어 다른 맥주에 비해 옅은 색깔을 띠며 안개처럼 뿌연 느낌이 나는 것이 특징이다. 뿐만 아니라, 풍부한 과일향과 독특한 산미로 인해 개성 넘치는 맛을 전한다. 1445년 수도사들에 의해 처음 만들어진 호가든 화이트맥주는 벨기에 전통의 제조방식 그대로 오늘날 전 세계 60여 개국에서 판매되고 있다.

테이스팅 노트 정통 벨기에 화이트 맥주 호가든은 특유의 부드럽고 풍부한 맛, 풍성한 구름거품과 여기에오렌지 껍질(Orange Peel), 코리앤더(Coriander; 고수)가 조화된 매혹적인 향이 특징이다.

✱ 최상의 호가든을 즐기는 방법
① 호가든 전용 육각글라스에 호가든을 2/3 정도 따른다.
② 호가든병에 남은 맥주를 잘 흔들어 효모를 활성화시킨다.
③ 잘 흔든 맥주를 육각글라스 맥주 위에 천천히 따른다.

2) 하이네켄(Heineken)

원산지 : 네덜란드

스타일 : 필스너

알코올도수 : 5.0%

마시기 좋은 온도 : 8~9℃

역사 1863년 22살의 네덜란드인 게라드 아드리안 하이네켄(Gerard Adriaan Heineken)이 암스테르담에서 가장 큰 양조장 데호이베르(De Hooberg)를 인수하여 다음해에 하이네켄사(Heineken & Co.)를 설립했다. 20여 명의 직원을 두고 소규모로 시작한 회사는 첫해에 100% 가까운 성장을 보였다. 1886년 루이 파스퇴르의 제자인 엘리온 박사가 에이이스트(A-yeast) 배양에 성공한 후, 하면발효

(Bottom-Fermentation)의 양조기법을 사용하여 하이네켄만의 독특한 맛을 만들어내고 있다.

현재 전 세계 65개국 120여 개의 양조장을 보유하고 있으며, 170여 개국에서 판매되고 있다.

테이스팅 노트

네덜란드의 세계적인 맥주 하이네켄은 물, 보리, 호프 등 천연 원료만을 사용하여 제조하고 있다. 특히 하이네켄은 고유의 효소 A-yeast를 첨가함으로써 하이네켄 특유의 상쾌하면서도 쌉싸름한 맛과 맑은 색상, 시원한 목 넘김을 만들어내고 있다.

3) 아사히(Asahi)

- **원산지** : 일본
- **스타일** : 라이트 라거
- **알코올도수** : 4.8%
- **마시기 좋은 온도** : 7~8℃

역사

아사히맥주(朝日酒)의 공식설립은 1949년이지만 실제 역사는 이보다 길다. 1889년 아사히맥주의 전신인 오사카맥주(大阪酒)가 설립됐기 때문이다. '아사히맥주'가 출시된 건 1892년의 일이다. 1893년 시카고세계박람회에서 아사히맥주는 최우수상을 수상했고, 1957년엔 캔 맥주를 최초로 선보였다. 1987년엔 일본 최초의 드라이 비어인 아사히 슈퍼 드라이를 출시하여 엄청난 인기를 끌어 일본 시장점유율 50%를 기록하고 있다. 이전까지 일본 맥주시장은 기린이 점유율 1위를 차지하고 있었는데 이 상품을 통해 기린을 앞서게 되었다고 한다.

테이스팅 노트 아사히 슈퍼 드라이는 엷은 황금색 맥주로 약간 가벼운 맛에 탄산의 느낌이 강한 드라이맥주이다. 여러 잔을 마셔도 질리지 않는 깔끔하고 담백한 맛으로 많은 마니아층을 확보하고 있다.

4) 코로나(Corona)

원산지 : 멕시코	
스타일 : 라거	
알코올도수 : 4.6%	
마시기 좋은 온도 : 8~9℃	

역사 스페인어로 '왕관'이라는 뜻의 코로나맥주는 1925년 멕시코 Gurupo Modelo사에서 생산되는 맥주이다.

테이스팅 노트 테킬라와 함께 멕시코를 대표하는 맥주로, 라임(레몬)을 넣어 마시는 것으로 유명하다. 선인장향이 가미된 가볍고 깔끔한 맛이 특징으로 라임의 상큼함이 더해지면 청량감이 더 잘 느껴진다.

5) 산미구엘 라이트(San Miguel Light)

원산지 : 필리핀	
스타일 : 라이트 라거	
알코올도수 : 5.0%	
마시기 좋은 온도 : 7~8℃	

필리핀을 점령했던 스페인의 제조 노하우를 전수받아 오히려 지금은
스페인으로 수출까지 하고 있을 정도로 스페인에서 더 인기가 있다.

테이스팅 노트 대중적인 산미구엘 맥주의 페일 필젠은 옅은 금빛 라거로
상쾌하고 톡 쏘는 뒷맛이 특징이다. 라이트는 칼로리가 낮
은 맥주로서 부드럽고 균일하게 쏘는 맛이 특징이다. 그리고 다크는 구워진 맥아
의 쓴맛과 달콤함이 특징이다.

6) 칭다오(Tsingtao)

원산지 : 중국

스타일 : 필스너

알코올도수 : 5.0%

마시기 좋은 온도 : 8~9℃

역사 중국 최초의 맥주로 독일이 칭다오를 지배할 당시에 생산되기 시작해
서 독일의 맥주제조법에 의해 만들어진 것이 특징이다. 칭다오는 1991
년부터 매년 8월 마지막 2주 동안 맥주축제를 열고 있으며, 아시아 최대의 맥주축
제로 자리 잡았다.

테이스팅 노트 청도 지역의 호프와 호주산 이스트를 사용하고 쌀을 첨가했
다.

7) 버드와이저(Budweiser)

🇺🇸 **원산지** : 미국

🍺 **스타일** : 라거비어

☕ **알코올도수** : 5.0%

🌡️ **마시기 좋은 온도** : 8~9℃

역사

1852년 조지 슈나이더가 미국 미주리주의 세인트루이스에 '바비리안 (Bavarian)'이라는 양조장을 설립했고, 1860년 독일계 이민자인 에버하르트 안호이저(Eberhard Anheuser)가 그 양조장을 사들여 자기 이름을 따서 '안호이저'라고 개명했다. 1864년에 안호이저는 맥주 공급업자인 사위 아돌프 부쉬 (Adolphus Busch)를 판매 책임자로 고용했으며, 체코 출신의 미국 이민자 아돌프는 1869년 개인소유 양조장을 안호이저에 합병, 본격적으로 장인의 사업에 뛰어들게 된다. 이후 1876년 자신이 살던 고향 마을인 부드바이스(Budweiss)의 지명을 따 '버드와이저'라 이름 짓고, 미국 내 정통 라거맥주를 출시했다. 단일 브랜드 판매량 세계 1위인 버드와이저는 코카콜라, 말보로 다음으로 미국이 자랑하는 가장 미국적인 3대 소비재 브랜드 중 하나로 미국 내 약 50% 판매량을 자랑하고 있다.

테이스팅 노트

버드와이저는 질 좋은 보리 엿기름, 쌀, 이스트, 물과 호프의 5가지 성분으로 되어 있다. 30일 동안 양조해서 만들어지며 발효과정에서 비치우드 에이징(Beechwood Aging)이란 독특한 숙성방법을 사용, 다른 맥주보다 부드럽고 깨끗한 맛을 제공한다. 목 넘길 때 느껴지는 버드와이저 특유의 쓸쓸한 맛과 마지막 입안에 남겨진 뒷맛이 특징이다.

8) 기네스 드래프트(Guinness Draught)

- **원산지** : 아일랜드
- **스타일** : 드라이 스타우트
- **알코올도수** : 3.4%
- **마시기 좋은 온도** : 10~13℃

역사

기네스맥주는 1759년 아서 기네스(Arthur Guinness)가 설립했다. 1799년 흑맥주만 생산하기로 하여 지금까지 흑맥주만 만들고 있으며 현재 흑맥주로는 세계 1위의 규모를 자랑하고 있다.

테이스팅 노트

기네스 맥주는 색깔이 짙은 맥아나 숯가루처럼 검게 태운 보리를 원료로 한다. 호프를 많이 넣어 쓴맛이 나는 게 특징이며 맥주의 빛깔은 검은 진주처럼 윤택하고 거품은 좀처럼 꺼지지 않는다. 기네스 드래프트는 흑맥주의 왕이라 불리는 맥주로 매우 어두운 색을 지니고 있으며 크림 같은 거품은 흑맥주의 부드러움과 신선한 맛을 느끼게 해주는 데 부족함이 없다.

9) 삿포로(Sapporo)

- **원산지** : 일본 삿포로
- **스타일** : 드래프트맥주
- **알코올도수** : 5%
- **마시기 좋은 온도** : 5~7℃

1876년 6월 개척사는 독일에서 맥주 만드는 법을 배우고 일본으로 돌아온 나카가와 세이베이를 주임기사로 초청하여 양조장 건설에 착수하였다. 9월에 맥주양조장이 완성, 다음해 개척사의 심벌 북극성을 표시한 찬 맥주인 삿포로맥주를 세상에 출시하게 되었고 이것이 삿포로맥주의 시작이다.

테이스팅 노트 삿포로맥주 고유의 세라믹 필터방식과 비열처리의 신선한 맛을 가장 가깝게 느낄 수 있는 맥주로 마실 때는 부드럽고, 마신 후에는 입안 가득한 향과 쌉쌀함이 그윽한 정통식 일본 맥주로 청아한 맛이 일품이다.

10) 밀러 제뉴인 드래프트(Miller Genuine Draft)

🇺🇸 **원산지** : 미국

🍺 **스타일** : 프리미엄 라거

🍺 **알코올도수** : 4.7%

🌡️ **마시기 좋은 온도** : 8~9℃

역사 밀러의 역사는 창업자 Fredrick John Miller가 미국으로 이주하면서부터 시작된다. 1849년부터 독일에서 주류제조업으로 성공한 밀러는 1855년 미국 위스콘신 주 밀워키(Milwaukee)에 있는 Plank Road Brewery라는 작은 양조장을 인수하여 독일에서 직접 가져온 특별한 효모와 밀워키 지역에서 재배한 호프, 맥아보리를 이용해서 최고 품질의 맥주를 생산하기 시작했다. 밀러는 현재 미대륙 전역에 일곱 개의 메이저급 주류 제조공장을 가진 미국에서 두 번째로 큰 맥주회사로 성장하였다.

테이스팅 노트 밀러 제뉴인 드래프트(Miller Genuine Draft)는 열을 가하지 않아 맥주 본래의 풍부한 맛과 향이 살아 있는 진정한 의미의 생맥주이다. 밀러의 독특한 맛은 다른 맥주와는 달리 매우 신선하고, 부드럽고,

순하고, 산뜻하여 최고의 만족감을 느낄 수 있다.

11) 새뮤얼 애덤스(Samuel Adams)

🇺🇸 **원산지** : 미국

🍺 **스타일** : 라거

🍺 **알코올도수** : 4.8%

🌡️ **마시기 좋은 온도** : 8~9℃

역사

미국에서 보통 샘 애덤스라 불리며 보스턴 맥주회사에서 생산되어 미국뿐만 아니라 여러 나라에서 인기 있는 맥주이다.

새뮤얼 애덤스라는 이름은 보스턴 차 사건의 주도적인 인물로 미국 독립전쟁의 영웅이며 맥주 양조업자이기도 했던 새뮤얼 애덤스(Samuel Adams)에서 따온 것이다.

테이스팅 노트

라거맥주이지만 진한 색을 띠며, 풍부한 향을 자랑하고 쓴맛이 강하지는 않다. 진하고 구수한 맛이 착 달라붙는 느낌이 든다.

보스턴 차 사건(Boston Tea Party)은 그레이트브리튼 왕국의 지나친 세금징수에 반발한 새뮤얼 애덤스를 비롯한 50여 명의 보스턴 주민들이 아메리카 토착민으로 위장해 1773년 12월 16일 보스턴항에 정박한 배에 실려 있던 홍차 상자들을 바다에 버린 사건으로 미국 독립전쟁의 도화선이 되었다.

보스턴 차 사건

12) 필스너 우르켈(Pilsner Urquell)

원산지 : 체코

스타일 : 필스너

알코올도수 : 3.5%

마시기 좋은 온도 : 9℃

역사 필스너 우르켈은 체코의 필젠(Pilsen) 지방에서 1842년에 생산된 세계 최초 담색맥주이다. 현재 우리가 즐겨 마시는 라거맥주의 원조이다.

테이스팅 노트 160년 전통의 순수 자연 숙성방식을 고집하며 만들어진 순하면서 깊고 강한 맛의 조화로움을 지닌 최고급 오리지널 황금빛 필스너맥주이다.

13) 기린 이치방(Kirin Ichiban)

원산지 : 일본

스타일 : 라거맥주

알코올도수 : 5.5%

마시기 좋은 온도 : 7℃

역사 1870년 일본 최초의 맥주공장을 인수한 영국인 J. 돈스와 T.B. 글러버가 재팬브루어리사를 설립하여 기린맥주회사의 시초가 된다. 1888년 독일풍 라거맥주를 기린맥주라는 브랜드로 첫 발매를 시작했다.

첫 번째 짜낸 맥즙만을 사용하는 독특한 제법을 통해서 비용은 더 많이 들어가지만 바디감이 풍부한 맥주의 순수한 맛을 연출해 낸다. 일본 음식과 잘 어울리는 고급맥주로 생선초밥, 생선회, 야키도리 등과 같은 담백한 향의 음식과 잘 어울린다.

14) 벡스(Beck's)

원산지 : 독일

스타일 : 필스너

알코올도수 : 5%

마시기 좋은 온도 : 8~9℃

역사 벡스(Beck's)는 1873년 독일 북서부에 위치한 브레멘에서 시작되었다. 1876년 미국의 필라델피아 국제대회에서 '최고의 대륙맥주상'을 수상하였고, 벡스 설립 1년 후인 1874년 독일 황제 프레드릭 3세가 최초의 금메달을 수상하였다. 맥주 순수령에 따라 보리, 호프, 물, 효모와 전통 양조기술로 제조된 정통 독일 라거맥주이다.

테이스팅 노트 벡스(Beck's)는 신선한 호프의 향과 쌉쌀함이 풍부하게 어우러진 담백하고 깨끗한 맛이 나며, 벡스다크(Beck's Dark)는 특유의 쓴맛과 함께 라거의 숙성된 맛을 느낄 수 있다.

15) 포스터스(Foster's)

🇦🇺 **원산지** : 호주 멜버른

🍺 **스타일** : 라거

🍺 **알코올도수** : 4.9%

🌡️ **마시기 좋은 온도** : 8~9℃

역사
포스터 형제가 포스터주류회사를 시작한 것은 1888년. 이들은 자신들의 주류 제조기술로 오스트레일리아인의 입맛에 맞는 맥주를 제조했다. 몇 년 뒤 자본부족으로 회사를 현지 채권단에 넘겼는데 이것이 현 포스터스 주류그룹의 시초이다.

테이스팅 노트
호주인들의 낙천적이고 친근한 정서를 담고 있다. 밝은 황금색에 크림과 같은 거품이 특징이다. 가벼운 맥아향에 깨끗한 호프의 끝맛이 느껴진다.

7. 맥주와 건강

1) 맥주의 영양가치

고대에는 물론 중세에 이르기까지 맥주는 일종의 변형된 빵(액체의 빵)으로 간주되어 왔다. 옛날에는 맥주로 만든 수프를 애용하였는데 흔히 달걀과 맥주 또는 맥주와 포도주로 만든 수프가 있었다.

맥주의 화학적 조성을 개략적으로 보면 탄수화물이 3.5~4.5%, 조단백질이 0.15~0.65%, 알코올이 3~5%, 유기산이 0.2~0.3%, 탄산가스가 0.4~0.5%, 회분이 0.1~0.3%, 그 밖에 호프의 여러 가지 성분과 비타민 등이 들어 있어 맥주의 영양가는 1 ℓ 당 450~600kcal나 된다.

이는 우유의 영양가에 가까우며 4홉 맥주 한 병은 쇠고기 약 160g에 해당할 만큼 막대한 열량 공급의 원천이 될 수도 있다. 예로부터 맥주를 마시면 배가 나온다는 얘기를 흔히 듣는다.

그러나 맥주 속에 살찌게 하는 특별한 요소가 들어 있다는 과학적인 근거는 없다. 그보다도 맥주를 마심으로써 소화액의 분비를 촉진시키므로 입맛을 돋우고 음식을 많이 먹게 되어 배가 나올 가능성이 생길지도 모른다. 알코올은 칼로리가 높기는 하나 단백질 또는 지방분으로 축적되지는 않는다. 맥주 중의 영양분은 용액상태로 되어 있어서 흡수가 잘 되며, 알코올 이외의 여러 가지 유익한 성분이 적당량 배합되어 있어 마시는 속도와 관계없이 과량(過量)으로 흡수되는 일이 거의 없다.

그리고 맥주는 4% 내외의 알코올을 함유하고 있으므로 맥주를 마셨을 때 혈액 중의 알코올농도는 다른 술에 비하여 완만하게 증가될 뿐 아니라 혈액 중에 도달할 수 있는 최대 알코올농도는 다른 술의 경우보다 훨씬 낮다고 한다.

그래서 맥주를 즐기는 사람은 스스로 취하는 것을 느끼고 즐길 만큼 충분한 시간적 여유를 가지며, 따라서 자신의 주량을 스스로 조절할 수 있는 것이다.

사람의 혈액 속에는 원래 약간의 알코올(0.029~0.037g/ℓ)이 함유되어 있다. 알코올을 마시지 않아도 음식을 섭취함으로써 이것의 약 50%가량 증가하는데 학자들은 이를 장내발효(腸內醱酵)에 기인한다고 믿는다.

우리가 자주 먹는 식빵 속에도 0.2~0.4%의 알코올

■ 맥주의 성분

물	89~90%
탄수화물	3.5~4.5%
알코올	3~5%
탄산소다	0.4~0.5%
조단백질	0.15~0.65%
유기산	0.2~0.3%
회 분	0.1~0.3%
호 프	소량
비타민	소량

이 포함되어 있다.

중요한 것은 맥주는 풍부한 영양가 이외에도 인체생리에 유익한 기타 물질을 많이 함유하고 있다는 사실이다.

그중에 비타민 함량은 주목할 정도인데 성장촉진작용을 하는 비타민 B_2와 비타민 B_6 등이 있다. 그리고 맥주에는 인체에 중요한 인화합물이 많아서 대사기능을 증진시킨다고 한다.

동물의 기아(飢餓)실험 결과 맥주를 첨가해서 사육했던 동물은 같은 방법으로 맥주를 주지 않고 기른 동물보다 훨씬 오래도록 생명을 유지하였다고 한다. 그것은 신체를 구성하고 있는 단백질의 소모를 보호하는 효과가 있기 때문이라고 생각한다. "백년을 살려거든 맥주를 들라!"는 이탈리아의 광고문구가 전혀 근거 없는 얘기가 아닐지도 모른다.

2) 맥주의 의료효과

맥주가 병을 치료하는 효과가 있다고 생각하게 된 것이 언제부터인지 알 수는 없지만, 술의 기원과 그 역사를 같이할 것으로 추측된다. 오랜 옛날 의사는 어느 정도 신통한 의료방법 외에 자신의 영험함을 나타내기 위하여 당시 신으로부터 하사받았다고 믿었던 술의 취기(醉氣)를 이용했음직하다.

가정에서 조제한 맥주수프, 또는 영양과 약효를 위한 약술의 형태로 여러 가지 질병에 대하여 의사들이 맥주를 권하였던 것으로 봐서 맥주가 인체에 유익한 작용을 한다는 것은 틀림없는 사실이다. 또한 맥주제조에 사용되는 효모에 치료효과가 있다는 것은 잘 알려진 사실이며, 호프는 이미 8세기부터 약초로 사용되었다.

맥주가 식이요법으로 이용될 수 있는 선행조건으로 병원균에 오염되는 일이 없어야 하는데, 영국의 학자 벙커(Bunker)의 광범위한 연구결과 $1m\ell$ 의 맥주에 100 내지 2천만 마리의 대장균을 포함한 병원균을 접종(接種)하고 얼마 후에 조사해 보니 병원균은 전혀 살아 있지 않았다고 보고하였다.

맥주효과에 관한 보고를 요약하면 다음과 같다.

(1) 식욕증진 및 소화촉진작용

환자에 대한 맥주의 효과를 알아내기 위해서 동물실험을 해보았는데, 어떤 식품을 과량(過量)으로 투입하면서 맥주를 첨가했을 경우에는 같은 양의 물을 첨가했을 때보다 식욕이 왕성하였으며, 정상보다 훨씬 많은 영양소를 흡수하였다고 한다. 사람이 알코올을 조금씩만 취하면 소화효소의 기능을 증가시켜 음식의 흡수를 촉진시킨다는 것은 잘 알려진 사실이며, 맥에 들어 있는 탄산은 위액의 분비를 촉진시켜 위 내(胃內)에서 연동운동을 빠르게 하여 식욕을 증진시킨다.

맥주의 탄산가스는 원래 교질물질(膠質物質)과 결합되어 있기 때문에 그 분해가 서서히 일어나서 위에 대한 자극이 온화하다. 또 맥주의 고미성분인 호프 고미질은 담즙(膽汁)의 분비를 촉진하여 소화작용을 도우며 맥아 배조 시에 생성되는 히스토 염기는 장의 운동과 분비작용에 대하여 강한 촉진작용을 한다는 것이 밝혀졌다.

맥주성분의 대부분은 분해작용에 의하여 생성된 것이어서 소화와 흡수가 빠르고 소화액의 분비를 촉진하므로 공복감을 불러일으켜서 구미를 당기게 하므로 특히 회복기의 환자에게 권하고 있다.

(2) 이뇨촉진작용

맥주 중의 고미질은 이뇨촉진작용이 있다. 동물실험의 일례를 보면 하루 평균 4홉의 요량(尿量)을 가진 동물들을 갑과 을의 2군(群)으로 나누어, 갑에게는 사료와 동시에 맥주 엑기스를 주고 을에게는 엑기스 대신 같은 양의 물을 주어 수일간 사육한 후에, 그전과 같이 갑과 을에게 같은 사료와 물만 주어서 요량을 측정해 보니 을은 변화가 없는 데 반하여 갑의 1일 평균요량은 5.6홉이 되었다고 한다.

(3) 신경진정 및 수면촉진작용

맥주의 호프성분은 신경중추에 작용하여 신경을 안정시키고 수면을 촉진시키는 효과가 있다.

(4) 항균작용

독일 슈나이더(Schneider)의 연구에 의하면 위암환자는 위산(胃酸)이 부족한데 맥주를 조금 주었더니 위산분비를 자극하여 항균력이 생겨서 수술 시 감염의 위험을 덜었다고 하며, 수술한 이튿날부터 맥주를 조금씩 마심으로써 식욕을 돕고 체온조절에도 좋다는 결론을 얻었다. 독일의 한 결핵연구소의 발표에 의하면 맥주는 또한 결핵 예방에도 효과가 있다고 한다.

뮌헨의 결핵연구소 뵐츠히히(Boeltzig)가 보고하기를 맥주공장의 종업원이 그와 비슷한 다른 업종의 종업원에 비하여 결핵 이환율이 반에 불과하며, 환자 중에서도 활성환자와 불활성환자의 비(比)가 다른 업종의 경우 1 : 1 정도인데 맥주공장의 경우는 1 : 6이나 되어서 사실상 맥주공장의 환자는 대부분 치료된 상태였다는 것이

맥주 마시는 온도

맥주를 마시는 온도는 사람에 따라 다르겠지만 하절기에 4~8℃ 정도, 가을에는 6~10℃, 동절기에는 6~12℃가 좋다. 맥주의 거품은 맥주로부터 달아나는 탄산가스를 막아주고 공기와 접촉을 차단하여 산화를 억제하는 뚜껑과 같은 역할을 하며, 맥주에는 소화효소 기능을 촉진시켜 음식물의 흡수를 돕는 기능이 있고, 탄산가스는 위액의 분비를 촉진시켜 식욕을 증진시킨다.

다. 최근 뮌헨에 있는 양조연구소의 보고를 보면 맥주제조에 이용되는 효모는 페니실린과 같은 병원균에 대한 항균물질을 함유하고 있으며 폐결핵에 유용하다는 것이다.

(5) 호르몬의 작용

1953년 독일의 코호(Koch) 박사와 하임(Heim) 박사의 연구에 의하면 맥주는 여성호르몬(Estrogene, Oestrogene)을 함유하고 있다. 이 호르몬은 탄수화물의 흡수와 전환을 촉진시키며 광물질의 신진대사를 원활히 함으로써 여성의 미용효과에도 좋다는 것이다. 그러나 코호 박사의 연구결과로는 매일 10리터 이상의 맥주를 마시면 과량(過量)의 호르몬을 취하게 될 것이라고 하였다.

8. 가정에서 손쉽게 맥주 담그는 법

최근 맥주를 직접 제조할 수 있는 가정용 맥주제조기의 보급이 증가하면서 '나만의 맥주'를 만들어 마시는 가정이 늘어나고 있다. 따라서 가정에서 어떻게 하면 보다 손쉽고 편리하게 자기만의 독특한 맥주를 만들어 음미할 수 있는지를 설명하고자 한다.

맥주를 만드는 고대 이집트 여인

1) 재료(材料)

PVC맥주 발효통 1개, 맥주 원액 1개, 1리터 PET병 8개, 부스터 1개 등 재료는 인터넷사이트에서 저렴한 가격에 구입할 수 있다.

2) 맥주 담그기

(1) 소독

맥주를 담글 때 사용하는 기구
는 청결하게 살균, 소독하여 사용
해야 한다. 소독방법은 소독용 락스
(30ml)를 20리터 물에 희석하여 약
20여 분 담가두면 살균, 소독이 가능
하다. 가정에서 가장 손쉽게 사용하
려면 주방용 세제로 양조기구를 깨

끗이 씻은 후 미지근한 물로 헹구어 건조시키면 된다.

(2) 맥주 발효통에 물 채우기

발효통에 4리터의 양조용 찬물을 채운다. 양조용 물은
정수기 물이나 생수를 사용하는 것이 좋다. 일부 제품은
발효통에 물 1/3을 채우고 맥주믹스를 넣은 다음 다시 물
을 8부 채운 후 효모를 넣어 1차 발효시키는 아주 간단한
방법을 사용한다.

(3) 부스터 녹이기

냄비에 2리터 정도의 물을 붓고 부스터(옥수수당)를 넣
어 녹을 때까지 골고루 잘 저어준다.

(4) 맥주 원액 녹이기

맥주 원액은 끈적한 조청상태이므로 뜨거운 물에 잠시
담가 녹인다. 그리고 부스터를 녹인 물을 약한 불에 서서히 끓이고, 물이 다 끓은 후
불을 끈 상태에서 맥주 원액 캔에 있는 내용물을 천천히 붓고 다 녹을 때까지 잘 저

어준다. 잘 녹은 맥주 원액을 맥주 발효통에 붓고 다시 물을 부어 8.5리터까지 채운다. 맥주 원액은 종류가 다양하기 때문에 자기가 만들어 마시고자 하는 종류의 맥주 원액을 선택하면 된다(예 : 바이젠, 라거, 에일, 스타우트 등).

(5) 효모 첨가

자기가 원하는 효모(상면발효, 하면발효)를 흩뿌리고 나서 5분 정도 가라앉게 놔둔 후 골고루 잘 저어준다.

(6) 1차 발효

맥주 발효통의 뚜껑을 꼭 잠근 후 공기차단기를 달아 실내온도(20~24℃)에 두면 2~3일간은 아주 활발하게 발효가 이루어지면서 탄산가스가 발생한다. 보통 4~6일이면 1차 발효가 끝난다.

(7) 맥주 병입

1차 발효가 끝난 맥주를 소독한 맥주병이나 PET병에 침전물이 일어나지 않도록 천천히 따라 넣는다.

(8) 2차 발효

병입이 끝난 맥주병에 설탕을 3티스푼 정도 넣고 뚜껑을 닫아 공기가 잘 통하는 그늘진 서늘한 장소나 김치냉장고 같은 곳에 1주일 정도 숙성시킨 후 마시면 된다.

여기서 설탕 대신 물엿을 사용하면 바디가 더욱 풍부해 진다. 또한 복분자, 오렌지 과즙 등을 첨가하면 과즙맥주가 된다.

탄산가스가 풍부한 맥주를 좋아하면 설탕이나 물엿을 좀더 첨가하면 되는데, 이 경우 탄산가스가 많이 생성되는 관계로 맥주병이 파손될 위험이 있다.

(9) 맥주 라벨 붙이기

병입이 끝난 맥주는 라벨 제작용 프로그램이나 포토샵, 그림판 등의 이미지 편집 프로그램을 이용하여 나만의 특별한 라벨을 제작하여 붙인다.

(10) 보관 및 맥주 즐기기

① 보관
• 맥주를 얼지 않도록 보관한다(맥주 어는 온도-2.5 ~1.8℃).

맥주가 얼게 되면 맥주성분 중 단백질이 응고되어 혼탁이 일어나기 쉬우므로 특히 겨울철에 맥주를 운송하거나 옥외에 보관하는 경우에는 주의해야 한다.
• 온도 변화가 적어야 한다.
낮은 온도에 있다가 갑자기 태양의 직사광선에 장시간 노출시켜 맥주의 온도차 가 심하면 맥주가 변질되기 쉽다.
• 직사광선을 피한다.

맥주는 직접 열을 받거나 직사광선을 장시간 받으면 맥주의 향을 내는 물질이 산화되어 맛과 향이 크게 떨어지게 된다. 맥주를 보관할 때에는 될 수 있으면 그늘지고 바람이 잘 통하는 곳에 놓아두는 것이 좋다.

• 적정온도로 보관하는 것이 좋다.

냉장고에 맥주를 보관할 때에는 4~10℃ 정도의 온도에 보관하는 것이 가장 적당하다. 맥주를 마시는 온도는 사람에 따라 다르겠지만, 여름에는 4~8℃ 정도, 가을에는 6~10℃ 정도, 겨울에는 6~12℃가 좋다.

• 너무 오랫동안 보관하지 않는다.

맥주를 장기간 보관하면 적갈색을 띠고 맛, 향기도 나빠지는데 이것을 노화현상(老化現狀)이라고 한다.

② 맥주 따르기

• 필스너 글라스를 45도로 기울여 거품이 생기지 않게 글라스 벽면을 따라 아주 천천히 따른다.

• 부드럽고 지속적으로 나오는 탄산은 bead라고 알려진 작은 거품의 지속적인 상승으로 황금색을 보다 더 활기 있게 해준다.

• 필스너 글라스와 맥주병에 간격을 두어 지속적으로 거품이 2~3㎝ 정도 발생할 수 있도록 한다. 거품은 잔의 가장자리 위로 거의 소프트 아이스크림처럼 솟아야 한다. 이것은 호프향을 끄집어내며, 쓴맛을 마지막까지 억제시킨다.

③ 맥주 테이스팅

좋은 맥주는 맥아의 엿기름향과 호프맛이 살아 있으며, 깔끔하고 깨끗한 라거(저장맥주)의 맛이 약간 난다.

좋은 에일맥주는 이 두 가지 요소뿐만 아니라 효모가 알코올발효를 하면서 얻은 과일맛도 간직하고 있다. 좋은 포터와 스타우트맥주는 초콜릿빛이 돌거나 구운 맥아 사용으로 인해 얻어진 에스프레소와 같은 맛과 향을 지니고 있으며, 좋은 밀맥주는 톡 쏘며 상쾌한 맛이 나는 것이 특징이다. 따라서 좋은 맥주란 맥주의 종류에 따라 그 맥주의 고유한 맛과 향이 잘 어울릴 뿐만 아니라 전체적인 균형이 맞아야 할 것이다.

맥주의 테이스팅도 와인 테이스팅과 동일한 순서로 하면 된다.

• 맥주의 색(The look)

모든 음식과 음료의 즐거움은 눈뿐만 아니라 코와 입으로 느끼는 것이다. 투명도는 맥주의 모든 종류는 아니지만, 대부분의 종류에서 하나의 쟁점이 된다. 색은 확실히 있으며, 최고의 맥주는 종종 특유하고, 미묘하고, 복합적이고, 입맛을 당길 정도로 매력적인 색을 가지고 있다.

• 맥주 휘젓기(The Swirl)

잔을 돌려서 부드럽게 회오리를 만드는 것은 맥주를 휘저음으로써 맥주가 그 향을 복합하여 충분히 내뿜도록 도와준다. 바(bar)나 식당에서 너무 진지하게 잔을 돌려서 맥주를 휘저으면 너무 잘난 체하는 것으로 여겨지기 때문에 이러한 연구는 집에서 추구해야 한다.

• 맥주의 향(The Sniff)

음주자가 냄새를 맡든 맡지 않든, 우리가 맛본다고 생각하는 것의 대부분은 실제로는 강하게 환기작용을 하는 후각을 통해서 얻게 된다.
가장 훌륭한 맥주에서 입맛을 당기게 하는 향은 그 맥주가 주는 즐거움의 가장 크고 중요한 요소가 된다.

• 맥주 마시기(The Sip)

맥주가 혀 위를 살짝 덮도록 한다. 그러면 달콤한 향(예를 들면, 맥아)이 혀의 앞부분에서 분명하게 느껴질 것이다. 그리고 짠맛(물속에 있는)은 앞면에서, 과일맛의 신맛은 더 뒤쪽에서 느껴진다. 반면에 호프의 쓴맛은 혀의 뒤쪽에서 더 잘 감지될 것이다.

Chapter

3

와인의 개요

1. 와인의 정의 2. 와인의 역사 3. 와인의 분류
4. 와인의 제조과정 5. 와인의 품질을 결정짓는 요소
6. 주요 포도품종 7. 와인에 관한 상식 및 시음
8. 와인 취급법 및 서비스방법

3 와인의 개요

1. 와인의 정의

와인의 어원은 라틴어의 '비넘(Vinum)'으로 포도나무로부터 만든 술이라는 의미이다. 세계 여러 나라에서 와인을 뜻하는 말로는 이탈리아의 비노(Vino), 독일의 바인(Wein), 프랑스의 뱅(Vin), 미국과 영국의 와인(Wine) 등이 있다. 넓은 의미에서의 와인은 과실을 발효시켜 만든 알코올 함유 음료를 말하지만, 일반적으로 신선한 천연과일인 순수한 포도만을 원료로 발효시켜 만든 포도주를 의미하며, 우리나라 주세법에서도 역시 과실주의 일종으로 정의하고 있다. 또한 와인은 다른 술과는 달리 제조과정에서 물이 전혀 첨가되지 않으면서 알코올함량이 적고 유기산, 무기질 등이 파괴되지 않은 포도성분이 그대로 살아 있는 술이다. 실제로 와인의 성분을 분석하면 수분 85%, 알코올 9~13% 정도이고, 나머지는 당분, 비타민, 유기산, 각종 미네랄, 폴리페놀(동맥경화에 효능이 있는 카테킨) 등으로 나누어진다.

따라서 와인의 맛은 그 와인의 원료인 포도가 자란 지역의 토질, 기온, 강수량, 일조시간 등 자연적인 조건과 인위적 조건인 포도 재배방법 그리고 양조법에 따라 달라지게 된다. 따라서 나라마다, 지방마다 와인의 맛과 향이 다른 것이다.

와인은 이와 같은 자연성, 순수성 때문에 기원전부터 인류에게 사랑받아 왔으며, 현대에 이르러서도 일상적인 식생활에서 맛과 분위기를 돋우고 더 나아가 서구문명의 중요한 부분을 차지하고 있다.

와인을 한마디로 정의하기는 어렵지만, 그리스의 철학자 플라톤의 말처럼 "와인이야말로 신이 인간에게 내려준 최고의 선물"임에는 틀림없는 것 같다.

2. 와인의 역사

기록상으로 인류가 언제부터 와인을 마시기 시작했는지 정확히 알 수는 없지만, 고고학자들이 발굴한 유적과 효모에 의해 발효가 저절로 일어나는 와인의 특성상

① 코카서스(카프카스)
② 메소포타미아(BC 4000)
③ 이집트, 페니키아(BC 3500)
④ 그리스(BC 600)
⑤ 이탈리아, 시칠리아, 북아프리카
⑥ 스페인, 포르투갈, 프랑스 남부(AD 500)
⑦ 남부 러시아, 북유럽
⑧ 영국

포도를 수확하는 모습
(고대 이집트벽화)

와인은 인류가 마시기 시작한 최초의 술로 사료된다.

포도나무의 조상은 칡의 일종으로 포도나무 재배가 언제 시작되었는지 정확히 밝혀내기는 어렵지만, 지리학적으로는 트랑스코카지아(Trancocasie : 현재의 아르메니아와 제오르지 지역)가 포도 재배의 발원지가 아닌가 한다. 문헌상 와인의 역사는 지금으로부터 약 7000년 전 소아시아 지방에서 시작되어 페니키아인에 의해 이집트, 그리스, 로마 등으로 퍼져나가면서 발전하였다.

메소포타미아 지역에서는 기원전 4000년경에 와인을 담는 데 쓰인 항아리의 마개로 사용된 것으로 추정되는 유물이 발견되기도 하였으며, 고대 이집트의 벽화와 아시리아의 유적에 의하면 기원전 약 3500년경에 이미 와인이 애음되고 있었다.

와인을 '신의 축복'이라 말하는 그리스는 기원전 600년경 페니키아인들에 의해 포도와 와인을 전해 받은 유럽 최초의 와인 생산국이며, 로마에 와인을 전해주었다.

로마는 유럽을 점령한 후 프랑스, 독일 등 식민지 국가들에게 포도재배와 와인 양조를 중요한 농업의 하나로 만들었다. 그리고 유럽을 점령하면서 부대 주둔지 주위에 적군이 숨어 있지 못하도록 부대 인근지역의 나무를 베어내고 포도나무를 심기도 하였으며, 또한 이들 점령지역의 좋지 못한 식수를 마시고 배탈이 나는 것을 방지하기 위하여 레드 와인을 마시기도 했는데, 이 와인을 본국에서 수송해 오기가 어려웠기 때문에 부대 인근에 포도나무를 심어 여기서 생산되는 와인으로 수요를 충당했던 것이다. 이 때문에 유럽의 여러 지역으로 포도의 재배가 확산되어 나갔다.

중세시대에는 교회의 미사나 성찬용으로 또는 의약용으로 그 중요성이 강조되면서 포도 재배나 와인 양조기술이 엄청난 발전을 하게 되었다. 게다가 대형 와인공장이 생기고 교회에서 필요한 양보다 많은 양을 생산하여 주된 수입원이 되기도 하였다.

영국에서도 와인소비가 급증하였는데, 이는 1154년에 영국 왕인 헨리 2세(Henry Ⅱ)가 프랑스 아키텐 지방의 엘레오노르 아키텐 공주와 결혼하면서 결혼지참금으로 가져간 기옌(Guyenne) 지방(가론강과 도르도뉴강 유역의 주요부이며 그 중심도시는 보르도이다)이 영국령이 되어 와인이 세관통관 없이 수출되었기 때문이다. 그러나 이때의 와인은 배고픔과 통증을 잊게 해주는 하나의 수단인 동시에 물 대신 마시는 음료로 사용되었다.

근대에 들어서는 생활의 향상과 명문 와인의 등장, 병에 넣어 보관하는 방법, 편리한 운반 등으로 인해 와인의 보급은 물론 소비량 역시 크게 늘었다. 또한 1679년 프랑스 '돔 뻬리뇽'에 의해 샴페인 제조법이 개발되었고, 와인병의 마개로 코르크의 사용이 일반화되었다. 이때부터 품질에 따라 등급이 매겨졌으며, 유럽 전 지역뿐만 아니라 신대륙에서도 와인의 수요가 급증하여 주요한 무역상품이 되었다.

한편, 18세기 후반 미국에서 수입된 야생포도나무의 뿌리에 있던 '필록세라 선충(Phylloxera; 포도나무뿌리진디)'이라는 기생충이 유럽 전역의 포도원을 황폐화시키는 위기가 있었다. 하지만 이를 저항력이 강한 미국산 포도묘목과 유럽 포도묘목의 접붙이기로 해결할 수 있었고, 1860년 '미생물에 의해 발효와 부패가 일어난다'는 사실이 파스퇴르에 의해 발표되어 효모의 배양, 살균, 숙성에 이르는 와인제조방법이 크게 발전하였다.

포도 재배와 압축기, 여과기 등 양조기술의 발달로 훌륭한 와인이 많이 생산되었는데, 1935년 프랑스에서는 와인에 대한 규정인 AOC법(프랑스어로는 아오세)을 제

Eleonore d'Aquitaine(엘레오노르 아키텐 : 1122~1204년 영국의 왕비)

기엔공국의 통치자인 아키텐 공작(Duc d'Aquitaine)의 딸로서 프랑스 왕 루이 7세(Luis VII)와 결혼 후 이혼 당하고, 아키텐 공작의 상속녀로서 푸아투 백작(Contesse de Poitou)이 되었다. 1152년에 다시 노르망디공국의 플랜태저넷 헨리 2세(Henri II Plantagenet)와 재혼하여 기엔공국이 헨리 2세의 소유가 되었는데, 후에 기엔공국의 영토로 인하여 프랑스와 영국의 백년전쟁이 일어나기도 하였다. 2년 후(1154) 헨리 2세는 영국에 상륙하여 요지를 탈취하였고, 영국의 스티븐왕이 죽자 1154년에 영국 왕이 되었다.

한편, 헨리 2세와의 사이가 원만치 못했던 그녀는 두 아들로 하여금 부왕에 대해 모반을 꾀하게 했으나 실패하여 15년간 연금을 당하기도 하였다. 헨리 2세가 죽은 후 둘째아들(Jean Sansterre)을 견제하고 큰아들 리처드(Richard Coeur de Lion)를 왕위에 올렸고, 큰아들이 죽은 후에는 다시 둘째아들을 지원하는 정치적 역할을 담당하기도 하였다.

엘레오노르는 정치뿐만 아니라 영국과 프랑스의 문화에도 많은 영향을 끼쳤다.

정하여 와인의 철저한 품질관리를 통해 세계적 명성을 유지하고 있다. 이에 잇따라 이탈리아, 독일, 미국, 호주, 스페인 등이 비슷한 와인법을 시행하여 와인의 품질을 유지, 발전시켜 나가고 있다. 또 교통의 발달로 와인의 생산과 교역이 활발해졌고, 아시아 개발도상국의 경제발전으로 이들 지역에도 와인이 확산되고 있다.

오늘날 와인은 프랑스, 스페인, 이탈리아, 독일 등 유럽 전통 와인 생산국들과 미국, 칠레, 남아공, 아르헨티나 등 약 50여 개국에서 연간 250억 병이 생산되고 있다.

■ **연도별 세계 와인의 역사**

연 도	개 요
BC 약 4000년	메소포타미아 지역에서 와인을 담는 데 쓰인 항아리의 마개로 사용된 것으로 추측되는 유물 발견
BC 600년경	페니키아인이 포도와 와인을 고대 그리스, 이집트 등에 전래(약 90여 종의 포도 품종이 있었음. 현재는 약 8,000여 종의 품종이 있음)
	페니키아인이 프랑스 남부 지중해 연안 마르세이유 부근에서 와인 양조 시작
BC 300년경	그리스인이 로마 및 주변국가에 전래
BC 50년경	로마세력이 유럽에 대규모 포도단지 전파(율리우스 시저가 공헌)
AD 92년	로마황제 도미치아누스가 와인 금지령을 내림
AD 280년	로마황제 프로부스가 다시 포도 재배 권장
AD 313년	동로마 콘스탄틴 황제의 기독교 공인 이후 교회의 미사용으로 사용
AD 1세기	프랑스 론계곡에 전파
AD 2세기	프랑스 부르고뉴, 보졸레, 남서부에 전파
AD 3세기	프랑스 루아르 계곡에 전파
AD 4세기	프랑스 샹빠뉴 지방에 전파, 게르만민족의 대이동이 있음
501~1400년	유럽이 세계 와인 생산의 중심지가 됨
8~9세기	샤를마뉴대제가 와인 생산 적극 장려(742~814)
1152년	엘레오노르(아키텐) 공주가 영국 왕과 결혼하면서 보르도 지방을 결혼지참금으로 가지고 감
1337~1453년	백년전쟁(116년)으로 프랑스는 아키텐 지역 및 보르도지역을 영국으로부터 되찾음
1518년	멕시코 정복자인 에스파니아의 코르테스가 신대륙에 포도나무 심을 것을 명령
16C 이후	가톨릭 성직자에 의해 아메리카대륙, 남아프리카, 호주 등 세계 각처로 전파

17C	남아프리카에 전래
	유리병이 개발되면서 급속도로 확산되고 유명 와인에 라벨이 사용되기 시작
18C	호주 및 캘리포니아에 전래
1618~1648년	프랑스, 에스파니아, 포르투갈의 구교와 스웨덴, 덴마크, 영국의 신교로 나뉘어 30년 동안 계속된 전쟁으로 독일의 포도밭이 전부 황폐화됨
1679년	샹빠뉴 지역의 오빌레 수도원의 수사인 돔 뻬리뇽이 샴페인 개발
1789년 7월 14일	프랑스혁명이 일어나면서 교회 및 귀족들의 소유였던 포도원들이 소작인에게 분할 분배되었으나, 보르도 지방의 샤또는 신교도로서 프랑스혁명을 피할 수 있었음
1852~1856년	오이디엄(Oidium)병 발생. 랑그독 재배자 앙리 마레에 의해 포도원에 유황 살포로 퇴치
1855년	파리세계무역박람회 때 프랑스 보르도 메독, 쏘테른 지구 와인에 대한 등급 결정
1864~19C 말	필록세라 선충의 만연으로 인하여 세계적으로 포도밭이 황폐화됨
19C 후반	미국 동부의 포도나무와 접붙이기를 함으로써 필록세라 선충문제 해결
1907년	과잉생산으로 프랑스 미디 지방 농민 봉기
1919~1933년	미국에 금주령이 선포되면서 거의 모든 와인의 생산이 중단되고 단지 미사나 성찬용으로만 일부 사용되어 미국의 모든 주류산업이 폐허가 됨
1930년	프랑스의 포도 생산량이 최대
1935년	프랑스는 INAO(전국원산지명칭협회) 설립. 프랑스 전 지역에 와인에 관한 규정인 AOC등급 실시
1945년	INAO에서 VDQS등급 실시
1979년	프랑스에서 Vin de Pay(뱅 드 뻬이)와 Vin de Table(뱅 드 따블)등급 실시

와인병의 변천사

| 1708 | 1719 | 1739 | 1741 | 1753 | 1780 | 1793 | 1807 | 1812 |

3. 와인의 분류

1) 색에 의한 분류

(1) 레드 와인(Red Wine)

마고(Margaux)

샤또 딸보(Chtâau Talbot)

일반적으로 적포도로 만드는 레드 와인은 화이트 와인과 달리 적포도의 씨와 껍질을 함께 넣어 발효시킴으로써 붉은 색소뿐만 아니라 씨와 껍질에 들어 있는 타닌(tannin)성분까지 함께 추출되므로 떫은맛이 나며, 껍질에서 나오는 붉은 색소로 인하여 붉은 색깔이 난다.

레드 와인의 맛은 이 타닌의 조화로움에 크게 좌우되며, 포도 껍질과 씨를 얼마 동안 발효시키느냐에 따라 또는 포도품종에 따라 타닌의 양이 결정된다. 레드 와인의 일반적인 알코올농도는 12~14% 정도이며, 타닌성분으로 인하여 상온(약 13~19℃)에서 마셔야 제맛이 나고, 레드 와인의 타닌성분은 와인이 차가울 때 훨씬 더 쓴맛이 나게 한다.

(2) 화이트 와인(White Wine)

화이트 와인은 첫째, 잘 익은 백포도(적포도가 아닌 것은 전부 백포도임. 노랑, 금빛, 청포도)를 압착하여 만들고, 둘째, 적포도를 이용할 경우 적포도의 껍질과 씨를 제거하여 만드는데, 포도를 으깬 뒤 바로 압착하여 나온 주스를 발효시킨다.

이렇게 만들어진 화이트 와인은 껍질과 씨에 많이 포함되어 있는 타닌성분이 적어서 맛이 순

뿌이 퓌세(Pouilly Fuissé)   샤블리(Chablis)

하고, 포도 알맹이에 있는 유기산으로 인해 상큼하며, 포도 알맹이에서 우러나오는 색깔로 인해 노란색을 띤다.

옐로우 와인(Yellow Wine)
프랑스 남부 쥐라 지방의 화이트 와인이 특히 황금색을 띠기 때문에 옐로우 와인이라 하며, 때론 쏘테른(Sauternes) 지방의 화이트 와인도 옐로우 와인이라고도 하는 사람이 있다.

화이트 와인이라고 이름 붙인 사람은 분명히 색약이었을 것이다. 화이트 와인 중에 하얀 색깔이 나는 와인은 없고, 대체로 연한 밀짚색과 노란색이다.

화이트 와인의 일반적인 알코올농도는 10~13% 정도이며, 보통 와인 쿨러에 차게(약 7~9℃) 해서 마셔야 제맛이 나나, 지나치게 차게 하면 화이트 와인에 포함되어 있는 산과 향(Aroma)성분에 영향을 주어서 제맛을 느낄 수 없다.

(3) 로제 와인(Rose Wine)

대체로 붉은 포도로 만드는 로제 와인의 색깔은 핑크색을 띠며, 로제 와인의 제조과정은 레드 와인과 비슷하다.

레드 와인과 같이 포도 껍질을 같이 넣고 발효시키다가(레드 와인의 경우 며칠 또는 몇 주; 로제 와인은 몇 시간 정도) 어느 정도 시간이 지나서 색이 우러나오면 껍질과 씨를 제거한 채 화이트 와인과 같이 과즙만을 가지고 와인을 만들거나 또는 레드 와인과 화이트 와인을 섞어서 만들기도 한다.

로제 와인은 보존기간이 짧으면서 오래 숙성하지 않고 마시는 것이 좋고, 색깔로는 화이트 와인과 레드 와인의 중간인 핑크빛이라 보기에 아름답고 맛은 오히려 화이트 와인에 가까워 차게 해서 마시는 것이 좋다.

따벨로제(Tavel Rosé)

2) 맛에 의한 분류

(1) 스위트 와인(Sweet Wine)

주로 화이트 와인에 해당되며, 와인을 발효시킬 때 포도 속의 천연 포도당을 완전히 발효시키지 않고 일부 당분이 남아 있는 상태에서 발효를 중지시켜 만든 와인과 가당(加糖 : 설탕을 첨가함)을 한 와인 등이 있다.

샤또 클리망
(Château Climens)

(2) 드라이 와인(Dry Wine)

포도 속의 천연 포도당을 거의 완전히 발효시켜서 당분(단맛)이 거의 남아 있지 않은 상태의 와인이다.

뫼르소
(Meursault)

로마네 꽁티
(Roman e-Coti)

(3) 미디엄 드라이 와인(Medium Dry Wine)

드라이한 맛과 스위트한 맛의 중간 정도의 맛을 느낄 수 있는 와인을 말한다.

독일의 카비네트(Kabinett) 또는
슈패트레제(Spätlese)급

3) 알코올 첨가 유무에 의한 분류

(1) 포티파이드 와인(Fortified Wine)

셰리 와인
(Sherry Wine)

포트 와인
(Port Wine)

주정 강화 와인 또는 알코올 강화 와인이라고 한다. 과즙을 발효시키는 중이거나, 발효가 끝난 상태에서 브랜디(Brandy)나 과일 등을 첨가한 것으로서 알코올도수를 높이거나 단맛을 나게 하여 보존성을 높인 와인이다. 프랑스의 뱅 드 리쿼르(Vin doux Liquoreux), 스페인의 셰리 와인(Sherry Wine), 포르투갈의 포트 와인(Port Wine)이나 듀보네(Dubonnet) 등이 대표적인 강화 와인이다.

(2) 언포티파이드 와인(Unfortified Wine)

일반적인 와인을 말하는 것으로, 다른 증류주를 첨가하지 않고 순수한 포도만을 발효시켜서 만든 와인을 말한다. 알코올도수는 8~14% 정도이다.

무똥 까데 레드
(Mouton Cadet Red)

무똥 까데 화이트
(Mouton Cadet White)

4) 탄산가스 유무에 의한 분류

(1) 스파클링 와인(Sparkling Wine)

일명 발포성 와인이라 부르는 스파클링 와인은 발효가 끝나 탄산가스가 없는 일반 와인을 병에 담아 당분과 효모를 첨가해 병내에서 2차 발효를 일으켜 와인이 발포성을 가지도록 한 것이다.

프랑스 샹빠뉴 지방을 제외한 지역에서 이 방식

모에 샹동 임페리얼
(Moët Chandon)

헨켈트로겐
(Henkell Trocken)

으로 만들어진 스파클링 와인을 샴페인 방식(Method Champanois) 또는 크레망(Cremant)이라 표기하고 있는데, 이것은 신흥 와인생산국 등에서 스파클링 와인에 샴페인이라고 표기, 판매한 데에 따른 샹빠뉴 지방 사람들의 반발 때문이다. 스파클링 와인을 프랑스에서는 뱅 무소(Vin Mousseux), 독일에서는 젝트(Sekt), 이탈리아에서는 스푸만테(Spumante)라고 부르는데, 이것은 병 속의 압력이 20℃에서 3기압이상을 가진 와인을 말한다. 1~3.5기압의 약발포성 와인을 프랑스에서는 뱅 페티앙(Vin Petillant), 독일에서는 페를바인(Perlwein), 이탈리아에서는 프리잔테(Prizzante)라고 한다.

샤또 라세끄 쌩떼밀리옹
(Château Lasseque
St-Émilion)

(2) 일반 와인(Still Wine)

일반 와인은 일명 비발포성 와인이라고도 부르는데, 이것은 포도당이 분해되어 와인이 되는 과정 중에 발생되는 탄산가스를 완전히 제거한 와인으로 대부분의 와인이 여기에 속한다. 그 색깔은 레드, 화이트, 로제 와인이 있으며, 알코올도수는 프랑스, 독일, 이탈리아 등은 대체로 10~12%이다.

5) 식사 시 용도에 의한 분류

(1) 아페리티프 와인(Aperitif Wine)

아페리티프 와인은 본격적인 식사를 하기 전에 식욕을 돋우기 위해서 마신다. 주로 한두 잔 정도 가볍게 마실 수 있는 강화주나 산뜻하면서 향취가 강한 맛이 나는 와인을 선택한다. 샴페인을 주로 마시지만 달지 않은 드라이 셰리(Dry Sherry), 베르무트(Vermouth) 등을 마셔도 좋다.

폴 로제
(Pol Roger)

돔 뻬리뇽
(Dom Perignon)

(2) 테이블 와인(Table Wine)

전채(前菜, Appetizer)가 끝나고 식사와 곁들여서 마시는 와인으로 테이블 와인은 그냥 마시는 것보다는 음식과 함께 잘 조화를 이뤄 마실 때 그 맛이 배가 된다. 음식물에 따라 대체적으로 화이트 와인은 생선류, 레드 와인은 육류에 잘 어울린다.

(3) 디저트 와인(Dessert Wine)

샤블리(Chablis Premier Cru)

샤또 라세끄 쌩-테밀리옹 (Château Lasseque St-Émilion)

디저트 와인은 식사 후에 입안을 개운하게 하려고 마시는 와인이다. 즉 어린이들이 식사 후에 아이스크림을 먹는 것처럼 어른들도 식사 후에 약간 달콤하고 알코올도수가 약간 높은 디저트 와인을 한 잔 마심으로써 입안을 개운하게 한다.

포트 와인 (Port Wine)

크림 셰리 (Cream Sherry)

포트 와인(Port Wine)이나 크림 셰리(Cream Sherry), 쏘테른(Sauternes), 바르싹(Barsac) 또는 지방의 스위트 화이트 와인 등과 독일의 아우스레제(Auslese)급부터 트로켄베렌아우스레제(Trockenbeerenauslese)급까지가 대표적인 디저트 와인에 속한다.

6) 저장기간에 의한 분류

(1) 영 와인, 단기숙성 와인(Young Wine : 1~2년)

발효과정이 끝나면 별도로 숙성기간을 거치지 않거나 1~2년 정도 숙성시켜 병입해서 판매하므로 장기간 보관이 안 되는 것으로 품질이 낮은 와인이다.

(2) 숙성 와인(Aged Wine or Old Wine : 5~15년)

발효가 끝난 후 지하 저장고에서 몇 년 이상의 숙성기간을 거친 것으로 품질이 우수한 와인이다.

(3) 장기숙성 와인(Great Wine : 15년 이상)

15년 이상을 숙성시킨 와인으로 오래 묵혀서 좋은 와인이다. 모든 와인이 오래 묵힌다고 좋은 것이 아니라 포도품종에 따라, 재배작황에 따라서 전문가에 의해 오래 저장될 것인지, 아닌지가 결정된다.

보졸레 누보(Beaujolais Nouveau)

뉘뜨 생 죠르쥐(Nuits St-Georges)

샤또 마고(Château Margaux)
뽀므롤(Pomerol)

7) 가향 유무에 의한 분류

와인 발효 전후에 과실즙이나 허브 등의 천연향을 첨가시켜 향을 강화시킨 와인이다. 대표적인 가향 와인에는 베르무트가 있다.

※ 베르무트 : 어원은 쑥의 독일명 베르무트(Wermut)에서 유래한다. 원료인 포도주에 브랜디나 당분을 섞고 쑥, 용담, 키니네, 창포뿌리 등의 향료나 약초를 넣어 향미를 낸 가향 와인이다. 종류로는 캐러멜로 착색하여 붉은색이 나며 달콤한 Sweet Vermouth와 무색이며 단맛이 약간 덜한 Dry Vermouth가 있다. 유명 상표로는 이탈리아의 Martini, Cinzano와 프랑스의 Noilly Part가 있다.

4. 와인의 제조과정

와인을 가장 간단히 정의하자면 '싱싱하고 잘 익은 포도를 발효하여 만든 천연과즙음료'라고 할 수 있다. 포도로 생성된 즙과 천연조건이 와인을 만들게 한다. 그것은 포도열매 속에 와인을 만들기 위하여 꼭 필요한 두 가지 성분, 즉 이스트(Yeast)와 당분(Sugar)이 있기 때문이다. 그러나 와인제조에 있어서 천연조건만 중요한 것이 아니다.

와인을 와인답게 하는 것은 역시 인간의 솜씨이다. 수확시기, 양조시점 등 여러 섬세한 단계들을 거치며 하나하나 세심한 배려와 선택을 통해 비로소 각각의 와인이 만들어진다.

모든 종류의 와인은 포도밭에서 수확되어 제품으로 병 속에 들어가기까지 유사한 일련의 과정을 거쳐 제조된다. 이러한 일련의 기본적인 단계들을 이해하면, 종류마다 약간씩 차이를 보이며 변화무쌍한 와인의 세계를 보다 쉽게 이해할 수 있을 것이다.

1) 포도나무의 계절별 경작과정

● 1월(휴식기)

가지치기(Pruning) : 가지치기는 포도생산을 주도하기 위한 것으로 나무의 식물생장 균형을 유지시키며 수명을 길게 하고, 포도의 질을 결정해 주는 수확량을 줄이

며 경작을 용이하게 하기 위함이다. 품종, 토양, 기후에 연결된 여러 요소들을 고려하면서 판단하고 관찰해야 하는 중요하고 섬세한 작업으로서 주로 1~2월에 행해진다.

● 2월(휴식기)

잔가지 태우기 : 잘라낸 잔가지들을 모아 태우는 작업으로서 오늘날의 대규모 포도 재배자들은 땅에 가지를 묻거나 가루로 만드는 방법으로 대체하기도 한다. 주로 1~2월에 한다.

밭 갈기 : 포도나무를 재배했던 곳의 부족한 영양분을 보충해 주고 새로 심을 어린 포도나무를 위하여 밭을 갈아준다.

● 3월(양수기)

재배(Planting) : 와인을 만드는 첫 번째 단계는 포도나무의 재배에서 시작된다. 새로 심는 포도나무는 심고 나서 약 5년이 지나야 상업용으로 쓸 수 있는 포도가 생산되기 시작하며 약 85년 정도 계속해서 수확할 수 있다. 좋은 와인은 대체적으로 젊은 포도나무(약 20~30년)에서 포도를 수확한다.

비료 살포 : 연속되는 수확으로 인해 부족된 필수성분들을 보충해 주어야 하며, 땅속에 아직 남아 있는 성분들도 재구성되도록 해야 한다. 비료를 주는 것은 포도나무의 식물생장 주기와 함께 열매가 맺히는 것을 돕고 병충해와 서리로부터 저항력을 길러주기 위한 것이다.

포도나무의 눈물 : 가지치기가 끝나면 수액이 올라와 가지 친 끝으로 흘러와 맺힌다. 이를 포도나무가 운다고 한다. 이를 보고 뿌리조직의 활동이 시작되었음을 알 수 있고, 드디어 포도나무의 생장주기가 시작된 것이다.

솎기(Thinning) : 가지치고 난 다음 단계는 솎기(다듬기)인데, 이는 초봄에 실시한다. 솎기는 생성되기 시작하는 포도나무의 불필요한 부분을 제거하는 것을 말한다. 가지치기와 솎기가 필요한 이유는 포도의 수를 줄여서 익었을 때보다 질이 좋은 포도품질과 당분 함유량을 높이기 위함이다.

● 4월(발아기)

데뷔타주(Le débuttage) : 포도 그루터기 밑동을 파내기 위해 나무의 열 가운데 쪽으로 흙을 모아주는 작업이다. 이것은 제초작업이 될 뿐만 아니라 토양이 숨쉬게 하며, 빗물이 스며들도록 하는 작업이다.

발아 : 봉우리가 점점 커지기 시작하여 기온이 10℃ 정도가 되고 알맞은 습도를 유지하면 벌어지게 된다. 봉우리를 감싸고 있던 보호비늘이 벗겨지면서 솜털 같은 발아가 나타난다. 포도나무의 식물생장 주기가 시작되는 것이다. 엷은 초록색 어린 싹이 돋아난 후 토양이 덥혀지면 곧이어 나뭇잎이 돋아나게 된다.

● 5월(전엽기)

첫 손질 : 포도 재배자는 봄에 시작되어 여름에 끝나는 여러 가지 손질을 계속해야 한다. 포도나무가 곰팡이 또는 흔치는 않으나 기타 바이러스나 박테리아로 인해 유발되는 병에 걸리지 않도록 돌보아야 한다.

농약 살포 및 꽃피는 시기 : 와인법에 준하여 허가된 농약만을 살포할 수 있다.

● 6월(개화기)

개화 : 개화는 섭씨 15~20℃가 되기만 하면 시작되어 10여 일에 걸쳐 진행된 후 꽃으로 피어난다. 개화가 수확시기를 결정짓는 조건이다.

결실 : 어느 정도 번식력 있는 꽃들은 일반적으로 '과실'을 맺는다. 그러나 꽃가루가 묻지 않은 몇몇 꽃들은 떨어져버리며 '낙화'과정을 거친다. 이런 자연적인 과일 흉년은 온도가 조금 낮으면 나타나며 수확량에 차질을 줄 정도로 중요하다.

● 7월(결실기)

자르기 또는 상순 자르기 : 계속해서 자라면서 포도가 흡수할 영양분을 가로챌 우려가 있는 포도나무의 가지 끝을 친다.

열매 따기 : 수확할 포도에 충분한 영양분을 주기 위하여 불필요한 열매는 제거해 준다.

● 8월(결실기)

잎 따주기 : 포도송이 주변의 잎들을 어느 정도 제거해 주어야 일조량을 늘릴 수 있으며, 포도 껍질의 착색과 포도 알의 숙성을 촉진시킬 수 있다.

포도 제조용기의 준비 : 8월 말경이 되면 포도는 성숙을 마친다. 포도 재배자는 손질을 끝내고 양조통을 닦거나 포도주 제조용기들을 검사해 본다.

물들기 : 초여름 동안 알이 커진 포도는 아직은 초록색의 단단한 모양을 하고 있다. 그러나 8월 15일경이 되면 색깔이 변하여 품종에 따라 짙은 보라색이나 반투명의 노란색으로 물이 든다.

● 9월(성숙기)

성숙기 : 뿌리와 나뭇잎으로부터 영양분을 공급받게 되면 포도 알이 당분으로 가득 차고 산도가 낮아지며 말랑말랑해진다. 수확하기 전까지 타닌과 색소, 아로마의 함량은 계속해서 증가한다. 주로 8~9월에 행해진다.

● 10월(수확기)

수확(Harvesting) : 포도가 익어감에 따라 당분이 증가하게 되어 본래의 신맛은 점차 사라지게 된다. 늦여름에 시작하며 8월 중순부터 10월 하순 사이에서 각 포도 품종이 최고의 상태에 있을 때를 선택하여 수확한다. 이때 중점을 두어야 할 것은 잘 익은 건강한 포도를 수

확하는 것이기 때문에 수확날짜는 포도의 익은 상태에 따라 달라진다. 오늘날 포도 재배자는 더 이상 각 마을에서 포도수확을 허가하는 날짜가 고시되는 것만을 따르지는 않으며, 포도가 익었는지를 먼저 관찰해 보는 것이 중요하다고 여긴다. 주로 9~10월에 행해지며, 수확은 개화 후 약 100일 후에 실시한다. 그 최고상태의 시점은 종류마다 약간씩 다르다.

가장 드라이한 스타일의 스파클링 와인을 만들려면 1% 정도의 산도(Acidity, 신맛 정도)와 18~19브릭스(Brix)의 당도를 가질 때 수확한다(브릭스는 대체로 포도의 당도 측정치이며 이것에 0.55를 곱하면 잠재적인 알코올농도 수치가 된다). 식탁용 백포도주에 쓰이는 포도는 산도 0.8퍼센트와 당도가 21~22브릭스 때에 주로 수확한다. 백포도주용 포도는 대체로 산도 0.65퍼센트와 23브릭스일 때 수확한다. 디저트용과 애피타이저용은 당도가 23브릭스(Brix), 산도는 낮을 때 수확한다. 위와 같은 수치는 단지 일반적인 관례일 뿐이며, 대부분의 와인 제조자들은 이보다도 포도의 맛과 상태를 더욱 중요시한다.

● 11월(낙엽기)

잎이 떨어짐 : 포도나무잎이 변색되고 떨어져버린다. 포도나무는 식물생장기 중 휴식기에 들어가게 된 것이다. 색이 물드는 초기부터 잎을 통해 진행되던 광합성작용으로 저장된 물질들이 가지에 쌓이게 된다. 이 저장된 성분들의 양에 따라 나무의 생물학적 균형이나 수명이 결정된다. 주로 10~11월에 행해진다.

● 12월(휴식기)

두둑 만들기 : 이것은 큰 추위가 닥쳐오기 전에 끝내야 하는 작업으로 흙을 나무 그루터기에 부어주어 겨울의 결빙을 막는 것이다. 주로 11~12월에 행해진다.

겨울잠 : 포도나무는 잎을 잃고 식물생장기 다음의 휴지기로 들어간다. 주로 11~3월에 해당된다.

2) 레드 와인의 제조과정

레드 와인은 적포도로 만든다. 화이트 와인과 달리 레드 와인은 붉은색 및 타닌성분이 중요하므로 포도 껍질 및 씨에 있는 붉은 색소와 타닌성분을 많이 추출해서 와인을 만들어야 하므로 화이트 와인보다는 제조공정이 조금 더 복잡하다.

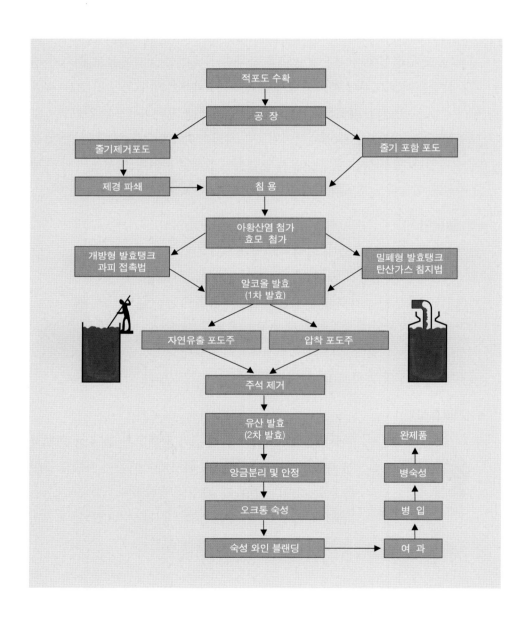

① **포도 수확** : 포도원으로부터 잘 익은 적포도를 수확한다.

② **공장** : 수확한 포도를 공장으로 취합한다.

③ **줄기 제거(Stemming)** : 수확된 포도의 줄기에서는 풀냄새가 나고 쓴맛이 나기 때문에 제거한다. 스테머(Stemmer)라는 분쇄기에 넣고 포도로부터 줄기와 대를 분리시킨다.

④ **제경 파쇄** : 줄기를 골라낸 포도의 껍질, 씨, 알맹이를 같이 으깨는데 이때 롤러의 사이가 약간 떨어져 있어 포도의 주스만 만들어내는 것이지 씨나 껍질까지 완전히 으깨지는 것은 아니다.

⑤ **침용(Maceration; 마세라시용, 과피침지)** : 침용은 와인의 성격에 따라 다소 길어질 수 있다. 타닌성분이 적은 햇포도주라면 침용은 며칠이면 충분하고 장기보관용 와인은 2~3주 또는 그 이상 걸린다. 색소와 타닌이 즙 안에 잘 퍼지도록 하려면 주조통 아래쪽의 즙을 위로 뽑아 올려 포도즙 덮개에 계속 뿌려주어야 주조통 안의 포도주의 질이 비슷해진다.

- **과피접촉법(Skin Contact)** : 포도의 껍질과 씨를 그대로 발효시킴으로써 포도껍질과 씨 속에 들어 있는 탄닌과 색소 등을 용출시키기 위해 하는 과정을 말하며, 고급와인일수록 과피접촉을 오래하고 미국의 오프스 원(opus one) 같은 경우는 약 45일 동안 실시한다.
- **탄산가스 침지법(마셀라시용 카르보니크 ; Maceration Carbonique)** : 발효통 안에 탄산가스를 가득 차게 해서 그 탄산가스의 압력으로 포도껍질을 터트려서 알코올 발효가 일어나게 하는 것으로 주로 보졸레 지방에서 사용한다.

- **효모의 첨가** : 효모란 진핵 세포로 된 고등 미생물로서 주로 출아에 의하여 증식하는 진균류를 총칭한다. 이스트(Yeast)란 명칭은 알코올 발효 때 생기는 거품(Foam)이라는 네덜란드어인 'gast'에서 유래되었다. 효모는 식품 미생물학상 매우 중요한 미생물로서 알코올 발효 등에 강한 균종이 많아 옛날부터 주류의 양조, 알코올 제조, 제빵 등에 이용되어 왔으며, 식·사료용 단백질, 비타민, 핵산관련 물질 등의 생산에 큰 역할을 하고 있다.
- **야생효모** : 자연계에서 분리된 그대로의 효모를 야생효모(Wild Yeast)라 한다. 예) 과실의 표피, 우유, 토양
- **배양효모** : 우수한 성질을 가진 효모를 분리하여 용도에 따라 인위적으로 배양한 효모를 배양효모(Cultural Yeast)라 한다.

⑥ **아황산염(SO_2) 첨가** : 침용 시 아황산염과 효모를 첨가하기 시작하는데, 아황산염은 항균제로서 포도에 부착되어 있는 야생효모의 생육을 저해하고 포도 과피에 붙어 있는 각종 부패균을 살균시킨다. 또한 과즙 중의 산화효소에 의해 색깔이 변화되는 것을 억제함으로써 과즙의 산화 및 페놀(Phenol)류의 산화를 방지하고 과즙을 맑게 하여 포도주가 식초로 변하는 것을 막아준다.

또한 포도세포를 죽여 포도 껍질로부터의 적색 색소 용출을 돕고 알데히드(Aldehyde)와 결합하여 향미를 증진시키며 글리세린(Glycerine)의 생성을 돕는다.

그러나 아황산염은 인위적인 첨가물이기 때문에 아무리 좋은 약도 적게 먹는 것이 좋다고 사람들이 생각하므로 최소한의 허용치를 넣으려고 노력한다. 특히 천식이 있는 환자에 있어서는 거의 미세하지만 민감한 반응을 보이고 있다. 각 나라마다 아황산염의 첨가를 제한하기도 한다. 미국과 일본에서의 허용치는 최대 350ppm이며 와인 생성과정 중에도 자연적으로 소량이 생성된다.

⑦ **1차 발효(전발효 또는 알코올발효)** : 침용한 포도즙은 발효통에 옮겨져 효모를 첨가하여 포도즙을 발효시킨다. 알코올발효는 약 10~20일 전후에 걸쳐서 진행된다. 이 기간 동안 온도와 농도를 세밀하게 관찰해야 한

> • 고온 발효(마세라시용 아 쇼 ; Maceration-a-Chaud) : 발효시 불을 지펴서 뜨겁게 하여 와인을 제조하는 방법으로 남프랑스의 가벼운 레드 와인이나 마데이라 와인 등에서 사용한다.

다. 온도가 높으면 당의 분해속도가 빨라지기 때문에 발효기간은 짧아진다. 또한 포도의 찌꺼기가 표면 위로 올라와 포도즙 맨 위쪽에 덮개를 형성하기 때문에 지속적으로 섞어주어야 한다. 이때 포도 껍질의 타닌성분과 색소가 발효 중에 즙으로 우러나온다. 이것을 1차 발효라 한다.

포도즙은 10~32℃에서 효율적으로 발효를 하며, 그중에서 백포도주는 저온(18~22℃)에서 발효시켜야 좋은 와인이 되며, 적포도주는 포도에 표피가 있는 관계로 28~32℃가 가장 좋은데 38℃ 이상이 되면 효모가 박테리아와 동화되어 유독성 물질을 발생시키기 때문이다. 반대로 온도가 너무 낮으면 와인의 영양분 부족현상이 나타나 알코올함량이 낮아져 좋은 와인을 생산할 수 없게 된다. 발효통으로는 스테인리스 스틸통, 콘크리트통, 오크배럴 등을 사용한다.

⑧ **압착** : 화이트 와인의 경우 포도 껍질과 씨를 분리시키기 위해 압착한 다음 포도즙만 발효시킨다. 그러나 레드 와인은 껍질, 과육, 씨와 함께 발효한 후 압착한다. 이렇게 해서 얻어지는 즙은 껍질에 의해 착색되고 향이 배게 된다. 로제 와인은 레드와 화이트 와인을 섞어서 만드는 경우도 있지만, 대개는 레드 와인 만드는 과정을 따르며 내용물이 전부 발효되기 전에 압착한다.

1차 발효가 끝나면 포도주를 유출시킨다. 여기에서 자연적으로 유출된 포도주를 뱅 드 구트(Vin de Gôutte)라 하고, 남아 있는 찌꺼기를 압착하여 얻어진 포도주를 뱅 드 프레스(Vin de Préss)라 하며, 대개 타닌성분과 색상이 풍부하다.

⑨ **주석 제거** : 압착이 끝나면 와인의 온도를 낮추어 주석을 제거한다. 이것을 스타빌리사시용(Stabilisation)이라 한다.

⑩ **2차 발효(후발효 또는 유산발효)** : 압착된 포도즙과 자연 유출된 포도즙을 합쳐 오크통이나 스테인리스 스틸통에서 2차 발효를 시킨다. 젖산 또는 유산 발효로 부르는 2차 발효는 포도에 포함되어 있는 사과산(Malic Acid)을 유산균의 작용으로 유산(Lactic

> **발효통의 명칭**
> - **보르도** : 바리크(Barique)라 부르며 225 ℓ 통을 사용한다.
> - **부르고뉴** : 피에스(Piece)라 하며 227 ℓ 통을 사용한다.
> - **미국** : 배럴(Barrel)이라 부르며 여러 가지 크기를 사용한다

Acid)과 이산화탄소(CO_2)를 발생시키는 필수적인 과정으로 와인의 맛을 좀 더 부드럽게 한다. 그런데 이 2차 발효는 언제 발생할지 모르기 때문에 요즈음에는 2차 발효 매개물질인 박테리아를 실험실에서 배양하여 1차 발효가 끝나기 전에 첨가하여 와인의 숙성을 촉진시키고 병 속에서 2차 발효가 일어나는 것을 방지한다. 이때 발효통으로는 주로 오크배럴을 사용하는데 작은 통의 숙성 기간이 큰 통보다 짧다. 그래서 배럴 발효(Barrel fermentation)라고도 한다.

⑪ **앙금 분리(걸러내기)** : 후발효가 끝난 와인은 앙금을 분리하여 숙성에 들어간다. 이때 와인 속의 색소, 찌꺼기와 단백질, 주석산 물질 등을 침전시켜서 와인을 맑고 깨끗하게 하는 것으로 찌꺼기를 최대한 분리하기 위해 청징제를 배럴에 첨가하며, 불순물들이 청징제와 같이 엉겨 있을 때 제거한다. 청징제로는 달걀 흰자, 젤라틴, 소피, 벤토나이트(Bentonite, 화산재의 풍화로 만들어진 점토의 일종) 등을 사용한다.

⑫ **숙성(Barreling)** : 이렇게 얻어진 액은 숙성시키기 위해 참나무로 된 통(Vat)으로 보낸다. 이 참나무통(Oak Vat) 또한 나무 그 자체와 통에 담겨져 있는 시기에 따라 향과 맛에 영향을 준다. 숙성장소는 진동이 거의 없으며 숙성온도는 약 12~14℃, 숙성 습도는 약 70%가 가장 적당하고 숙성기간은

오크통 수평작업

포도품종에 따라 또는 만들고자 하는 와인의 종류에 따라 다르나, 보르도의 우수한 와인의 경우 보통 12~24개월 정도 숙성시킨다.

⑬ **블렌딩(Blending)** : 똑같이 숙성이 끝난 와인이라 해도 각 통마다 환경이 조금씩 달랐기 때문에 약간씩 맛의 차이가 난다. 이것을 보완하여 똑같은 맛을 내기 위하여 블렌딩 마스터(Blending Master)에 의해 여러 통들의 와인들을 섞는다.

블렌더 마스터

⑭ **여과 및 병입** : 블렌딩이 끝난 후 와인은 다시 한 번 불순물을 여과하면서 병에 담는다.

⑮ **병 숙성** : 저급와인은 병입된 후 바로 판매에 들어가지만, 고급와인들은 병입 후 숙성을 통해서 와인을 한층 안정시키며, 거친 맛을 최소화시킨다. 병 숙성 기간은 각각의 와인마다 다르나 약 3~24개월 정도 한다. 보르도의 우수한 와인의 경우 숙성온도 약 10~15℃, 습도 약 75%가 가장 적당하고 코르크 마개가 마르지 않도록 반드시 눕혀서 보관한다. 이때 습도가 너무 높으면 코르크에 곰팡이가 피어 와인향에 영향을 주며 라벨이 썩고, 습도가 너무 낮으면 코르크가 빨리 말라 와인이 산화되어 맛이 시큼해진다.

⑯ **출하 및 판매** : 병 숙성이 끝난 와인은 병에 라벨(Label)을 붙여 판매한다.

3) 화이트 와인의 제조과정

화이트 와인은 잘 익은 백포도(청포도, 노란 포도 등)나 적포도의 껍질과 씨를 제거한 후 만든다.

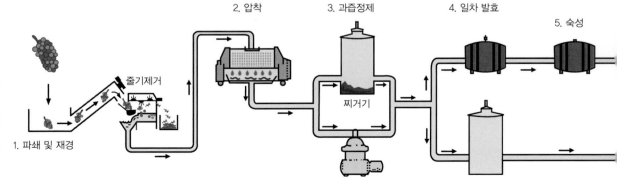

2. 압착   3. 과즙정제   4. 일차 발효   5. 숙성
줄기제거   찌꺼기
1. 파쇄 및 재경

```
┌─────────────┐        ┌─────────────────┐     ┌─────────────────────┐
│ 적포도 수확  │───┐    │ 줄기, 껍질, 씨 제거 │ →   │ 아황산염, 효모 첨가    │
└─────────────┘   │    └─────────────────┘     └─────────────────────┘
                  │            ↑                         │
┌─────────────┐   │            │                         ↓
│ 청포도 수확  │───┘                                  
└─────────────┘                                     
```

| 적포도 수확 | → | 줄기, 껍질, 씨 제거 | → | 아황산염, 효모 첨가 |
| 청포도 수확 | | | | |

| 알코올 발효 | ← | 포도주스 | ← | 압 착 |

| 유산 발효 | → | 통 숙성 | → | 앙금 분리 |

| 병입 | ← | 여과 | ← | 블랜딩 |

| 병 숙성 | → | 판매 |

6. 정제

8. 병입

7. 여과

와인제조공정

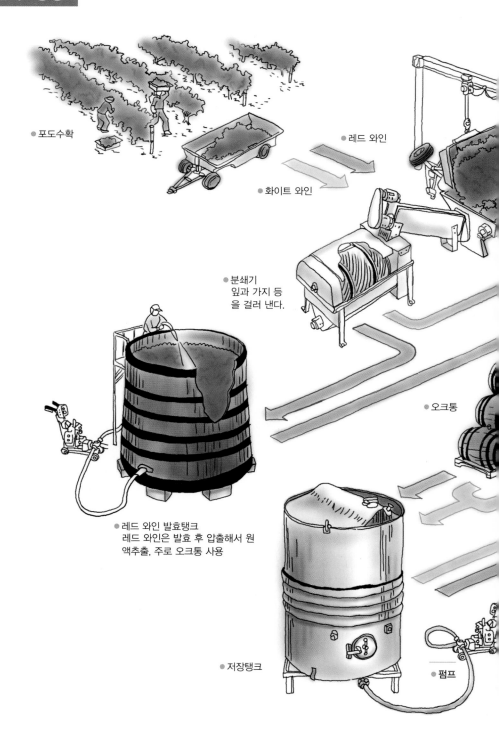

● 포도수확

● 레드 와인

● 화이트 와인

● 분쇄기
잎과 가지 등
을 걸러 낸다.

● 오크통

● 레드 와인 발효탱크
레드 와인은 발효 후 압출해서 원
액추출, 주로 오크통 사용

● 저장탱크

● 펌프

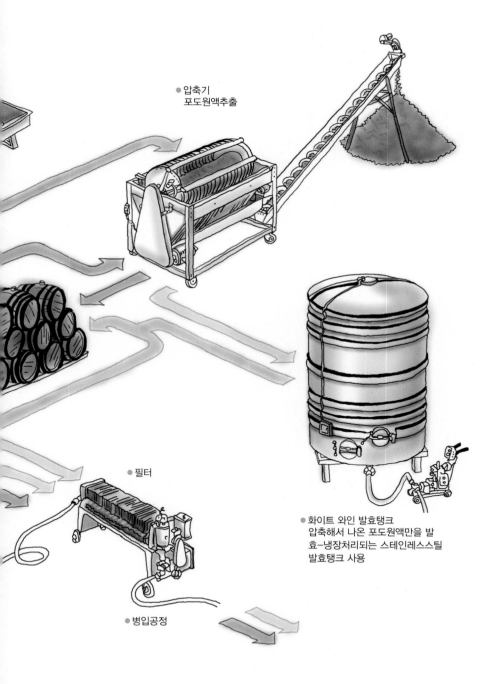

● 압축기
포도원액추출

● 필터

● 병입공정

● 화이트 와인 발효탱크
압축해서 나온 포도원액만을 발
효−냉장처리되는 스테인레스스틸
발효탱크 사용

4) 스파클링 와인의 제조과정

스파클링 와인과 샹빠뉴(Champagne, 일반적으로 샴페인이라고 읽는다; 프랑스 샹빠뉴 지방에서만 생산되는 스파클링 와인)의 제조방법에는 약간의 차이가 있다. 또한 샹빠뉴의 포도품종은 AOC법에 의해 삐노 누아(Pinot Noir, 적포도), 삐노 뫼니에(Pinot Meunier, 적포도), 샤르도네(Chardonnay) 등 3가지 포도품종만을 사용해야 한다고 정해져 있는데, 화이트 포도품종인 샤르도네만을 사용하여 만든 샴페인은 블랑 드 블랑(Blanc de Blancs)이라 하고, 레드 포도품종인 삐노 누아, 삐노 뫼니에로 만든 샴페인은 블랑 드 누아(Blanc de Noirs)라 한다. 보통은 이 세 가지 포도품종을 섞어서 만들며, 같은 해에 수확한 포도만으로 만들었을 때에만 빈티지를 사용할 수 있고 최소한 3년 이상이 경과해야만 한다.

각 회사마다 만드는 방법의 차이는 있으나, 최고의 제품이라고 찬사를 받는 샹빠뉴를 중심으로 살펴보면 아래와 같다.

∙ ∙ ∙ ∙ ∙ ∙ ∙ ∙ ∙ ∙ ∙ ∙ ∙ ∙

샴페인(Champagne) 제조과정

① 착즙(窄汁)
샹빠뉴 제조를 위한 대표적인 세 가지 품종은 샤르도네(Chardonnay), 삐노 누아(Pinot Noir), 삐노 뫼니에(Pinot Meunier)종이다. 수확한 포도는 착즙실로 운반되어 과육, 과피, 줄기, 씨가 포도즙과 분리된다.

② 1차 발효
분리된 포도즙은 탱크로 옮겨져 1차 발효로 들어간다. 이 발효에 의해 당분은 알코올로 변환되며, 자연 발생적으로 탄산가스(CO_2)가 생성된다. 이 이산화탄소는 외부의 공기를 차단함으로써 와인의 산화를 방지하며, 발효가 끝날 즈음에는 모두 탱크 밖으로 발산된다.

③ 혼합(Blending)
1차 발효가 끝나서 포도주의 맛이 날 때 각 탱크 속의 와인은 나름대로의 독특한 맛과 향기를 지니고 있다. Cellar Master는 각기 다른 와인의 품질상태를 정확히 파악하여 혼합하는 양이나 비율을 결정하여 자기 회사 특유의 개성 있는 맛과 향기를 창출해 낸다.

④ 2차 발효
1차 발효는 탱크에서 했지만 2차 발효는 병 속에 채워져서 진행된다. 병입하기 전에 약간의 당과 효모가 동시에 투입된다. 따라서 1차 발효 때와 마찬가지로 알코올성분이 증가되며, 동시에 발포성을 일으키는 이산화탄소를 생산한다. 그러므로 병내의 기압이 매우 높게 형성되는데 약 6기압 정도이다. 강력한 압력

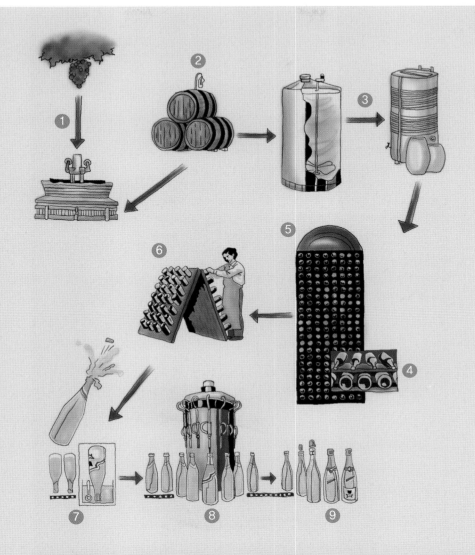

을 분산시키기 위해 샹빠뉴병 밑바닥에는 펀트(Punt)라는 움푹 팬 특별한 구조를 취하게 된다. 2차 발효 기간 동안 샹빠뉴는 지하저장고에서 옆으로 눕혀 숙성시킨다.

⑤ **숙성(熟成)**
숙성기간은 프랑스 법에는 1년 이상으로 되어 있으나 보통 3년 이상이며, 빈티지 샹빠뉴(Vintage Champagne)인 경우 10년 이상도 한다.

⑥ **Riddling(침전물 병목에 모으기)**
이 방법은 샹빠뉴만의 유일하고 매우 흥미로운 작업으로 오랜 숙성기간 동안 형성된 병 속의 침전물을 병 입구 쪽으로 모으는 과정이다. 작업은 특수하게 고안된 삼각형 받침대에 약 4개월에 걸쳐 시행한다. 이 작업을 프랑스어로 르뮈아쥬(Remuage)라고 한다.

⑦ **침전물 제거(Dégorgement; 데고르쥬망)**

병 입구로 모아진 침전물은 순간냉동으로 병목을 얼려서 코르크 마개를 열면 자체 압력에 의해 응고되었던 침전물이 순간적으로 병 밖으로 빠져나가게 된다. 침전물의 방출로 인한 양적 손실은 도쟈쥬(Dosage)로 채워진다.

⑧ 도쟈쥬 첨가(添加)
도쟈쥬의 성분은 샹빠뉴산의 오래된 와인에 브랜디와 설탕을 탄 것이다. 도쟈쥬의 설탕 함유량에 따라 샹빠뉴의 감미가 달라진다.
※ 샹빠뉴는 당분의 함량에 따라 다음과 같이 분류한다.
- 브뤼(Brut; 당분 함유량 0~1%; 1L당 15g 이하) : Very Dry
- 엑스트라 쎅(Extra Sec; 당분 함유량 1~2%; 1L당 12~20g 이하) : Dry
- 쎅(Sec; 당분 함유량 3~6%; 1L당 17~35g 사이) : Medium Dry
- 드미 쎅(Demi Sec; 당분 함유량 5~10%; 1L당 33~50g 이하) : Sweet
- 두(Doux; 당분 함유량 10~15%; 1L당 50g 이상) : Very Sweet

⑨ 병입(Bottling)
이렇게 완성된 샹빠뉴는 양질의 코르크를 끼워 철사로 묶는다. 그리고 1~2년간 마지막 숙성을 하고 상표를 붙여서 코르크에 금속의 박을 감아 상품으로 시판한다.

- **포도 수확** : 포도원으로부터 잘 익은 포도를 수확한다. 샴페인 제조를 위한 대표적인 3가지 품종은 샤르도네(Chardonnay), 삐노 누아(Pinot Noir), 삐노 뫼니에(Pinot Meunier)종이다. 수확된 포도는 착즙실로 운반되어 과육, 과피, 줄기, 씨를 포도즙과 분리한다.
- **공장** : 각각의 포도원으로부터 수확한 포도를 공장으로 취합한다.
- **제경, 파쇄** : 양조장에 도착하면 줄기는 풀냄새가 나고 쓴맛이 나기 때문에 먼저 분쇄기에 넣고 줄기를 골라내고 포도 껍질, 씨, 알맹이를 같이 으깨는데 이때 롤러의 사이가 약간 떨어져 있어 포도의 주스만 분리해 내는 것이지 씨나 껍질까지 완전히 으깨는 것은 아니다. 또한 주스가 만들어지면서 아황산염을 첨가하기 시작한다.
- **압착** : 포도품종별로 따로 압착하여 각각의 포도주스를 만든다.
- **주정발효(1차 발효)** : 서로 다른 수확연도와 포도품종과 지역이 다른 포도주스는 탱크(tank)로 옮겨져 1차 발효에 들어간다. 이 발효에 의해 당분은 알코올로 변환되며 자연 발생적으로 탄산가스(CO_2)가 생성된다. 이 이산화탄소는 외부의

공기를 차단함으로써 와인의 산화를 방지하며 발효가 끝날 즈음에는 모두 탱크 밖으로 비산(飛散)된다.

화이트 와인 만드는 방식과 똑같이 발효시켜 각각의 화이트 와인을 만든다.

• **퀴베 만들기(아상블라주, Assemblage)** : 여러 가지 포도품종이 들어가는 경우 서로 다른 품종의 1차 발효한 와인들을 배합하여 하나의 와인을 만드는 것을 퀴베 (Cuvée) 만들기라고 하는데, 샴페인의 맛은 이 퀴베에 의해 좌우된다고 해도 과언이 아니다. 1차 발효가 끝나서 포도주의 맛이 날 때 각 탱크 속의 와인은 나름대로의 독특한 맛과 향기를 지니게 된다. 까브 마스터(Cave Master : 와인 저장고의 총책임자이며 블렌딩이나 숙성 정도를 총괄한다.)는 각기 다른 와인의 품

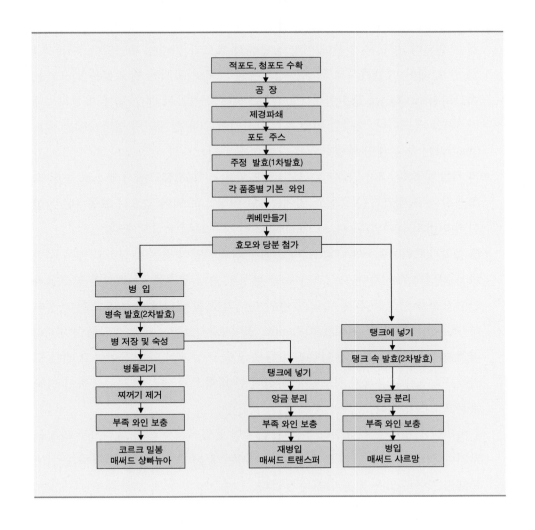

질상태를 정확히 파악하여 혼합하는 양이나 비율을 결정하여 자기 회사 특유의 개성 있는 맛과 향기를 창출해 낸다.

같은 해에 수확된 포도만으로 만든 퀴베에는 빈티지를 사용할 수 있지만, 여러 해에 걸쳐 수확한 포도로 만든 퀴베를 사용할 시에는 빈티지를 사용할 수 없다. 이렇게 여러 가지 품종을 섞는 것이 샴페인의 맛을 월등하게 한다는 것을 발견한 사람이 바로 돔 뻬리뇽 수사이다. 퀴베 만들기를 전문용어로 아상블라주라고 한다.

- **병입** : 퀴베로 만든 화이트 와인을 병에 담을 때 2차 발효를 용이하게 하기 위하여 당분 및 효모를 첨가한다. 병입 시에 병 뚜껑은 코르크 마개를 하지 않고 일반 음료수 병에 사용하는 왕관뚜껑을 사용한다.

- **병 속 발효(2차 발효)** : 1차 발효는 탱크에서 했지만 2차 발효는 병 속에 채워져서 진행된다. 병입하기 전에 미량의 당분과 효모가 동시에 투입된다. 따라서 1차 발효 때와 마찬가지로 알코올성분이 증가되며 동시에 발포성을 일으키는 이산화탄소(CO_2)를 생산한다. 그러므로 병내의 기압이 매우 높게 형성되는데 약 6기압 정도이다. 강력한 압력을 분산시키기 위해 샴페인병 밑바닥에는 펀트(punt)라는 움푹 패인 특별한 구조를 취하게 된다.

- **병 저장 및 숙성** : 2차 발효기간 동안 샴페인은 지하 저장고에서 옆으로 눕혀 숙성시킨다. 숙성기간은 프랑스 법에는 1년 이상으로 되어 있으나 보통 3년 이상이며 빈티지 샴페인(Vintage Champagne)인 경우 10년 이상도 한다.

- **병 돌리기(르뮈아주, Remuage)** : 이 방법은 샴페인만이 갖는 유일하고 매우 흥미로운 작업으로써 오랜 숙성기간 동안 형성된 병내 침전물, 즉 효모가 알코올과 탄산가스를 생성한 후 병 바닥에 쌓인 찌꺼기를 병 입구 쪽으로 모으는 과정이다. 특수하게 고안된 퓌피트르(Pupitre, 영어로는 riddling rack(삼각형 받침대))라고 하는 약 45도 경사진 나무판에 구멍을 뚫고 샴페인 병을 꽂아놓고 매일 조금씩 3주에서 약 4개월 정도를 반복하여 한 방향으로 돌리면 부유물들이 병목 부분으로 모아진다.

이러한 과정을 르뮈아주라 부른다. 샴페인에 있어서 이러한 르뮈아주 과정을 발견한 사람이 뵈브 끌리꼬 퐁샤르뎅 여사인데 이러한 과정을 발명하기 전에 샴페인은 아주 맑은 빛을 띠지는 않았다.

- **병목 급속냉각** : 병목에 부유물들이 모여 있는 샴페인을 찌꺼기 제거를 위하여 냉동 소금물에 담그는 순간냉동법으로 급랭시킨다.

- **찌꺼기 제거(데고르쥬망; Dégorgement)** : 급랭 시킨 병목의 뚜껑을 열면 순간적으로 내부압 력의 차이로 응고되었던 목부분의 침전물이 병 밖으로 빠져나오는데, 이때 병 안의 탄산 가스를 손실이 없이 맑고 깨끗한 샴페인을 얻을 수 있다. 이러한 과정을 데고르쥬망이라 한다. 침전물의 방출로 인한 양적 손실은 도 자주로 채워진다.

찌꺼기 제거

- **부족와인 보충(도자주, Dosage)** : 찌꺼기를 제거하고 나면 제거한 만큼의 빈 공간 이 생기는데 그 빈 공간에 설탕과 화이트 와인을 넣거나 설탕과 레드 와인을 넣거나 또는 와인만을 넣기도 한다. 이때 첨가하는 설탕의 정도에 따라 당분의 함유량이 달라지는데 그 당분의 정도에 따라 샴페인에 붙여지는 이름이 달라지고, 부족분 첨가 시 레드 와인을 넣으면 로제 샴페인이 되기도 한다. 이러한 과정을 도자주라고 한다.

■ **각국 포도주의 당도 분류기준**

프 랑 스	이 탈 리 아	독 일	당 함량(g/ℓ)
Ultra Brut(울트라 브뤼)	Pas Dose(파스 도제)		감미가 없음
Extra Burt(엑스트라 브뤼)	Extra Burt(엑스트라 부르트)	Extra Burt(엑스트라 부르트)	0~6/ℓ
Burt(브뤼)	Burt(부르트)	Burt(부르트)	15/ℓ
Extra Sec(엑스트라 쎅)	Extra Secco(엑스트라 세코)	Extra Trocken(엑스트라 트로켄)	12~20/ℓ
Sec(쎅)	Secco(세코)	Trocken(트로켄)	17~35/ℓ
Demi Sec(드미 쎅)	Semi Secco(세미 세코)	Halbtrocken(할프트로켄)	33~50/ℓ
Doex(듀)	Dolce(돌체)	Mild(마일드)	50/ℓ 이상

- **코르크 마개 밀봉 및 철사 두르기** : 도자주 과정이 끝나면 비로소 코르크 마개로 밀봉을 하고 샴페인의 압력을 지탱하기 위하여 철사로 단단히 고정한다.
- **병 속 숙성** : 모든 과정이 끝난 샴페인은 안정화 과정 및 병 속 숙성을 위하여 다시 1~2년간 숙성시키고 상표를 붙여서 출하한다.
- **출하 및 판매** : 병 숙성이 끝난 샴페인은 판매하는데 샴페인은 되도록 오래 보관하지 않고 바로 마시는 것이 좋다.

스파클링 와인 제법에 의한 분류

- 메써드 샹빠뉴아즈(Methode Champenoise, Methode Traditional, Methode Classico, Spumante Classico, Cava) : 스틸 와인을 병입한 후, 당분 및 효모를 넣어 밀봉한 다음 병 속에서 2차 발효시키는 방법
- 메써드 샤르망(Method Charmant, Method Cuvée Close(밀폐탱크 방식)) : 스틸 와인을 큰 탱크 안에 밀봉하여 2차 발효를 시키는 방법으로 1회 대량생산이 가능하고 원가를 절감하며 일반 스파클링 와인 제조 시에 사용
- 메써드 트랜스퍼(Methode Transfer) : 2차 발효시켜 탄산가스가 있는 와인을 병 속에서 압력을 가하여 탱크에 넣고 냉각, 침전물을 제거하여 새로운 병에 병입하는 방법
- 가제피에 카버네이티드 스파클링 와인(Gazeifie Carbonated Sparkling Wine) : 탄산가스를 강제로 주입하는 방법으로 가장 저급의 스파클링 와인

---

5. 와인의 품질을 결정짓는 요소(Quality Factors of the Wine)

1) 환경요소(Terroir, 테루아르)

프랑스어로 테루아르라는 것은 포도 재배에 영향을 미치는 자연적인 요소들을

●프랑스 와인　　●이탈리아 와인　　●독일 와인

50°
30°
20°
40°

●미국 와인　　●칠레 와인　　●포르투갈 와인　　●스페인 와인　　●오스트레일리아 와인

- 재배지역 : 북방 30~50°, 남방 20~40°
- 온도 : 평균기온 10~20℃(10~16℃가 최적)
- 일조시간 : 성장기간에 1,250~1,500시간(4~9월 말 또는 10월)

- 강우량 : 연간 500~800mm
  Good Wine : 300~400mm
  Vintage Wine : 150~250mm
- 토양 : 물이 잘 빠지는 토양

말하는 것이다. 즉 토양, 기후, 포도원의 위치 등 제반요소의 상호작용을 말한다. 각각의 포도밭에서 생산되는 포도가 다르므로 그 포도를 가지고 생산하는 와인의 맛 또한 서로 다를 수밖에 없다는 의미를 포함한다.

(1) 토양(soil)

토양은 뿌리를 지탱하며, 포도나무의 뿌리가 살고 있는 환경 전체로 물과 영양분을 공급하는 보고(寶庫)이다. 진흙으로 된 영양분이 풍부한 토양은 곡물이나 야채 등의 재배에 적합하지만 돌밭이나 자갈밭같이 영양분이 충분하지 못하고 배수가 잘 되는 토양에서는 포도나무 재배가 적합하다. 토양에 배수가 잘 되지 않으면 수분이 너무 많아 포도주의 원료인 포도의 당도가 떨어진다. 반면에 배수가 좋고 영양분이 없는 토양의 포도나무는 수분과 영양분을 얻기 위해 뿌리를 깊이 내려(약 5~15m) 지하층 깊숙이 있는 여러 가지 미네랄(Mineral)을 충분히 흡수하여 영양분이 있는 양질의 포도를 생산하게 된다. 이러한 이유로 포도를 수확할 때에도 수분이 거의 없는 아주 건조한 날을 선택한다.

포도나무는 품종에 따라 가장 이상적인 토양이 있는데 이는 그 품종의 성질을 가장 잘 드러나게 해주기 때문이다.

- 영양분이 풍부한 땅(Rich Soils) : 곡물이나 야채 재배에 적합
- 영양분이 없는 땅(Poor Soils) : 돌밭, 자갈밭, 석회암-포도 재배에 적합
- 가메(Gamay) 품종 : 대체적으로 화강암(Granitie) 지역에서 잘 자라며, 주로 보졸레 지방에서 재배한다. 가메 품종은 포도의 신맛이 강해서 일반적으로 라이트 와인(Light Wine)을 생산한다.
- 샤르도네(Chardonnay) 품종 : 석회암 토양에서 잘 자라며, 주로 버건디 지방이나 샹빠뉴 지방에서 재배한다. 샤르도네 품종은 맛이 부드럽고 잘 빚어낸 맛, 섬세한 맛 등을 나타내며 타닌으로 묵직한 와인 만들기에 적합하다.
- 메를로(Merlot) 품종 : 대체적으로 백악질 토양에 잘 어울린다. 개성이 있으면서 부드러운 맛으로 인해 보르도 지방의 까베르네 쇼비뇽과 완벽한 조화를 이룬다. 특히 쌩떼 밀리옹과 뽀므롤 지역에서 많이 재배한다.

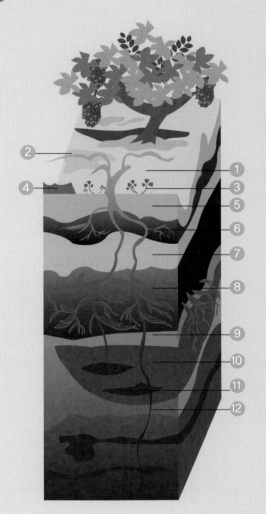

포도주는 토양 속에 있는 물과 같은 여러 요소로부터 만들어진다고 할 수 있다. 왼쪽 그림은 메독(Medoc) 지방의 쌩 쥴리앙(St-Julien) 샤토(Château)강가에 있는 포도원의 횡단도로 나타낸 것이다. 이 그림은 빈약한 토양에서 자라는 포도나무가 넓은 지역에 걸쳐 깊은 뿌리를 내림으로써 충분한 물과 양분을 흡수한다는 것을 잘 보여주고 있다.

여기서 자갈과 모래는 품질 좋은 포도를 생산하는 데 있어 중요한 역할을 한다. 즉 땅속 깊은 곳까지 물이 스며들 수 있게 해주고, 포도나무는 수분을 흡수하기 위해 더 아래쪽으로 뻗어 나간다.

① 토양 표면에 있는 자갈

② 황산동 때문에 자갈이 얼룩져 있다.

③ 종종 비료 역할을 하는 토끼풀(뿌리혹박테리아가 공중질소를 고정시킨다)

④ 즙을 짜낸 포도 껍질을 포도밭 주변에 뿌려준다.

⑤ 토양 위 30cm까지는 자갈과 모래로 이루어져 있기 때문에 뿌리를 내리기가 어렵다.

⑥ 이회토(marl)층은 처음 포도나무를 심을 때 묘목과 같이 다른 곳에서 흙을 가져와 손으로 직접 깔아놓은 층으로 어린 포도묘목의 비료 역할을 한다.

⑦ 모래층으로 이루어져 있지만, 단단하게 압축되어 있어서 나무에 양분을 공급하지 못한다. 따라서 양분을 흡수하는 뿌리가 자라지 못하고 줄기만 뻗어 있다.

⑧ 표면처럼 층이 두꺼우며 자갈과 모래로 되어 있지만, 유기물이 풍부한 아래층에는 잔뿌리가 많이 나 있다.

⑨ 구릿빛 모래층

⑩ 회색 모래층

⑪ 회색 모래층은 배수층이므로 이곳에만 잔뿌리들이 많이 나 있다.

⑫ 황색 모래층

포도열매가 많이 열릴수록 열매에 함유되어 있는 향 원소의 양은 줄어들게 된다. 따라서 열매의 향을 최대로 살릴 수 있도록 결실량을 제한하고 있다.

쌩 쥴리앙(St-Julien)의 경우 넝쿨 하나로 만들 수 있는 포도주의 양은 반 병에 불과하다.

예를 들어, 가메 누아(Gamay Noir) 품종은 보졸레의 화강암 토양에서는 섬세하고 육감적인 포도주를 만들고, 진흙 석회질 토양에서는 훨씬 부드럽고 가벼운 포도주가 된다. 토양은 포도의 질과 양을 결정짓는 중요한 요소이다. 따라서 토양의 영양공급은 와인의 아로마(Aroma)와 영양소를 형성하기 때문에 매우 중요하다.

(2) 기후(Climate)

포도나무는 다양한 기후적 배경에 적응할 수 있다. 그러나 포도는 대개 결빙, 서리에 약하며, 햇빛을 잘 받아야 포도가 잘 익을 수 있으므로 일반적으로 온화한 기후대에서 좋은 결과를 얻게 된다.

프랑스는 지중해성 기후, 서안해양성 기후, 대륙성 기후 등 3개의 커다란 기후대에 영향을 받는다.

① 포도에 영향을 주는 3대 기후요소

포도농사에 있어 기후는 직접적인 관계가 있다. 적당히 추운 겨울과 겨울비 그리고 적당히 더운 여름과 여름비 등은 햇빛과 비의 양을 조절한다. 이런 것들이 포도농사에 있어서 항상 희망하는 기후조건이다.

늦가을의 첫 추위나 이른 겨울은 포도나무의 좋은 휴식조건이며, 나무를 튼튼하게 하는 데 좋다. 그러나 혹한은 나무를 동사시킬 우려가 있다. 그리고 충분한 햇빛은 포도를 과육 속까지 깊게 익히므로 온대지역에서는 가능한 늦게 수확하는 것이 좋다.

늦여름의 잘 익은 포도는 늦가을에 서늘한 기후로 마무리를 잘 짓기 때문에 와인을 담는 데 이상적이다. 비는 대체적으로 겨울과 이른 봄에 오면 좋다. 여름비가 많이 와서 습도가 높고 햇빛이 충분하지 못하면 병충해가 바로 번져서 포도수확이 줄게 되며, 덜 익은 포도를 수확하게 된다. 한랭한 서리와 우박은 포도수확에 큰 타격을 주며, 바람이 심하면 포도를 떨어뜨려 수확이 줄어든다. 그리고 포도밭이 호수나 강가에 너무 가까이 있으면 물의 냉기가 포도밭의 열을 식히므로 좀 떨어지게 포도밭을 조성해야 좋다.

- 햇빛(Sun Light)

햇빛은 포도주의 빛깔을 결정한다. 포도에 당분을 형성시키고 붉은 색소가 합성되기 위해서는 보다 많은 태양에너지가 필요하다. 이러한 이유로 알자스, 샤블리, 샹빠뉴 등 북쪽지역에서는 백포도주를 많이 생산하며, 남쪽에서는 색깔이 짙고 짜임새 있는 적포도주를 생산하는 것이다.

일조량이 적으면 당도가 떨어지고 산도가 높고, 일조량이 많으면 당도가 높고 산도가 낮다. 와인의 맛은 당도(Sweetness), 산(Acid), 타닌(Tannin)의 조화이다.

- 온도(Temperatures)

포도나무는 서리를 싫어하므로 연평균기온이 높아야 하며, 포도나무의 생장주기 기간에 포도의 숙성을 위해서도 열이 필요하다.

- 강우량(Rain)

강우는 수확의 양과 질에 지대한 영향을 미친다. 포도원에 결정적인 것은 강우량인데, 특히 연중분포와 어떤 형태로 내리는가가 중요하다(자주 오는 비인가, 폭풍우인가). 비가 오는 시기에 따라 포도나무의 반응은 제각기 다르다. 강우량이 많으면 포도의 산도(Acid)는 높아지는 반면 당도(Sweetness)는 낮아진다. 반대로 강우량이 적으면 산도는 낮아지고 당도는 높아져서 좋은 와인을 만들 수 있다.

■ 4월~10월 사이 보르도(Bordeaux), 샹빠뉴(Champagne) 지방의 일조량, 평균온도 및 강수량

3대 요소	지방	Bordeaux	Champagne
☀ 햇빛(Sun light, 일조량)		2,010시간	1,560시간
☂ 온도(Temperatures)		12.9℃	11.10℃
┃ 강우량(Rain)		909mm	673mm

대서양기후

- 연평균기온 : 11~12.5℃ 사이의 온화한 기후
- 일조량 : 보통
- 강우는 규칙적으로 조금씩 내리고 연중 고른 분포
- 걸프 스트림이라는 바닷바람의 영향을 받는다.
- 보르도, 코냑, 아르마냑 지방 등이 영향

기후의 문제들

- 겨울의 서리 : 기온이 영하 15℃ 정도 되면 포도나무 둥지나 뿌리가 얼어서 부분적 또는 전체적으로 막대한 피해를 입게 된다.
- 봄의 서리 : 꽃봉오리와 어린 싹에 피해를 주어 수확에 큰 피해를 준다.
- 온도의 상승 : 포도나무잎을 그을려 누렇게 한다.
- 우박 : 부분적으로 수확에 영향을 주며 그 다음번 수확에도 영향을 미친다.
- 많은 비와 더위 : 포도나무에 병을 유발한다. 밀디유, 오이듐균, 보트리스티스 등
- 많은 비와 추위 : 개화와 수분이 진행되는 동안에 포도 알의 성장을 막아 포도의 결실을 방해하므로 수확에 손실을 유발한다.

내륙성 기후

- 연평균 기온 : 10~12℃로 서늘함
- 일조량 : 보통
- 적고 규칙적인 비, 연중 고른 강우량
- 산맥과 호수, 강 등이 포도재배에 중요한 역할
- 샹빠뉴, 부르고뉴, 알자스 지방 등이 영향

지중해성 기후

- 연평균 13~15℃ 사이의 가장 온화한 기후(포도의 당도를 높여준다)
- 일조량 : 많음(연중 2,700시간)
- 여름은 건조, 봄·가을은 비
- 바다와 대륙에서 부는 바람의 영향
- 론, 프로방스, 랑그독과 루시옹 지방 등이 영향

② 포도원의 방향(Vineyard Exposure)

포도원의 방향은 남향, 남동향이 좋다. 이는 포도나무에 아주 중요한 일조량에 크게 영향을 주기 때문이다. 부르고뉴 포도원은 동향인데 그 이유는 아침 해를 받아 토양이 서서히 달궈지고 서쪽으로부터 부는 바람과 비를 피할 수 있기 때문이다.

③ 해발(Altitude)

해발 100m씩 올라갈수록 기온은 0.6℃씩 내려간다. 이는 포도의 성장을 변화시키는데, 산맥이 포도원에 가까이 있으면 서늘해서 포도 알이 서서히 익게 된다. 그리고 알자스 포도원과 같이 숲이 가까이 있으면 찬바람으로부터 포도원을 보호할 수 있다.

첫서리의 피해를 방지하기
위한 포도밭 보온작업

2) 양조기술(Human Element)

각 품종에 따른 포도나무의 재배, 그리고 얻고자 하는 와인의 종류에 따라 양조기술 등이 달라질 수 있다. 포도의 품종은 수천 종이 있으나, 프랑스의 상급 포도주에 사용될 수 있는 것은 150여 종으로 한정되어 있다.

- 포도 종류 선택(Grape Variety)
- 식수량(Population)
- 포도나무 기르기(Vine Training)
- 수확량(Yield)
- 수확시기(Harvest Date)
- 와인 만드는 법(Vinification)
- 숙성을 어떻게 시키느냐(Maturation)

3) 포도품종

와인의 맛을 결정하는 요소 중 가장 영향력이 큰 것은 포도품종이다. 따라서 여러 포도품종에 대한 정확한 특성을 이해하는 것이 매우 중요하다 하겠다.

■ 와인의 품질을 결정하는 요소

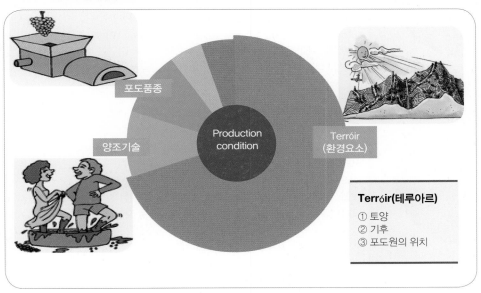

Terróir(테루아르)
① 토양
② 기후
③ 포도원의 위치

6. 주요 포도품종

1) 레드 와인용 포도품종

(1) 까베르네 쇼비뇽(Cabernet Sauvignon)

레드 와인 하면 까베르네 쇼비뇽, 화이트 와인하면 샤르도네라 할 정도로 까베르네 쇼비뇽은 레드 와인을 위한 포도품종으로 가장 많이 알려져 있다. 이 포도는 4가지 특징이 있는데, 작은 포도알, 깊은 적갈색, 두꺼운 껍질, 많은 씨앗이 특징이다. 씨앗은 타닌 함량을 풍부하게 하고, 두꺼운 껍질은 색깔을 깊이 있게 나타낸다. 최고의 까베르네 쇼비뇽은 프랑스 보르도 지방에서 생산되는 것이지만 추운 독일 지역을 제외하고는 광범위한 지역에서 생산되고 있다.

블랙커런트, 체리, 자두 향기를 지니고 있으며, Young Wine일 때는 떫은 맛이 강해서 거칠지만 오크통 숙성을 통해 맛이 부드러워진다. 이 포도로 만든 포도주는 장기간 숙성이 가능하다.

(2) 메를로(Merlot)

메를로는 까베르네 쇼비뇽과 유사하지만 까베르네 쇼비뇽에 비해 타닌함량이 적고 부드러워서 마시기에 좋으며, 가벼워서 다른 포도의 거친 맛을 부드럽게 하기위해 혼합용으로 많이 사용한다.

메를로는 보르도와 프랑스의 남쪽 지방, 캘리포니아, 칠레, 남아프리카, 이탈리아, 헝가리 등에서 재배되고 있으며, 쌩떼밀리옹과 뽀므롤 지방에서는 주 품종으로 사용된다.

딸기, 체리, 자두, 꽃, 향신료 향기를 지니고 있다. 일반적으로 숙성이 빨리 되는 경향이 있으므로 일찍 마실 수 있으나, 프랑스의 뻬트뤼스(Petrus), 이탈리아의 마쎄또(Masseto) 등 특급 와인들은 장기간 보관도 가능하다.

(3) 삐노 누아(Pinot noir)

프랑스 부르고뉴에서 이 포도 품종으로 세계 정상급의 레드 와인을 만들고 있다. 우아한 과실의 맛이 풍부하고, 비단같이 부드러우면서도 야생성을 지니고 있는 매력적인 와인이라 할 수 있겠다.

나무딸기, 딸기, 체리, 민트 향기를 지니고 있으며, 타닌이 적고 부드러워 마시기 좋다. 재배지역은 다른 품종들이 잘 자라지 못하는 서늘한 기후대를 선호한다.

대표 와인으로는 로마네 꽁띠(Romanee-Conti), 샹베르땡(Chambertin) 등의 특급 와인이 있고, 샹빠뉴 지방에서는 스파클링 와인의 주 품종으로 사용된다.

(4) 시라(Syrah)

프랑스 남부 꼬뜨 뒤 론 지역에서 주로 생산되며, 최근에는 호주의 대표 품종으로
자리잡고 있다. 호주에서는 '쉬라즈(Shiraz)'라고 부른다.

진하고 선명한 적보라빛 색상이 일품이며, 풍부한 과일향과 향신료향이 색다른 와
인의 맛을 느끼게 해준다.

(5) 말벡(Malbec)

이 포도는 원산지 보르도에서는 인기를 끌지 못하다가, 최근에 와서 칠레, 아르헨
티나. 남아프리카공화국 등에서 널리 재배되고 있으며, 아르헨티나에서는 국가 대표
품종으로 육성하고 있다.

말벡은 까베르네 쇼비뇽의 힘을 부드럽게 하는 블렌딩용으로 많이 사용된다. 자두
향이 물씬 풍기며 유연하고 안정된 와인의 맛을 보여주고 있다.

(6) 가메(Gamay)

매년 11월 셋째 주 목요일 출시되는 '보졸레 누보(Beaujolais nouveau)' 때문에 갑
자기 유명해진 품종이다. 프랑스 보졸레 지방의 토양이 화강암질과 석회암질 등으로
이루어져 배수가 뛰어나 부르고뉴의 주요 재배품종인 삐노 누아(Pino Noir) 대신에
이 토양에 적당한 가메(Gamay) 종을 재배하고 있다.

루비 색에 체리, 나무딸기, 과일향이 풍부한 와인이다.

2) 화이트 와인용 포도품종

(1) 샤르도네(Chardonnay)

대부분의 고급 화이트 와인을 만드는 품종으로 널리 재배되고 있다. 주산지는 프랑스 부르고뉴 지방이며, 캘리포니아와 칠레, 호주 등에서도 재배된다. 샤블리(Chablis), 뫼르소(Meursault), 몽라쉐(Montrachet) 등에서 이름난 화이트 와인을 생산한다.

서늘한 기후대에서 자란 샤르도네는 섬세하고, 기품 있는 와인을 생산하며, 뜨거운 태양아래에서 일조량을 많이 받은 샤르도네는 사과, 레몬, 자몽, 복숭아, 파인애플과 열대 과일향이 풍부한 강한 화이트 와인을 만들어 준다.

오크 숙성을 통하여 부드러움과 복합미를 증진시킬 수 있으며, 화이트 와인 중에서 가장 오래 보관할 수 있는 품종이다.

(2) 쇼비뇽 블랑(Sauvignon Blanc)

보르도 남서부 지방과 루아르(Loire) 지역이 대표적인 산지인데, 보르도 지역의 쇼비뇽 블랑은 대개 쎄미용 품종과 블렌딩하여 조화롭고도 싱그러운 느낌을 준다. 루아르 지역은 미네랄 성분이 강하고 쌉쌀한 풍미가 난다.

그리고 뉴질랜드에서 생산되는 쇼비뇽 블랑은 라임, 토마토 잎의 향과 함께 잘 익은 구즈베리 향의 독특한 자극을 느낄 수 있다.

이 품종은 대단히 상큼하며 풋풋함이 넘쳐흐르고, 푸릇푸릇한 들판에서 갓벤 듯한 풀 향기가 인상적이다. 현대인의 입맛에 맞기 때문에 최근 전 세계적으로 재배 면적이 급증하고 있다. 대표적인 백포도주로는 상세르(Sancerre), 푸이퓌메(Pouilly Fume) 등이 있다.

(3) 쎄미용(Semillon)

산도는 낮고 향이 강하지 않아 단독으로는 사용되지 않으며, 주로 샤르도네나 쇼비뇽 블랑과 블렌딩되는 보조품종이다. 이 품종에 걸리는 귀부병을 이용해 쏘떼른(Sauternes) 지방에서 만든 스위트 화이트 와인은 세계 최고 수준이다. 유명한 스위트 와인 샤또 디껨(Chateau d'Yquem)도 이 품종을 80% 정도 사용한다.

최근에는 호주의 헌터밸리(Hunter Valley) 등에서도 좋은 와인이 만들어지고 있다.

(4) 리슬링(Riesling)

독일을 대표하는 품종으로 라인과 모젤 지방 그리고 프랑스의 알자스에서 생산되는 화이트 와인의 대표적인 품종이다. 이 리슬링 와인은 섬세하고 기품이 있는 와인으로 산도와 당도의 균형과 조화가 잘 이루어져 와인의 초보자가 마시기에 가장 적합한 와인이라 할 수 있으며 닭고기, 야채 등과 잘 어울린다.

(5) 슈냉 블랑(Chenin Blanc)

프랑스 루아르 지방에서 가장 많이 재배되는 품종으로 신선하고 매력적이며 부드러움이 특징이다. 껍질이 얇고 산도가 좋고 당분이 높다. 세미 스위트 타입으로 식전주(Aperitf)로 많이 이용되며 간편하고 복숭아, 메론, 레몬 등 과일 향이 짙다.

(6) 삐노 블랑(Pinot Blanc)

삐노 블랑은 푸른 회색 포도로 프랑스 알자스 지방 포도 재배량의 5%를 차지하며, 독일, 이탈리아, 오스트리아 등지에서 재배되고 있다. 이탈리아에서는 '피노 비앙코(Pinot Bianco)'라고 한다.
향이 유쾌하며 섬세하고 입 안에서는 신선하고 부드러움을 간직하고 있어 스파클링 와인을 만드는 데 좋은 포도품종이다.

7. 와인에 관한 상식 및 시음

1) 와인에 관한 일반 상식

(1) 와인의 중요 구성요소

와인의 알코올농도는 종류마다 다르고 순수한 와인(Natural Wine)의 경우에는 14% 이하가 보통이다. 와인의 당농도는 순수 와인 중에서는 귀부(Noble Rot) 와인이 가장 높고, 화이트 와인 중에는 발효말기에 발효를 정지시켜 당분을 높게 만든 것도 있다.

유기산으로는 주석산, 사과산, 구연산 등 과즙에서 유래되는 산 이외에 발효 중에 생성되는 호박산, 젖산, 초산 등등 여러 가지 산이 함유되어 있다.

과즙 중의 아미노산은 효모에 의해서 대사되어 균체성분이 되므로 와인 중의 아미노산은 발효말기 효모의 자기소화에 의한 것이 많다. 또, 발효 중에 아미노산으로부터 생성되는 고급 알코올은 에스테르로 존재하기도 하고 와인의 향기성분이 된다.

포도의 방향물질로 미량의 알코올류, 카보닐류, 아세틸류, 에스테르류, 휘발성 지방산류, 페놀류 등이 알려져 있고, 이들 아로마의 발효에 의해서 생성되는 향이 합쳐져 향기성분의 패턴이 변화하며, 숙성 중에 산화, 환원, 에스테르화 등으로 부케가 생성된다. 이들 세 가지 향이 잘 조화되어야 비로소 향이 좋은 포도주로 평가된다.

- 수분 : 80~90% 수준
- 당분 : 포도당, 과당
- 알코올 : 에틸알코올, 글리세롤, 고급 알코올
- 산류 : 유기산(주석산, 사과산, 구연산), 발효 중 생성되는 산(호박산, 젖산, 초산), 기타
- 무기성분 : 칼륨, 칼슘, 마그네슘, 망간, 철분 등
- 쓴맛 : 페노릭
- 타닌 : 카테킨, 에피카테킨, 갈로카테킨, 에피갈로카테킨

(2) 저장 및 숙성(Storage & Aging)

① 저장 및 숙성

발효가 끝난 와인은 효모의 향미, 산, 탄산가스의 자극이 있고 술의 질이 거칠지만 긴 숙성기간을 통해서 술의 질이 완숙해진다.

숙성에는 떡갈나무나 졸참나무의 통이 사용되고 그 재질은 술의 질에 크게 영향을 미치게 되며, 특히 북미의 아메리칸 화이트 오크(American White Oak)나 프랑스의 리무진 오크(Limousin Oak)가 유명하다.

■ **American Oak와 French Oak의 차이점**

American Oak	French Oak
• Imparts	• Imparts
• Dominant Sweet Coconut & Vanillin flavours with	• Subtle, Cedary, Spicy(Clove like) flavours with fine
• Coarse tannins	• grained tannins

보통 180~400리터의 통이 사용되고, 용량이 적은 통일수록 와인의 숙성은 빠르다. 저장 중의 숙성은 나무결을 통한 공기의 소통에 의해 일어나는 완만한 산화작용에 의한 것이며, 또 통나무로부터의 용출성분이 향기로운 향맛에 도움이 되고, 산화작용에도 관여하는 것으로 보인다. 새 통은 묽은 알칼리와 묽은 산으로 씻은 다음 물로 잘 씻어낸 후에 사용한다. 와인을 넣기 전에 유황으로 훈증하여 살균한다.

저장 중에는 포도주를 항상 가득 채워두어야 하며 증발, 침전 제거 등으로 감소된 양은 같은 질의 술로 채운다. 매년 1~2회 앙금질을 하여 저장 중에 생긴 앙금을 제거하는 동시에 공기가 흡수되도록 한다. 그러나 급격한 산화를 방지하기 위해서 아황산을 첨가하여 아황산농도가 50ppm 이하가 되지 않도록 주의한다. 최근에는 비용의 감소 및 저장, 숙

까브(Cave : 포도주 저장고)
이곳은 장기숙성용 포도주를 최적의 상태에서 최상의 맛을 음용할 수 있도록 저장하는 곳이다.

성온도의 조절이 쉬운 스테인리스나 콘크리트 탱크를 많이 사용하고 있으나, 숙성이 늦고 향 및 맛에 있어서 차이가 있다.

표준저장 온도는 레드 와인은 13~15℃, 저장기간은 보통 2~3년, 화이트 와인은 10~13℃, 1~2년 정도이다. 연중기온의 차가 적고 비교적 건조한 장소로서 습도는 약 70~80%가 좋다. 습도가 높으면 표면에 곰팡이가 번식하고 너무 건조하면 코르크 마개가 건조해져 공기 유입이 많아져 와인이 빨리 산화하고, 와인의 감량이 많아진다. 그렇지만 보존상태를 잘 유지하여 움직이지 않고 놓아둔다고 해서 몇 년이라도 좋은 것은 아니다. 시판되고 있는 와인은 공장에서 병 숙성을 마친 후 출하되는 것이므로 구입 후 오래 보관하기보다는 바로 마시는 것이 좋다.

2~3개월간 저장하면 와인은 투명하게 되는 것이 보통이지만, 혼탁이 없어지지 않는 와인은 젤라틴, 타닌, 달걀흰자, 벤토나이트(Bentonite; 화산재의 풍화로 만들어진 점토의 일종) 등을 첨가하여 여과한다.

오크통에서의 저장, 숙성이 끝난 와인은 여과하여 병에 담고 코르크 마개를 한다. 이때 아황산의 양을 측정하여 50~100ppm이 함유되도록 부족량을 보충해 준다. 병 저장기간은 길수록 좋으나 향미가 담백한 와인은 오히려 짧은 편이 좋고 보통 3년 정도로 한다. 코르크 마개를 한 와인은 장기간 보관 시 눕혀서 보관해야 한다. 이는 코르크 마개를 적신 상태로 두기 위해서이다. 그래야 코르크가 마르지 않고 촉촉이 젖어 외부의 공기가 병 속에 들어오는 것을 막을 수 있다. 세워두어서 코르크가 건조해지면, 그 미세한 구멍으로 공기가 출입하게 되고, 공기에 닿은 와인은 점점 산화하여 품질이 떨어진다.

이상적인 저장고가 갖추어야 할 조건

- 8℃에서 14℃ 정도의 온도를 항상 유지해야 한다. 온도의 변화는 포도주의 저장에 매우 좋지 않다.
- 습도는 70~75% 정도를 유지해야 코르크 마개가 팽창하여 밀봉된 상태를 유지할 수 있다.
- 빛이 있으면 포도주의 노화가 촉진되므로 완전히 차단해 주어야 한다.
- 원활한 통풍은 나쁜 향이 발생하지 않도록 해준다.
- 전혀 흔들림이 없도록 주의해야 한다. 포도주의 숙성을 방해하기 때문이다.

② 숙성 중의 변화

가장 중요한 변화는 완만한 산화작용이다. 또한 숙성 중에 현저하게 증가하는 성분은 알데히드이며, 이것은 와인 중에 각종 성분과 반응해서 향미가 좋아지며 색도

변화한다. 이외에 와인 중의 각종 알코올과 산이 화학반응을 일으켜 향기성분인 에스테르가 생성된다. 주석산, 사과산, 호박산, 젖산, 초산 등의 산류와 여러 가지 알코올류에 의한 에스테르가 포도주 방향의 일부가 된다. 병에 저장하는 동안에는 알데히드가 레드 와인에서는 감소하고, 화이트 와인에서는 증가하지 않지만, 에스테르는 계속 증가하며, 특유의 병 숙성에 의한 향기가 생성된다.

또 숙성 중에는 총산이 감소하여 술의 질이 부드러워지는데, 이것은 주석의 침전에 의한 감산과 미생물에 의한 사과산의 젖산으로의 변화로 인한 감산의 두 현상에 의한 것이다. 정상적인 담금, 발효를 거친 와인은 저장에 의해 맑아진다. 이것은 주석산이 미세한 결정으로 침전하고 타닌과 단백질이 결합하여 침전하며 콜로이드 물질도 응고하여 입자가 커져서 침전되기 때문이다.

(3) 타닌(Tannin)

포도의 껍질, 씨와 줄기 그리고 오크통에서 우러나는 성분으로, 주로 떫은 감에 많이 들어 있고, 적당한 떫은맛과 텁텁한 감촉을 결정짓는 중요한 물질이다.

타닌은 주로 식물의 잎이나 줄기, 뿌리, 열매 등에 널리 분포되어 있으며, 특히 감, 밤, 녹차 그리고 덜 익은 과일류에 많이 함유되어 있다. 타닌 중 떫은맛을 내는 것은 수용성 타닌이고, 떫지 않은 타닌은 불용성이다. 수용성인 타닌은 완숙하지 않은 열매에 많으나 완숙되면서 불용성 타닌으로 변하며, 이 경우에 타닌의 양은 같다.

그런데 타닌과 같이 함유되어 있는 폴리페놀은 혈관에 쌓여 있는 콜레스트롤 지방산이나 노폐물 등을 녹여주는 작용을 하여 뇌졸중, 관상동맥 혈전증, 협심증, 심근경색과 같은 혈관계 질환의 예방과 치료하는 작용을 한다. 그러기 때문에 고지방 섭취로 인한 콜레스트롤을 제거하기 위해서는 타닌과 같이 함유되어 있는 폴리페놀을 섭취할 목적으로 감, 밤, 포도, 녹차, 우롱차 등을 섭취하면 좋다.

또한 담배를 많이 피우고 탁한 대기오염 지역에서 살며 고지방 섭취를 하는 경우에는 콜레스트롤 제거 외에도 지방질의 과잉 축적으로 인한 비만을 방지하고 치료하기 위해서 타닌 속의 폴리페놀을 많이 섭취하는 것이 좋다. 폴리페놀은 산소 중의 유해산소를 소거하는 SOD, 즉 항산화제로 작용하기도 한다.

① 햇볕을 받은 포도 잎사귀는 광합성으로 인해 당분 및 타닌을 생성시켜 포도송이로 전달한다. 이때 지면에 자갈이 많으면 태양광선을 반사해 포도송이를 따뜻하게 하고 이로 인해 과실의 성숙이 촉진되어 과피에 좋은 타닌과 당분이 많이 축적된다.

② 포도잎의 광합성에 의해 생긴 당분의 일부는 타닌의 구성성분인 페놀(Phenol) 성분으로 변해 포도송이로 전달한다.

③ 포도송이에 도착한 페놀성분은 프로시아닌(procyanin; 타닌의 일종)으로 바뀌어 포도씨에 축적한다. 이것은 카테킨류(Catechin)로서 떫은맛, 쓴맛이 대단히 강하다.

④ 포도송이가 성숙되면서 프로시아닌이 포도씨로부터 과피로 이동, 프로시아닌은 카테킨류와 안토시아닌과 다시 섞여 단단한 구조를 유지하며, 떫은맛, 쓴맛이 부드러운 타닌으로 바뀐다.

⑤ 발효가 끝난 레드 와인은 오크통에 저장 숙성한다. 여러 가지 타닌은 포도와 세포벽으로부터 유래한 다당류와 서서히 반응하여 복합체를 구성하며, 오크통으로부터 생성된 타닌도 함께 복합체를 만든다. 그 반응에 의해 타닌이 갖는 맛에는 감칠맛과 다른 성분들이 조화를 이뤄 더욱더 좋은 와인이 된다.

⑥ 병입된 레드 와인은 포도와 효모 세포벽으로부터 유출된 다당류와 포도로부터 나온 타닌 및 오크통에서 우러나온 타닌 등, 여러 종류의 타닌류와 장기간에 걸쳐서 다시 혼합과 침전을 일으켜 복잡한 형태를 형성한다. 이렇게 해서 중후하면서 실크같이 부드럽고(Round), 풍부한 향취를 갖는 깊은 맛의 마시기 좋은 와인이 된다.

(4) 주석산염(Tartrate)

와인에는 간혹 주홍색의 결정체가 가라앉아 있는 경우가 있다. 이것은 와인 속에 들어 있는 주석산염의 결정체로서 와인의 유기산 중 주석산과 칼륨이 결합하여 형성되는 것으로, 와인의 맛을 강하게 할 뿐만 아니라 식욕을 돋우어주는 역할을 한다. 병에 담긴 지 얼마 안된 와인에서는 그렇지 않지만, 5℃ 이하에서 장기간 보존하거나 낮은 온도에서 충격 또는 진동을 받으면 와인 속의 주석산염이 과포화되어 서서히 결정체가 생기게 된다. 보통은 레드 와인에 많이 생기지만 간혹 화이트 와인에도 형성된다. 이와 같이 형성된 주석산염은 와인성분의 일부가 결정이 된 것이므로 걱정할 필요는 없다. 오히려 유럽인들은 이를'와인 속의 다이아몬드'라고 부르기도 한다.

(5) 아로마와 부케

① 아로마(Aroma)

아로마라 함은 포도의 원산지에 따라 맡을 수 있는 와인의 첫 번째 냄새 또는 향기를 말한다. 이 아로마는 원료 자체에서 우러나오는 향기이며 포도의 품종에 따라서, 또는 같은 품종이라도 포도가 자란 환경, 즉 토양의 성분, 기후, 재배조건 등에서 여러 가지 차이가 날 수 있다.

※ 삐노 누아 포도품종은 나무딸기, 딸기, 민트의 향기를 지니고 있다.

② 부케(Bouquet)

부케는 주로 와인의 발효과정

이나 숙성과정 중에 형성되는 여러 가지 복잡 다양한 향기를 말한다. 각 성분들끼리의 어울림, 오크통 속에서의 화학적인 변화, 병 숙성과정 중의 완숙한 교류 등을 통하여 우아하고 변화무쌍한 자기만의 독특한 향을 가지게 된다. 와인의 향을 맡아보고 품종이 무엇인지 알 수 있는 것은 아로마로 알 수 있고, 숙성이 잘 되었다고 할 수 있는 것은 부케로써 알 수 있다.

저장소

(6) 코르크(Cork) 마개

16세기에 유리병이 사용되고, 17세기에 들어 스페인의 수사들이 물통 뚜껑으로 사용하던 것을 1680년 프랑스의 수도사 돔 뻬리뇽이 와인 병의 뚜껑으로 사용하기 시작하여 와인의 발달에 큰 영향을 끼쳤다. 코르크로 밀봉된 와인은 병에 담을 때 들어간 소량의 공기 중의 산소와 코르크를 통하여 들어간 아주 미량의 산소(한 달에 약 0.02~0.03㎤)가 와인과 반응하여 병 숙성이 이루어지면서 와인 중의 유기산, 타

닌, 당분이 적절히 균형을 이루게 된다. 코르크는 술의 숙성을 최적의 상태로 유지시켜 주기 때문에 와인뿐만 아니라 브랜디, 위스키 등에도 사용한다.

쌍떡잎식물 참나무과에 속하는 코르크참나무(Quercus Suber)는 지중해 연안이 원산지로서 우리나라에서는 굴참나무라고 하는데, 높이가 18m에 지름이 1.5m에 달하고 나무껍질에 두꺼운 코르크층이 있으며, 주로 포르투갈, 스페인, 프랑스, 이탈리아, 알제리, 모로코 등 지중해 연안 국가에서 자생하며 약 500년을 산다. 상업적으로 이용하는 것은 나무의 껍질로서 약 8~10(포르투갈에서는 9년)년 간격으로 벗겨낼 수 있으며, 나무의 성장에는 지장이 없고 오히려 정기적으로 껍질을 벗겨낸 나무가 더욱 잘 자란다.

현재 매년 생산되는 양은 35만 톤 정도이며 이 중 절반가량을 포르투갈에서 생산하고 스페인에서도 많은 양을 생산한다. 코르크는 5월에서 8월 중에 채취하는데 일반적으로 수령이 25년 되고 줄기의 지름이 약 20cm 정도 되었을 때부터 채취가 가능하다. 수령이 200년 정도 될 때까지 코르크를 채취하는데 처음으로 채취한 코르크보다는 두 번째 채취한 것이 품질이 양호하고 세 번째 채취부터 우수한 품질의 코르크가 생산되며, 한 그루당 생산량은 20~200kg으로 코르크의 두께는 2~6cm이다.

코르크참나무의 외피로 만든 코르크는 밀도가 약 0.5g/㎤ 정도로써 가볍고 물에 뜨는 성질을 지니며, 수분 등의 액체가 침투할 수 없고 열이나 음향에 대한 절연성이 있다. 또한 마찰계수가 높아서 쉽게 밀리지 않고 압축성이 좋으며 탄성계수가 낮다. 내수성도 우수하며 물, 기름, 벤젠 등의 유기용제 및 이산화탄소, 수소, 질소 등의 가스에 의한 영향을 받지 않으며, 약산성 용액에 대한 저항도도 높다.

코르크 마개가 와인을 밀봉하기에 이상적인 이유는 가볍고 깨끗하며 밀폐성이 있고, 재질이 부드러워 병 입구에 고정이 잘 되며, 온도변화에 거의 변하지 않아 쉽게 부패하지 않는다는 점으로 오래전부터 병 마개로 사랑받아 왔다.

특히 스펀지 구조로 되어 있어 신축성이 뛰어나 압축해서 병 입구에 넣기 쉽고, 병 입구에 들어간 후에 곧바로 팽창해서 병구와 밀착하므로 이상적인 와인 마개라 할 수 있다. 코르크 마개의 수명은 대략 20~50년 정도이며, 와인을 오랜 기간 보관해야 하는 경우는 매 7년마다 전문가에게 의뢰하여 코르크를 교체하기도 한다.

품질이 좋고 긴 코르크는 고급용으로, 제조 시에 생긴 부스러기로 만든 압착 코르크는 저급용으로 쓰이며, 샴페인용 코르크는 3개 층을 붙여 만든다. 보통 일반용은 지름 24mm인 코르크를 지름 18mm 병구에 많이 사용하며, 샴페인용은 지름 30mm 코르크를 지름 17.5mm 병구에 사용하는데 병구 바깥부분이 버섯모양이 되게 한다.

샴페인 코르크

(7) 오크(Oak)통

오크통 만드는 작업

쌍떡잎식물 참나무과에 속하는 참나무는 북반구의 온대에서 열대지방에 걸쳐 자란다. 나무껍질에 타닌함량이 많고 재목은 매우 단단하여 쓰이는 곳이 많으며, 특히 술통을 만드는 재료로 가장 많이 쓰인다. 속명의 퀘르쿠스(Quercus)란 켈트어로 '좋은 목재'라는 뜻이며, 한국에서도 역시 진짜 나무란 뜻의 참나무라 부르고 영어로는 오크(Oak)라고 한다.

이 오크는 바닷가에서는 어망을 물들이는 데 사용하기도 하고, 한국의 농촌에서는 떡을 찔 때 사용하여 왔으며, 세계적으로 건축재료로 많이 사용되고, 그중에서도 특히 와인, 브랜디, 위스키 등 술의 숙성에 없어서는 안될 재료이다.

오크통이 와인에 미치는 영향은 크게 세 가지로 볼 수 있다. 첫째, 저장된 와인의 공기와의 접촉을 느리게 하고 와인 속의 화학적 변화에 촉매작용을 하여 와인의 숙성을 도와준다. 둘째, 숙성 중인 와인에 은은한 나무향을 배게 함으로써 와인의 개성과 특성을 살려 더욱 고급스럽게 한다. 셋째, 오크에 포함된 타닌과 와인 속에 함유된 타닌, 안토시아닌, 알코올 및 각종 유기물들이 복잡 미묘한 작용을 하여 와인의 색상을 선명하고 깨끗하게 해주며, 맛을 더욱더 풍부하게 해준다.

요즘에는 가격과 위생조건을 만족시키면서 와인의 온도까지 조절할 수 있는 스테인리스 스틸, 콘크리트로 만든 통을 사용하기도 하지만, 일반적으로 비싼 가격에 팔리는 고급와인은 오크통 숙성은 필수적이다.

오크통에서 주로 생성되는 향기는 구운 토스트향, 나무 타는 향, 바닐라향, 커피향 등의 다양한 향을 얻을 수 있고, 반면에 오크에서 생성되는 향의 영향으로 과일향은 점차 줄어든다. 이러한 향은 와인의 성격을 결정하는 중요한 요소로서 오크통의 그을린 정도에 따라 다르게 나타난다.

오크통이 어느 나라 산인지, 얼마나 태웠는지, 새 통인지 헌 통인지, 오크통의 크기가 얼마만한지, 어느 정도 숙성을 하는지에 따라 와인에 많은 영향을 끼친다.

**아메리칸
오크통**

**프렌치
오크통**

세계적으로 가장 많이 쓰이는 오크는 미국산과 프랑스산인데, 미국산 오크의 특징은 성장이 빨라 나무와 결이 넓고 크며 기계로 자른 다음 구워서 말린다. 미국산 오크는 주로 바닐라나 코코넛 향을 함유하고 있다. 반면에 프랑스산 오크는 미국산에 비해 입자가 곱고 자연적인 방법으로 건조시켰기 때문에 산소와의 접촉이 많아서 복합적인 맛과 향을 품고 있는 와인을 생산하며, 주로 고급와인을 생산할 때 많이 사용하고 특히 리무쟁(Limousin) 지방의 오크는 최고급으로 친다. 그러나 대체적으로 와인 제조업자가 대중적이고 편안한 스타일을 원할 때에는 미국산 오크를, 고급와인으로서 오래 보관할 때에는 프랑스산 오크를 사용한다.

오크통은 그을린 정도에 따라 세 가지로 나눌 수 있는데, 제조업자가 자연적인 나무의 성격을 중요시할 때에는 살짝 그을리고(Light Toast), 강한 성격의 나무 태운 향과 진한 색을 우러나게 할 때는 진하게 그을리며(Heavy Toast), 중간 정도로 그을리면 미디엄 토스트(Medium Toast)라 한다.

또한 오크통은 새것일수록, 크기가 작을수록 와인에 많은 영향을 미친다. 타닌이 풍부하고 짜임새 있는 와인이 아니라면 새로 만든 오크통에 담는 것은 좋지 않으며, 작은 오크통일수록 와인과 통의 표면적이 넓어져 나무의 영향을 많이 받는다.

그러나 아무 와인이나 오크통에서 숙성할 수 있는 것은 아니다. 나무 자체의 향에 압도되지 않으면서도 강한 성질의 참나무향을 잘 흡수할 수 있는 강한 포도품종이어야 한다. 오크통의 크기와 모양은 각 지방에 따라 약간씩 차이가 있는데, 프랑스 보르도 지방은 바리크(Barrique; 225ℓ)라고 부르는 통을 사용하고, 부르고뉴 지방에서는 피에스(Piece; 227ℓ)라는 통을 사용하며, 샹파뉴 지방에서는 220ℓ 용량의 통을 사용하고 일부 와인은 4,000~7,000ℓ 들이 큰 통을 사용하기도 한다.

(8) 빈티지(Vintage); Millésium(밀레짐, 프랑스어); Ano(아노, 이탈리아어)

빈티지란 단순히 포도가 수확된 해를 가리킨다. 다른 농산물과 같이 포도도 기후의 영향을 크게 받는데, 즉 강우량, 일조시간, 기온의 변화가 수확물의 질과 성격에 영향을 준다. 예를 들어, 덥고 건조했던 여름의 수박이 달고 맛있듯이 포도에 있어서도 1년 동안의 기후의 변화가 과실 안에 농축되어 와인의 품질을 결정한다. 따라서 우리들은 와인 상표에 적혀 있는 수확연도를 봄으로써 어느 정도 그 와인의 성격을 예측할 수 있다. 그러나 대부분의 와인들은 빈티지와 무관한 경우가 많은데, 그런 와인의 대부분은 품질을 일정하게 하기 위해 다른 지역, 때론 다른 해의 와인을 블렌딩해서 제조하기 때문이다. 이것은 매년 일정한 품질의 와인을 적절한 가격으로 공급하고자 하는 와인 공급업자의 노력의 산물이다.

그렇지만 보르도(Bordeaux)나 부르고뉴(Bougogne)의 샤또(Château)나 도메인(Domain)들처럼 생산자의 개성을 특출하게 나타내는 와인들의 경우에는, 수확연도에 따라 품질의 차이가 남으로써 마시는 사람에게 매우 깊은 흥미의 대상이 되기도 한다. 이런 와인들은 마시기 적당해질 때까지 10년 이상 걸리는 경우가 적지 않으므로, 빈티지 표시는 절대 빼놓을 수 없다. 이러한 경우에 빈티지는 질적인 차이뿐만 아니라 스타일도 결정한다.

최근 빈티지가 있는 와인이 좋은 와인이라는 잘못된 선입관 때문에 굳이 빈티지가 필요 없는 와인에도 빈티지 표시를 하는 경우가 많은데, 이것은 그다지 큰 의미가 없다고 하겠다. 저온의 해에 산도가 높은 깊이가 없는 와인이나, 고온의 해에 깊이는 있지만 산도가 낮은 와인을 그대로 제품화하는 것보다는 둘의 장점을 살려 만드는 편이 훨씬 더 효율적이라 할 수 있기 때문이다.

■ Vintage ; Millésium(밀레짐, 프랑스어) ; Ano(아노, 이탈리아어)

국가	지역	구 분	2001	2000	1999	1998	1997	1996	1995	1994	1993	1992	1991	1990	1989	1988	1987	1986	1985
프랑스	보르도 (Bordeaux)	쌩쥴리앙/뽀약/쌩떼스떼프 (St-Julien/Pauullac/St-Estephe)	75T	94T	87E	85T	87E	84T	93T	87T	85T	79E	75R	87T	90E	87T	82R	94T	90R
		마고 (Margaux)	80T	93T	89E	86T	86E	88T	88E	86T	85T	75E	74R	90E	86E	85E	76R	90T	86R
		그라브 (Grave)	80T	93T	89E	87T	87E	86E	89E	88E	86T	75E	74R	90R	89E	89E	84R	89E	90R
		뽀므롤 (Pomerol)	76T	94T	89E	95T	88R	85E	92T	89T	87T	82R	58C	95E	93R	89T	85C	87T	88R
		쌩때밀리옹 (St-Emiliom)	80T	94T	89E	89T	79R	87T	88E	86T	84C	75R	59C	98T	88E	88E	74C	88E	87R
		바르싹/쏘테른느 (Barsac/Sauternes)	85T	88E	88E	87E	89E	87E	85E	78E	70C	70C	70C	96T	90E	98T	70R	94T	85R
	부루고뉴 (Bourgogne)	꼬뜨 드 뉘(Red) (Cort de Nuits)	85T	90T	88E	87E	88R	92T	90T	84E	87T	78R	86T	92R	87R	86E	85R	74C	87R
		꼬뜨 드 본(Red) (Cort de Beaune)	87E	89E	91E	85E	88E	92T	89T	84E	87T	82R	72E	90R	88R	86R	79C	72C	87R
		화이트 버건디 (White Burgundy)	85T	88R	90E	86R	89R	92E	91E	87R	72C	90R	70C	87R	92R	82R	79R	90R	89R
		보졸레 (Beaujolais)	87E	91R	89R	84R	87R	82C	87C	85C	80C	77C	88C	86C	92C	86C	85C	84C	87C
	론 (Rhone)	북부 론, 꼬뜨 로티에 (Northern Rhone, Cote Rotie)	88T	87E	95T	90T	90E	86T	90T	88E	58C	78E	92E	92T	96T	92E	86E	84T	90R
		남부 론, 샤또 느프드 파프 (Southern Rhone, Ch'neuf du Pape)	85T	95E	90E	96E	82R	82R	92T	86T	85T	78R	65C	95E	94T	88R	60C	78C	88R
	알자스 (Alace)	알자스 (Alace)	72E	88R	87R	90E	87E	86R	89R	90R	87R	85R	75R	93R	93R	86R	83C	82R	88R
	루아르 (Loire)	루아르 밸리 스위트 화이트 (Loire Valley Sweet White)	87T	85R	84E	84E	82R	91E	88R	87R	86R	80R	75R	90R	92R	88R	82R	87R	88R
	샹빠뉴 (Champagne)	샴페인 (Champagne)	70T	90T	80T	86C	86R	91E	87E	NV	88E	NV	NV	96E	90E	88E	NV	89R	95R
이탈리아	피에몬트 (Piemont)	피에몬트 (Piemont)	80R	97E	90T	89E	96E	95T	87C	77C	86E	74C	76E	96E	90T	85E	78R	90R	
	투스카니 (Tuscany)	투스카니 (Tuscany)	85T	92E	88T	80C	95E	78R	88T	85C	86T	72C	85T	90E	72C	89T	73R	84R	93R
독일	독일 (Germany)	독일 (Germany)	89T	77E	90T	85E	88E	93T	87R	90R	87R	90R	85E	92E	90E	89R	82R	80R	85R
포르투갈	포트 (Port)	빈티지 포트 (Vintage Port)	NV	NV	NV	NV	89E	NV	NV	92T	NV	95E	90E	NV	NV	NV	NV	NV	95E
스페인	리오하 (Rioja)	리오하 (Rioja)	95R	75E	86E	82C	86R	85E	90E	90E	87E	85E	76E	87E	90E	87E	82E	82E	82R
	페네데스 (Penedes)	페네데스 (Penedes)	90C	80R	86E	78C	86R	82E	89E	90E	82E	74E	87E	88E	87E	88E	77R	85R	
오스트레일리아	웨일즈/빅토리아	남부 웨일즈/빅토리아 (New Southern Wales/Victoria)	85T	80T	88E	95E	88R	90E	87E	90E	87R	87R	89E	88E	88E	85E	87E	90E	86R
미국	캘리포니아 (California)	까베르네 (Cabernet)	86T	87E	87R	82R	94E	90T	94T	95E	93T	93E	94T	94E	84E	75E	90E	90R	90T
		샤르도네 (Chardonnay)	88E	86R	89E	87R	92R	87R	92R	88R	90C	90C	85C	90C	76C	89C	75C	90C	84C
		진판델 (Zinfandel)	85E	87R	90E	86C	85E	89E	87R	92R	90R	90R	91R	91R	83C	82C	90C	87C	88C
		삐노 누와 (Pinot Noir)	89T	88R	90E	87R	90E	88R	88R	92R	88R	88R	86R	86R	85C	87C	86C	84C	86C
	오레곤 (Oregon)	삐노 누와 (Pinot Noir)	85R	85E	90E	92E	87C	86C	76C	92R	89R	87R	87C	90C	90C	88C	72C	85C	87C
	워싱턴 (Washington)	까베르네 (Cabernet)	85E	70E	?	90C	88T	88T	86E	90E	87E	89E	85C	87R	92R	88R	90R	78R	86T

※ Vintage Guide
· 점수 : 90~100(가장 좋은 해), 80~89(평균 이상의 뛰어난 해), 70~79(평균적인 해), 60~69(평균 이하의 나쁜 해)
· 영문표기 : C(너무 늦었거나 불규칙적인), E(빨리 숙성되어 마시기 쉬운, 타닌이 많거나 아직 숙성이 덜 된), R(마시기 적당한), NV(빈티지가 없는 해)

2) 와인 테이스팅(Wine Tasting)

와인을 맛있게 마시는 절대적인 온도는 없다. 자기가 맛있다고 느끼는 온도로 마시는 것이 가장 좋다. 하지만 와인은 각 와인마다의 독특한 풍미가 있으므로 그것을 잘 살려주는 온도로 마시면 보다 좋은 와인의 맛을 느낄 수 있다. 드라이 화이트와 로제 와인은 10~12℃로 조금 차갑게 해서 마시는 것이 좋다. 그러나 너무 차갑게 하면 와인의 향기와 맛이 얼어붙어 버리며, 10℃에서 아로마나 부케가 좀 더 잘 나타난다. 레드 와인은 차갑지 않게 실내온도로 마신다고 하는데, 이는 실내온도가 지금보다 훨씬 낮던 시절에 비롯된 생각으로, 오늘날의 실내온도인 20~22℃보다 낮은 17~19℃가 좋다. 그러나 영(Young)하거나 프루티(Fruity)한 레드 와인은 12~14℃로 마시면 그 신선함을 더욱 즐길 수 있다. 우리가 흔히 착각하는 부분이 서빙 온도와 마시는 온도인데, 찬 와인의 경우 서빙 10분 후면 18℃ 방에서 약 4℃ 정도 상승한다.

■ 와인을 마시는 순서

가벼운 맛	⟶	진한 맛
드라이한 것	⟶	스위트한 것
화이트 와인	⟶	레드 와인
심플한 맛	⟶	복잡한 맛
단기 숙성	⟶	장기 숙성

(1) 와인의 색감(Appearance)

와인이 깨끗하고 선명한지 그리고 어떤 색을 띠는지 살핀다.

- Clarity(선명도)
- Depth of Color(색도)
- Color(색)
- Viscosity(색감)

아로마 향 바퀴 The Wine Aroma Wheel

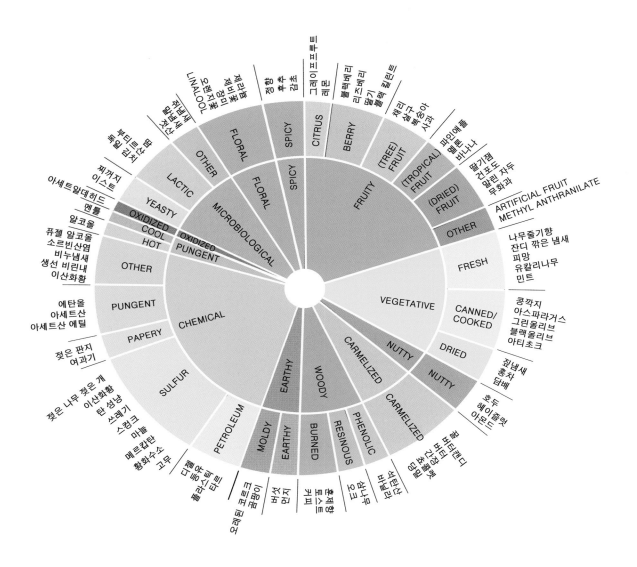

- 까베르네 쇼비뇽(Cabernet Sauvignon), 메를로(Merlot), 말벡(Malbec), 까베르네 프랑(Cabernet Flanc) : 딸기류, 피망, 아스파라거스, 올리브, 민트, 검은 후추, 바닐라, 버터, 콩(오래된 레드 와인의 경우)
- 삐노 누아(Pinot Noir) : 딸기류, 딸기잼, 바닐라, 버터
- 진판델(Zinfandel) : 딸기류, 후추, 건포도, 콩, 버터, 바닐라
- 프티 시라(Petite Sirah) : 딸기류, 후추, 바닐라, 버터, 콩
- 샤르도네(Chardonnay) : 사과, 복숭아, 시트러스, 파인애플, 향신료, 바닐라, 버터
- 쇼비뇽 블랑(Sauvignon Blanc) : 꽃, 시트러스, 복숭아, 살구, 피망, 아스파라거스, 바닐라, 버터
- 리슬링(Riesling) : 꽃, 시트러스, 복숭아, 살구, 파인애플, 꿀
- 게뷔르츠트라미너(Gewürztraminer) : 꽃, 시트러스, 자몽, 복숭아, 꿀, 향신료 계통

고딕체로 쓰여진 향의 경우 포도 자체에서 나는 것이 아니라 유산발효(Malolactic Fermentation)를 하거나(버터) 오크통 숙성(바닐라) 시 나타난다.

(2) 와인의 향(Aroma & Bouquet)

와인의 향기는 그 와인의 품질을 나타낸다.

- General Appeal(전반적인 향)
- Fruit Aroma(과일향)
- Bouquet(방향)

(3) 와인의 맛(Taste)

당도와 산도, 밀도 등의 미묘한 맛을 입안에서 감지한다.

- Sweetness(당도)
- Tannin(타닌)
- Acidity(산도)
- Body(밀도)

(4) 와인의 뒷맛(Finish)

와인을 삼킨 후 목 안을 타고 내려간 와인이 아직 입안에 남아 있는 맛과 코에 남아 있는 향기와 함께 종합적으로 어떤 느낌을 주는지 생각해 본다.

- Length(뒷맛)
- Balance(균형)

■ 혀의 미각

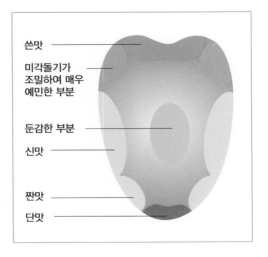

쓴맛

미각돌기가 조밀하여 매우 예민한 부분

둔감한 부분

신맛

짠맛

단맛

(5) 전체적인 평가

이상적인 와인은 조화와 균형이 이루어진 와인이라고 하는데, 이 말은 타닌, 산, 단맛, 여러 가지 향과 다른 성분의 적절한 배합을 의미한다.

표현방법

입안에서 느껴지는 무게감에 따른 분류
- Full-bodied Wine(풀바디 와인) : 오래 숙성시킨 와인에서 나는 특유의 맛으로 입안을 무겁게 꽉 채워주는 듯한 느낌의 진한 맛
- Medium-Bodied Wine(미디움 바디 와인) : 중간 정도의 무게감을 느낄 수 있는 와인
- Light-Bodied Wine(라이트 바디 와인) : 가볍고 경쾌한 맛의 와인

입안에서 느끼는 와인의 당분 맛에 따라
- 드라이 와인(Dry Wine) : 포도 속의 천연 포도당을 완전히 발효시켜 단맛이 거의 남아 있지 않아 씁쓸한 맛을 느끼는 와인을 표현할 때
- 미디엄 드라이 와인(Medium Dry Wine) : 드라이한 맛과 스위트한 맛의 중간 정도의 맛을 느낄 수 있는 와인을 표현할 때
- 스위트 와인(Sweet Wine) : 주로 화이트 와인에 해당되며, 와인 속에 단맛이 남아 있어 단맛을 느낄 때

와인 테이스팅 순서는 드라이한 것에서 스위트한 것으로, 덜 숙성된 것에서 오래된 것으로, 화이트 와인에서 레드 와인으로 한다.

(6) 호스트 테이스팅(Host Tasting)

손님을 초대해 놓고 초대한 손님보다 먼저 맛보는 것이 호스트 테이스팅이다. 언제부터인지는 자세히 기록되어 있지는 않지만, 아주 옛날에 와인의 보관방법이 서툴러 와인의 맛이 잘 변해서 손님을 초대한 주인이 와인을 대접하기 전에 먼저 맛을 보던 것이 중세 봉건시대로 접어들면서는 정적에 가까운 다른 지역의 성주를 초대하여 와인에 독을 타서

독살하는 데 이용하였다고 한다. 이에 이 와인에는 독이 없다는 것을 나타내기 위해 호스트가 먼저 테이스팅하던 것이 유리병이나 코르크 마개가 사용되기 전의 근세에는 병의 입구를 나무마개나 아마포로 싸고 공기의 유입을 막기 위해 기름을 둘렀는데, 때문에 그 와인의 첫 잔에 기름이 둥둥 뜨는 관계로 주인이 먼저 마셨다고 한다.

현대에는 모든 기술이 거의 최상에 이르렀다고 할 수 있으나, 역시 와인은 살아 숨쉬는 음료이기에 환경변화에 민감하다. 운반 중이거나 보관 중에 잘못 취급하면 와인에 변질이 올 수 있다. 단순히 이러한 것을 식별하기 위해서 테이스팅을 한다. 와인이 변질된 것을 흔히들 상했다거나 부패했다고 하는데, 와인은 보관이 잘못되었을 경우 식초화될 뿐이지 아주 썩는 것은 없다고 한다.

주의해야 할 점은 호스트 테이스팅 후 본래 그 와인의 맛이 아니고 변질된 듯하면 새로운 것으로 교환할 수도 있지만, 단순히 그 와인의 맛이 마음에 들지 않는다는 이유만으로는 다른 와인으로 바꿀 수 없다. 자기의 기호대로 차가운 정도를 가감할 수는 있다.

3) 와인과 건강

포도 이외에는 다른 원료가 전혀 들어 있지 않기 때문에 와인에는 어떤 종류의 술보다 영양성분이 많이 함유되어 있다. 비타민과 무기질은 물론이고, 살균작용으로 인해 위장치료에 탁월한 타닌성분 등 인체에 유익한 수백 가지의 성분이 와인 한 잔에 들어 있다.

식사와 함께라면 가장 이상적인 양은 150~300mL 정도인데, 글라스 한두 잔 정도 되는 양이다. 함께 식사를 하면 입맛과 분위기가 고조되고, 식사 후에 깊은 숙면을 취할 수 있다.

(1) 비타민

와인은 비타민을 소량 함유하고 있다. 그러나 적은 양의 비타민이지만 영양학적으로 중요한 역할을 하기에 충분하다. 와인에 함유된 비타민은 와인의 숙성과정에서나 포도 자체로부터 생겨난 것이다.

(2) 무기질

많은 무기질이 천연적으로 와인에 함유되어 있다. 와인에 포함된 무기질은 포도를 재배하는 토양의 구성성분이나 포도의 종류, 와인의 제조과정에서 생기는 다양한 종류들이다. 포도주 1 ℓ 당 약 100mg 정도의 나트륨이 함유되어 있다. 이러한 구성은 이뇨제나 염분섭취를 제한하는 사람들에게 안전하게 이용된다.

1/2 ℓ 의 와인은 하루 권장량인 칼슘의 3%, 구리 5%, 철 15%, 요오드 25%, 마그네슘 85%, 인 2%, 아연 6%를 제공한다. 와인은 크롬과 실리콘 같은 미량원소를 많이 포함한다. 1980년에 Parr와 Jennings는 무기질이 결핍되면 관상심장병에 의한 사망률이 증가한다고 보고하였다.

1979년 레제(St. Leger)는 와인을 많이 마시면 심장병의 발생률이 줄어든다는 이론을 발표했다.

또한 와인은 철분의 결핍으로 생기는 빈혈증의 치료에 좋고 채식자에게는 무기질의 흡수를 돕는다고 하여 의사들로부터 추천된 음료이다. 1985년 Bezwoda는 화이트 와인에 포함된 철분의 양은 12%로 알코올용액에서 얻은 철보다 4배나 많다는 것을 발표했다.

버클리(Berkeley)에서 많은 실험을 한 맥도날드(McDonald)는 1981년에 와인은 칼슘, 마그네슘, 아연, 인, 철과 같은 무기질의 흡수를 증가시킨다고 발표했다. 한편, 와인은 소화흡수를 돕는다. 테이블 와인은 위액과 비슷한 PH 3.5 정도이다. 와인은 가스트린 호르몬의 분비를 증가시키는 것으로 알려져 있는데, 가스트린의 증가는 소화작용을 촉진시킨다.

과학적 연구결과 전통적으로 식사 때만 사용한 와인이 다음과 같은 많은 유익함이 있다고 한다.
• 낮은 혈중 알코올의 알칼리성 음료이다.

- 영양소의 흡수를 증가시킨다.
- 와인은 영양가가 있다.
- 소화작용을 촉진시킨다.

(3) 긴장감 해소

레드와인에는 폴리페놀계의 한 성분인 레스베라트롤(Resveratrol)이 숙면을 도와주며 긴장감을 풀어주는 효과가 있다. 와인에 있는 이러한 물질들은 뇌의 이완작용을 돕는 것으로 보인다.

8. 와인 취급법 및 서비스방법

1) 와인의 보관

와인의 보관은 사실 쉬운 것이 아니다. 오랜 세월 동안 많은 와인산업 관련자들이 연구를 통해 최상의 상태로서 얼마나 오래 보관될 수 있는가를 연구해 왔다. 한때는 와인 제조업자들이 와인 병을 보관하고 있다가 마시기에 적절한 때가 되면 판매하기도 했지만, 와인 제조업자들은 와인보관에 들어가는 지속적인 창고비용과 자금회전 등의 이유로 인하여 요즈음은 비교적 적절한 병 숙성기간 전에 출하하는 경우가 대부분이다. 이러할 때 최적의 상태로 와

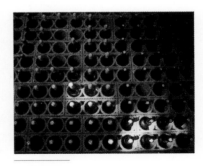

포도주 저장고

인을 마시려면 저장 시 적절한 보관상의 규정이나 상태를 준수해야 한다.

지하 저장고가 있다면 훨씬 매력적이고 실용적일 것이다. 와인 저장 시 주의해야 할 사항은 다음과 같다. 적절한 온도와 습도, 그리고 적은 진동과 안전이 보장되어야 하고, 코르크가 항상 젖어 있도록 눕혀져 있어야 한다.

호텔 등 고급 프랑스 식당에서는 와인 냉장고나 와인 저장실을 이용, 보관하고 있

으나, 일반 가정에서는 찬장이나 벽장 또는 햇볕이 들지 않는 다용도실 등을 이용하여 보관하면 실용적일 것이다.

가정에서는 온도변화가 많으므로 오래 보관하는 것보다는 몇 주 또는 몇 달 안에 빨리 마시는 것이 좋고, 보관할 경우 레드 와인은 실내온도(될 수 있으면 17~19℃)로 선반에 보관하고 화이트 와인은 냉장고에 보관한다.

와인을 보관할 때 코르크가 와인과 접촉되게 옆으로 눕혀 놓는다. 이렇게 함으로써 코르크가 마르고 수축하는 것을 막을 수 있다. 꼭 맞는 코르크는 와인에 공기가 들어가지 않게 하고 너무 빨리 익지 않게 한다. 먹다 남은 와인은 3~4일 동안은 마실 만하나, 남은 와인은 요리의 재료로 사용하면 좋다.

(1) 온도(Temperature)

약 12℃ 정도의 일정한 온도가 이상적이다. 10~15℃ 사이의 일정치 않은 온도도 그 변화가 느리고 고정된 것이라면 괜찮다.

온도가 10℃ 이하로 내려가면 정상적인 숙성이 늦어지고 더 낮은 온도가 지속되면 병 안의 코르크 마개를 위로 밀어 올려 와인 속에 많은 공기가 들어가게 되는 원인이 된다. 또한 15℃ 이상의 온도로 올라가면 와인이 빨리 숙성하여 적절하고도 복잡한 와인의 향 및 맛에 영향을 미치고 더 높은 온도가 지속되면 와인은 빨리 산화되어 결국은 요리의 재료로밖에 쓸 수 없을 것이다.

10℃의 온도에서보다도 20℃의 온도에서 와인은 약 2배의 숙성속도를 가진다. 와인 저장고의 온도는 특히 일교차에 주의해야 한다.

(2) 진동(Vibration)

와인 속의 찌꺼기가 떠오르는 것을 막고 코르크가 풀어지는 것을 방지하기 위해 진동은 최소화해야 한다. 이러한 미세한 진동을 방지하기 위하여 요즘에는 고무로 된 와인 보관 랙(rack)을 사용하기도 한다. 특히 레드 와인이나 스파클링 와인 등을 손으로 운반할 때나 테이블 서비스할 때 흔들리지 않도록 조심스럽게 다루어야 한다.

(3) 음지(Darkness)

햇볕에 심하게 노출되면 병의 온도가 급속히 올라간다. 화이트 와인의 경우 더욱 민감하기 때문에 색깔 있는 병을 사용하는 것이다. 또한 햇볕은 하루에 많은 일교차를 일으키게 된다. 이러한 이유로 포도주는 어두운 곳에 저장하는 것이 원칙이다. 그러나 전등의 불빛은 와인에 영향을 주지 않는다.

(4) 습도(Humidity)

찬바람은 습기가 있는 바람이다. 따라서 저장소의 온도가 낮다면 습도는 적당할 것이다. 일반적으로 습도의 상태가 기분이 좋을 정도면 와인에도 적당하다.

70~80% 정도의 습도는 병 마개를 건조시키지 않으며, 캡슐이나 라벨을 손상시키지 않는다.

습도가 너무 낮으면 와인의 코르크가 말라버려 그 사이로 많은 공기가 유입되어 와인이 빨리 변하고, 습도가 너무 높으면 곰팡이가 코르크 마개에 기생하여 와인에 곰팡이 냄새를 스며들게 하여 와인의 질을 떨어뜨리고 와인라벨도 곰팡이로 인하여 알아볼 수 없게 만들어 와인의 상품적 가치를 떨어뜨린다.

2) 와인과 글라스

많은 와인 애호가들은 "와인의 맛은 글라스의 맛이다"라고 표현할 정도로 글라스의 중요성을 강조한다. 다소 과장된 표현처럼 느껴지지만 그만큼 글라스에 따라 향과 맛이 다르게 표현되기 때문이다. 매우 섬세하고 다양한 와인의 향은 숙성을 통해 스스로 변화를 이어가면서 자신의 캐릭터를 지킨다. 이러한 와인의 진면모를 느끼기 위해서는 향과 맛의 크기나 강도를 잘 담아낼 수 있는 글라스라야 한다.

와인 글라스

❶ **립(Lip)** : 와인을 마실 때 입술이 닿는 부분. 립부분의 둘레는 보울부분보다 지름이 적은데, 이는 와인의 향을 가능한 한 잔 속에 오래 보존할 수 있게 하기 위해서이다.

❷ **보울(Bowl)** : 와인 잔의 몸통부분. 와인은 와인 잔의 1/3 정도만 채우는 것이 좋은데, 와인의 향을 맡으려고 와인 잔을 돌릴 때 흘릴 염려가 없으며, 나머지 공간을 와인의 향으로 가득 채울 수 있기 때문이다.

❸ **스템(Stem)** : 손으로 잡는 부분. 스템이 길면 체온이 와인에 영향을 미치지 않으며, 와인의 색을 관찰할 때 손이 방해가 되지 않는다.

❹ **베이스(Base)** : 와인 잔의 받침부분

※ 다음은 다양한 와인 글라스의 모양과 특징이다.

(1) 샴페인 또는 스파클링 와인(Champagne and Sparkling Wines)

스파클링 와인 글라스는 좁고 길쭉한 튤립모양으로 와인의 탄산가스가 오래 보존될 수 있고 거품이 올라오는 것을 감상하며 즐길 수 있다. 글라스 입구가 얇아야 입에서 와인의 섬세하고 상쾌한 차가운 맛을 느낄 수 있다.

(2) 가벼운 화이트 와인(Light White Wines)

비교적 입구가 좁고 작은 글라스는 와인을 오픈하였을 때 처음으로 풍기는 꽃의 향과 그윽한 과일의 향기를 가진 라이트, 미디엄-헤비 화이트 와인에 이상적이다. 작은 크기의 글라스는 와인의 강한 향을 모아주고 그동안에 혀는 부드러운 과일향을 음미할 수 있게 해준다. 라이트 화이트 와인 글라스는 상세르(Sancerre), 소아베(Soave), 삐노 블랑(Pinot Blanc), 그리지오(Grigio), 리슬링(Riesling), 그뤼너(Grüner), 펠트리너(Veltliner) 품종에 이상적이다.

(3) 묵직한 화이트 와인(Full-Body White Wines)

비교적 입구가 넓어서 공기와의 접촉이 용이하며 풀바디 화이트 와인에 적합하다. 잘 숙성된 화이트 와인의 풍부한 과일향이 살아나는 풍미를 느낄 수 있도록 디자인되었으며, 이 글라스는 샤르도네(Chardonnay), 쇼비뇽(Sauvignon), 리슬링(Riesling), 슈패트레제(Spätlese) 와인을 마시기에 적합하다.

(4) 타닌이 적은 레드 와인(Red Wines That are Low in Tannin)

부르고뉴 레드 와인 잔은 보르도 와인 잔보다 약간 짧고 뚱뚱하다. 특히 보울부분이 볼록하고 잔 입구도 갈수록 점점 좁아진다. 보울이 넓으면 공기와 접촉하는 와인의 면적이 넓어지므로 와인의 향을 더욱 풍부하게 맡을 수 있다. 프랑스 부르고뉴 와인이나 바르베라(Barbera), 가메(Gamay), 블라우프랜키슈(Blaufränkisch), 삐노타지(Pinotage) 등은 이 잔에 담았을 때 와인의 풍미를 최대한 발산한다.

(5) 타닌이 풍부한 레드 와인(Tannin-Rich Red Wines)

글라스가 높은 전형적인 굴뚝모양으로 와인의 향기를 더욱 풍성하게 느낄 수 있도록 해준다. 프랑스 보르도 스타일의 와인처럼 타닌이 강한 와인을 위해 고안되었는데, 타닌의 텁텁함을 줄이고 과일향과 조화를 이룰 수 있도록 글라스의 경사각이 완만하다. 와인이 혀끝부터 안쪽으로 넓게 퍼질 수 있도록 입구 경사각이 작다. 또한 와인이 숨쉴 수 있는 공간을 확보해 줌으로써 다양한 부케와 풍부한 아로마를 느낄 수 있게 해준다.

이 글라스는 보르도 영 와인이나 리오하(Rioja), 끼안티(Chianti) 와인을 마시기에 적합하다.

(6) 묵직한 레드 와인(Heavy Red Wines)

보울부분이 볼록하고 잔 입구는 갈수록 점점 좁아진다. 보울이 넓으면 공기와 접촉하는 와인의 면적이 넓어지므로 와인의 향을 더욱 풍부하게 맡을 수 있다. 부르고뉴의 잘 숙성된 와인이나 바롤로(Barolo), 브루넬로 디 몬탈치노(Brunello di Montalcino), 시라(Syrah) 등에 이상적인 글라스이다.

(7) 디저트 와인(Dessert Wines)

디저트 와인 글라스는 비교적 작으며 소량의 와인을 한 모금씩 즐기기에 적합하다. 달콤한 디저트 와인에서 느낄 수 있는 진한 과일향을 음미할 수 있으며 미세한 아로마와 복합적인 맛에 새로운 느낌을 전달해 준다. 이것은 쏘테른(Sauternes), 아우스레제(Auslese) 와인을 마시기에 적합하다.

(8) 셰리 또는 포트 와인(Sherry or Port Wine)

포트(Port), 셰리(Sherry), 마데이라(Madeira), 마르살라(Marsala)는 알코올도수가 18% 이상의 강한 끝마무리 와인이다. 따라서 알코올도수가 높기 때문에 조금씩 마실 수 있도록 잔이 작은 편인데(ISO 기준 120밀리리터) 이 작고 좁은 글라스는 알코올과 부케향이 증발하는 것을 방지해 주기 때문에 강한 풍미를 느낄 수 있다.

3) 와인 오픈 요령

(1) Red Wine Opening

① 와인을 주문한 손님에게 와인의 상표를 확인시키기 위하여 상표가 손님을 향하게 하여 고객의 좌측에서 보여드린다.
② 코르크 스크류에 있는 칼을 이용하여 병목의 캡슐 윗부분을 제거한 후, 서비스

냅킨으로 병 마개 주위를 잘 닦는다.

③ 코르크 스크류 끝을 코르크의 중앙에 대고 천천히 돌려 넣은 후 두 단계 스텝으로 코르크가 병목의 1/4 정도 걸려 있을 때까지 빼낸다(코르크를 완전히 통과하여 코르크 조각이 술병 안으로 떨어져서는 안된다).

④ 코르크를 손으로 잡고 살며시 돌리면서 천천히 소리나지 않게 빼낸다(와인이 튈 수 있음).

⑤ 코르크의 냄새를 맡아 이상 유무를 확인한 후 손님이 확인할 수 있도록 접시 위에 얹어서 보여드린다.

⑥ 서브하기 전에 서비스 냅킨으로 병목 안팎을 깨끗이 닦는다.

⑦ 주문한 손님에게 확인시켜 드린다.

⑧ 와인을 따른 후 병목을 서비스 냅킨으로 닦아, 술방울이 테이블에 떨어지지 않도록 한다.

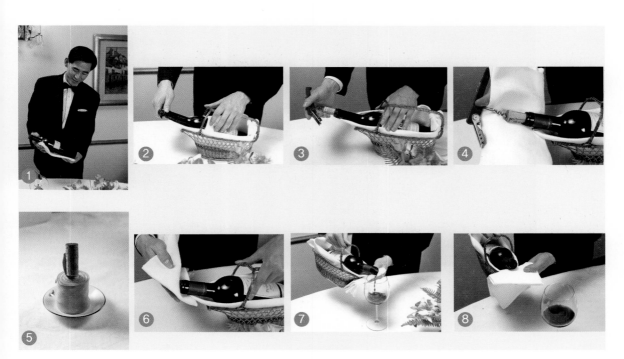

(2) 샴페인 코르크(Champagne Cork) 따는 법

① 병목부분의 띠를 잡아당김으로써 캡슐의 윗부분을 벗겨낸다.

② 노출된 와이어 네트의 잠금쇠를 푼다.

③ 왼손 엄지손가락으로 코르크의 윗부분을 누르면서 와이어 네트를 완전히 벗겨낸다.

④ 손을 바꾸어 오른손 엄지손가락으로 코르크가 순간적으로 튀어나오지 않도록 눌러준다.

⑤ 왼손으로 병목부분을 잡고 오른손으로 약간씩 좌우로 비튼다.

⑥ 코르크가 순간적으로 튕겨 나가는 것을 방지하기 위해 오른손으로 코르크를 견고하게 잡고 서서히 열어준다.

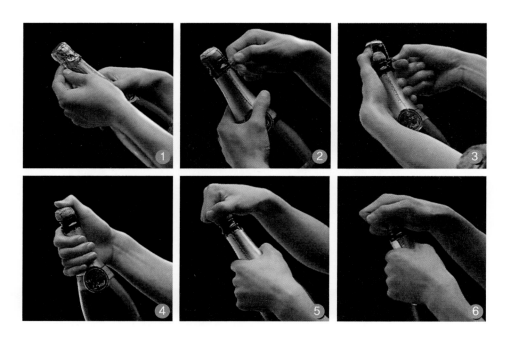

4) 디캔팅(Decanting)

(1) 디캔팅은 무엇이며 왜 하는가?

디캔팅은 병으로부터 와인을 따를 때 침전물이 잔에 흘러들지 않도록 미리 앙금이 없는 부분의 와인을 다른 유리용기(디캔터)에 따르는 작업을 말한다.

디캔터

(2) 디캔팅이 필요한 와인은?

첫째 : 오랜 숙성을 거친 고급와인은 침전물이 많이 생긴다. 침전물이 많은 경우 처음 마실 때와 마지막 마실 때 다른 맛이 나기도 하는데, 이것을 방지하기 위해 디캔팅이 필요하다.

둘째 : 숙성이 덜 된 거친 와인의 경우 공기와 접촉하면서 맛이 부드러워질 수 있으므로 디캔팅을 한다.

※ 와인을 공기에 쏘아주는 것을 브리딩(Breathing)이라고 한다.

셋째 : 디캔팅은 Red Wine에만 필요한 작업이다.

● 디캔팅 순서

① 코르크 스크류에 달린 칼로 캡슐을 완전히 제거한다.

② 코르크를 뽑는다.

③ 병목 안팎을 깨끗이 닦는다.

④ 촛불을 켠 다음 와인 바스켓에서 조심스럽게 와인 병을 꺼낸 후 왼손으로 병을 잡고, 오른손으로 와인 병을 잡은 후 와인 병의 어깨쯤에 촛불의 불꽃이 비치도록 하여 와인을 따른다. 이때 찌꺼기가 나타나면 중지한다.

5) 와인 서비스

(1) 레드 와인 서비스(와인 바스켓을 이용)

① 와인 바스켓에 냅킨을 깔고 레드 와인을 눕힌다.

② 손님에게 주문한 상표를 확인시킨다.

③ 왼손으로 바스켓을 잘 잡고 오른손으로 코르크 나이프를 이용하여 캡슐을 제거한다.

④ 냅킨으로 병목 주위를 닦은 다음 코르크 스크류를 코르크에 돌려 넣는다. 이때 병이 움직이지 않게 조심스럽게 다루어야 한다.

⑤ 받침대를 이용, 왼손으로 받침대를 고정시키고 천천히 오른손으로 빼낸다.

⑥ 다시 병목 안팎을 깨끗이 닦은 다음 서브한다.

⑦ 서브 요령은 바스켓을 오른손의 엄지손가락과 가운데손가락 사이에 끼워 잡고 집게손가락으로 병을 살짝 누르면서 잡는다.

⑧ 주문한 손님(Most)께 먼저 맛을 보게 한 다음 좋다는 승낙이 있으면 사회적인 지위나 성별, 연령을 참작하여 서브하는 것이 일반원칙이다.

⑨ 글라스와 술병의 높이는 약간 떨어지게 하여 스탠더드급 글라스의 1/2~2/3 정도 서브하고 병을 약간 돌리면서 세운다.

⑩ 이때 서비스 냅킨을 쥐고 있는 왼손은 가볍게 뒤쪽 허리 등에 붙이고 서브한다.

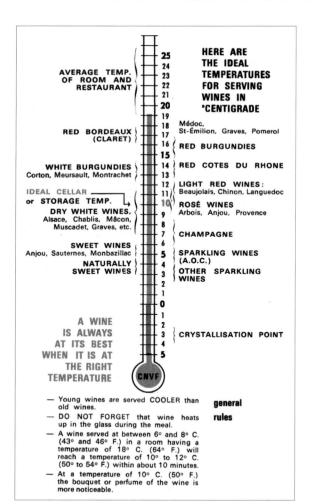

⑪ 서브가 끝날 때마다 술병을 조심스럽게 서비스 타월로 닦아 술방울이 테이블이나 손님에게 떨어지지 않도록 주의한다.

(2) 화이트 와인 서비스

① 적절한 온도를 유지하기 위하여 화이트 와인은 얼음과 물이 채워진 와인 쿨러나 냉장고에 넣어두어야 한다.

② 병 마개는 손님 앞에 준비된 와인 쿨러 속에서 따야 한다.

③ 고객에게 프레젠테이션(Presentation) 및 오프닝(Opening)을 하는 것은 위에서 설명한 '와인 병을 오픈하는 요령'에 따라 실시하며, 와인 서비스 시 글라스와 와인 병의 높이는 일반적으로 와인의 종류에 따라 다르며 보통 2~3cm가 적당하다.

(3) 샴페인(Champagne) 서비스

① 와인 쿨러에 물과 얼음을 넣고 샴페인 병을 넣어 차갑게 한 다음 서브한다.

② 샴페인 병을 들어 손님의 좌측에서 상표를 확인시킨다. 이때 물기가 떨어지지 않게 서비스 타월을 술병 밑바닥에 댄다.

③ 왼손 엄지손가락은 병 마개를 누르면서 오른손으로 은박이나 금박의 포장지 윗부분을 벗긴다.

샴페인 버킷

④ 왼손 엄지손가락은 계속 병 마개를 누르면서 감겨진 철사를 푼다.

⑤ 왼손으로 와인 쿨러 속에 있는 병을 꽉 잡고 오른손으로 코르크를 소리나지 않도록 조심스럽게 빼낸다.

⑥ 병의 물기를 제거한 다음 오른손 엄지손가락을 병 밑 쪽 파인 곳에 넣어 나머지 손가락으로 병을 잡고 왼손 집게손가락으로 병목부분을 받치고 따른다.

⑦ 글라스와 병의 높이는 약 3~5cm 정도가 적당하다.

⑧ 샴페인 서브 시 ⑥번과 같은 방법을 취하지 않을 때에는 서비스 냅킨을 든 왼손은 등 뒤로 붙인다.

⑨ 매 서브 후 서비스 냅킨으로 병목의 물기를 조심스럽게 닦아 술이 테이블이나 손님에게 떨어지는 것을 방지한다.

포도주의 서빙

포도주를 고르고 성심껏 보관할 줄 아는 것으로는 충분하지가 않다. 포도주가 줄 수 있는 모든 즐거움을 느끼기 위해서는 그것을 섬세하게 다루고 숙성도를 잘 살필 줄 알아야 한다.

 잔의 선택
손의 온기가 포도주에 전이되지 않도록 잔에 Stem이 있는 것이 좋다.
잔은 얇고 투명하며 포도주의 특성에 잘 맞는 것이어야 한다.

무감미 백포도	8~10도	영 와인 스타일의 적포도주	12~14도
감미 백포도주	6~8도	오래 묵은 적포도주	16~19도
로제 포도주	10~12도	거품이 있는 포도주	6~8도

 온도
각 포도주에는 포도주가 가장 잘 표현되는 이상적인 서빙온도가 있다.
너무 낮은 온도는 혀의 돌기를 마비시키고, 포도주의 향을 느끼지 못하게 하며, 타닌을 거칠게 만든다. 너무 높은 온도는 불균형의 느낌을 주어 포도주에 알코올도수가 너무 높게 느껴지게 하고, 무겁고 걸쭉한 느낌을 주게 된다.
와인을 올바르게 마실 줄 아는 것은 현명하고 절제된 식습관의 표현이다.

쉽 게 풀 어 쓴 양 조 학

각국의 와인

Chapter

4

4 각국의 와인

1. 프랑스 와인(French Wine)

'Wine' 하면 가장 먼저 떠올릴 정도로 세계적으로 유명한 와인 생산국 프랑스는 그리스시대부터 로마시대에 이르기까지 계속해서 포도의 생산을 장려했다. 그 후 프랑스의 포도는 기원전 500년경에 프랑스 남부 지중해 연안으로 전래되었다. 이후 점차 프랑스 전역으로 전파되었다.

4세기 초(313년) 로마의 콘스탄티누스 황제의 기독교 공인 이후 종교행사에 와인이 사용된 이후부터 포도의 재배는 더욱 확산되었고, 12세기경에는 프랑스 와인이 인기상품으로 이웃 나라에 수출되기까지 했다. 18세기에는 유리병과 코르크 마개의 사용으로 와인의 판매와 유통경로가 더욱 다양해졌다. 19세기에는 철도의 가설로 인해서 남부의 와인산업은 더욱 발전했고 북부의 포도밭은 퇴조했다.

그러나 1864년 '필록세라(Phylloxera)'라는 포도나무뿌리 진딧물의 침입으로 인하여 프랑스의 모든 포도밭이 황폐해졌다. 그러다가 19세기 후반에 들어서면서부터 미국의 포도 묘목과 접목함으로써 필록세라 문제가 해결되어 1930년대에는 포도 생산량이 최대에 이르렀다. 현재 프랑스에서는 연간 약 4,300만 헥토리터 정도의 와

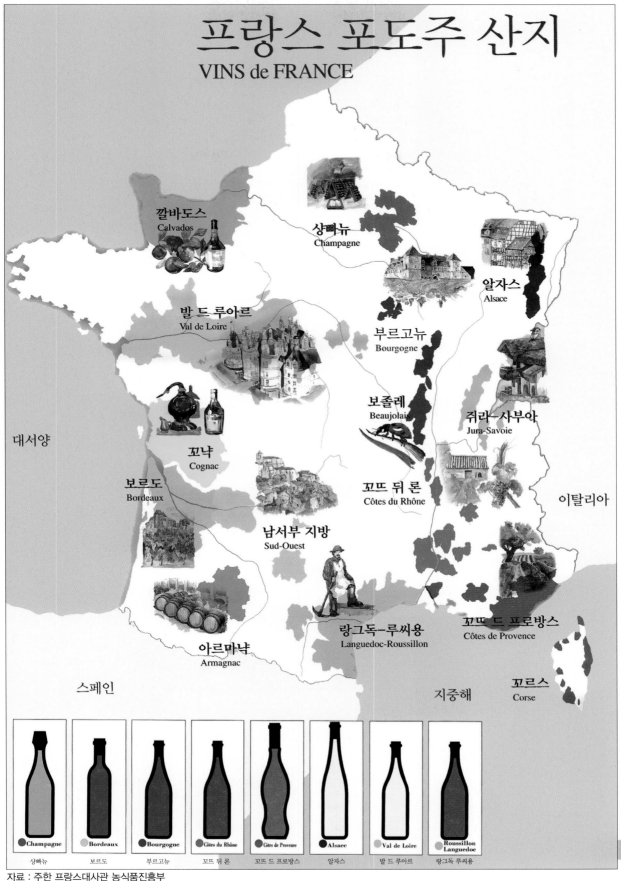

프랑스 포도주 산지
VINS de FRANCE

깔바도스
Calvados

샹빼뉴
Champagne

알자스
Alsace

발 드 루아르
Val de Loire

부르고뉴
Bourgogne

보졸레
Beaujolais

쥐라~사부아
Jura-Savoie

꼬냑
Cognac

꼬뜨 뒤 론
Côtes du Rhône

대서양

이탈리아

보르도
Bordeaux

남서부 지방
Sud-Ouest

꼬뜨 드 프로방스
Côtes de Provence

랑그독~루씨용
Languedoc-Roussillon

아르마냑
Armagnac

스페인

지중해

꼬르스
Corse

Champagne	Bordeaux	Bourgogne	Côtes du Rhône	Côtes de Provence	Alsace	Val de Loire	Roussillon Languedoc
샹빼뉴	보르도	부르고뉴	꼬뜨 뒤 론	꼬뜨 드 프로방스	알자스	발 드 루아르	랑그독 루씨용

자료 : 주한 프랑스대사관 농식품진흥부

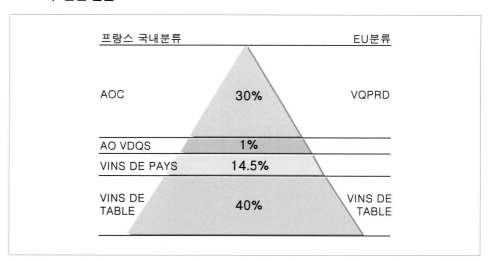

인을 생산하며, 1인당 연간 약 67리터의 와인을 마신다고 한다. 프랑스는 1935년 와인에 관한 규정(A.O.C. 규정)을 만들어서 고급와인을 특별히 분리했고, 1949년에는 V.D.Q.S.에 관한 규정을 추가했으며, 1979년 뱅 드 뻬이(Vins de Pays)와 뱅 드 따블(Vins de Table)에 관한 규정을 신설하여 와인을 등급별로 관리해 오고 있다.

1) 프랑스 와인에 관한 법률

■ 포도주 관련 법률

프랑스 국내분류 / EU분류

AOC	30%	VQPRD
AO VDQS	1%	
VINS DE PAYS	14.5%	
VINS DE TABLE	40%	VINS DE TABLE

Quality Wine(품질이 우수한 와인)		Table Wine	
최상급	상급	지방(지역) 와인	테이블 와인
AOC	VDQS	VdP(Vin de Pays)	VdT(Vin de Table)
전체 생산량의 30%	전체 생산량의 1%	14.5%	40%

※ 여기에 코냑과 아르마냑의 증류를 위해 양조하는 포도주의 양은 포함되지 않으나, 이 포도주들의 양은 대략 10~15% 정도이다.

(1) 아뻴라시옹 도리진 꽁뜨롤레(Appellation d'Origine Controlée : A.O.C. 원산지 통제 명칭 포도주)

전국원산지명칭협회(INAO)가 정하고 농림부령으로 공인된 생산조건을 만족시키는 포도주이다. V.D.Q.S. 규정보다 더 엄격한 A.O.C. 규정은 다음의 기준에 관한 것이다.

와인의 생산지역, 포도품종, 최저 알코올 함유량, 1헥타르당 최대 수확량, 포도 재배방법, 단위면적당 포도수확량 등을 엄격히 관리하여 기준에 맞는 와인에만 그 지역 명칭을 붙일 수 있도록 규정하고 있다. A.O.C. 포도주가 되려면 분석시험과 시음 검사를 거쳐야 한다.

시음검사에 합격한 포도주는 A.O.C. 인가증명서를 발부받는다. INAO가 발행하는 이 증명서는 포도주가 해당 A.O.C. 명칭하에 시장에 출하되도록 허락해 준다. 인가받지 않은 포도주는 A.O.C. 명칭으로 판매될 수 없다.

매우 엄격한 A.O.C. 법규는 원산지 통제 명칭 포도주의 품질을 보장한다.

• A.O.C. 포도주 의무 기재사항
❶ 원산지 명칭
❷ 'Appellation Controlée' 중간에 원산지명을 명기한다(Appellation Bordeaux Controlée). 단 샹빠뉴의 경우에는 의무 기재사항이 아니다.
❸ 병입자의 이름과 주소 : 이 병입자는 법적으로 포도주에 대한 책임자로서 간주된다.
❹ 병의 용량을 밀리리터(㎖)로 기재
❺ 알코올함량을 %로 기재

• 임의 기재사항
❻ 상표명이나 생산자명
❼ '소유주가 병입함' 표기(도멘느명, 샤또명, 생산지명 등). 이러한 기재들은 포도주가 포도를 수확한 장소나 인근 지역에서 양조되어 병입된 경우에만 해당된다.
❽ 수확연도

(2) 뱅 델리미떼 드 꺌리떼 쉬뻬리외르(Vin Délimitéde Qualité Supérieuré; V.D.Q.S.; 원산지 명칭-우수품질 제한 포도주)

이 포도주는 전국원산지명칭협회(INAO)의 엄격한 규제와 감시 아래 생산된다. 우수품질 제한 포도주 관계 규정은 와인의 생산지역, 포도품종, 최저 알코올 함유량, 포도주 분석 전문가로 구성된 공인위원회가 행한 시음 등에 관하여 농림부령이 정한 조건을 만족시키는 포도주에 대해서 포도 재배조합이 상표를 발행해 주도록 정하고 있다. V.D.Q.S. 상표 발행은 최종적으로 시음위원회에 의해 결정된다.

- **• V.D.Q.S. 포도주 의무 기재사항**
- ❶ 원산지 명칭
- ❷ "Appellation d'Origine-Vin Délimitéde QualitéSupérieuré" 원산지 명칭 바로 아래에 한 줄 또는 두 줄로 기입한다.
- ❸ 병입자의 이름과 주소
- ❹ 센티리터(cℓ), 또는 밀리리터(mℓ)로 표시한 순(純)용량(용기가 실제로 담고 있는 액체량)
- ❺ '%, vol.'로 표시된 알코올함량. 이의 기입은 EU 내에서 유통되는 포도주의 라벨에 대해서 1988년 5월 1일부터 의무화되었다.
- ❻ 검사번호가 적힌 V.D.Q.S. 보증상표
- **• 임의 기재사항**
- ❼ 병입된 포도원명 기재

(3) 뱅 드 뻬이(Vins de Pays)

뱅 드 뻬이란 뱅 드 따블 중에서 산지를 명시할 수 있는 선발된 포도주이다. 뱅 드 뻬이의 칭호를 사용하려면 다음의 품질기준을 만족시켜야 한다.

① 권장 포도품종만을 사용하여야 하며, 한정된 지역(도(道), 도 내의 특정지역, 여러 도를 합친 지방)에서 생산되어야만 한다. 포도주는 이 지역의 이름을 갖게 된다.

② 자연 알코올함유량이 지중해 지방에서는 10%, 그 외의 지역에서는 지역에 따라 9.5% 또는 9% 이상이어야 한다.

③ 분석상의 특성과 시음상의 특징이 기준을 만족시켜야 하며, 이는 전국포도주동업자연합회(ONIVINS)가 승인한 시음위원회에 의해 감정된다.

- VdP 포도주 의무 기재사항
❶ 'Vin de Pays' 표기와 함께 생산지역의 지리적 단위명이 따른다.
❷ 병입자의 이름과 주소(포도주명이 마을명으로 A.O.C.와 비슷하여 혼동될 경우 우편번호를 기재한다.)
❸ 병의 용량을 센티리터(cℓ) 또는 밀리리터(㎖)로 기재
❹ 알코올함량을 %로 기재

(4) 뱅 드 따블(Vins de Table)

이 포도주의 알코올함유량은 생산지역에 따라 8.5% 또는 9% 이상이며 15% 이하여야 한다. 이 포도주가 프랑스산일 경우(단일지방에서 생산된 포도주 또는 여러 지방에서 생산된 포도주의 혼성)에는 '프랑스산 뱅 드 따블(Vin de Table Francais)'이라는 칭호를 사용할 수 있다.

뱅 드 따블은 일상 소비용 포도주로서 일반적으로 생산방법에 따라 품질이 다른 일정한 맛을 지닌 혼성주이다. 1988년 5월까지는 유일하게 이 포도주에 대해서만 알코올함량(%)이나 알코올도수를 라벨에 의무적으로 기재하도록 하였다.

① 수확연도는 테이블 와인에는 금지되어 있는 사항이다.

- VdT 포도주 의무 기재사항
❶ 프랑스에서 생산 양조된 포도주의 경우 : 프랑스 내수용이면 'Vin de Table de France' 또는 'Vin de Table de Francais'(모두 '프랑스 뱅 드 따블'이라는 의미임) 사항은 판독 가능한 문자로 기재되어야 한다.
❷ 병입한 회사의 이름과 본사 주소
❸ 리터(ℓ), 센티리터(cℓ) 또는 밀리리터(㎖)로 표시한다.
❹ 알코올함량을 %로 기재

- 임의 기재사항
사실의 경우에만 허가되어 있다.
❺ 상표명

② 포도주의 라벨 위에 기재된 품종명은 그 포도주가 기재된 품종 하나로만 100%로 만들어졌다는 뜻이다.

③ 프랑스산이라는 기재사항은 수출 시 몇 나라에서 요구하므로 반드시 기재해야 한다.

④ 샹빠뉴 포도주에는 포도주의 타입(브릿, 드미 쎅, 두…)을 반드시 기재해야 한다.

2) 프랑스 유명 와인산지의 분류

보르도 (Bordeaux)	메독(Médoc) 그라브(Grave) 쏘테른느와 바르싹(Sauternes et Barsac) 쌩떼밀리옹(St.-Émillion) 뽀므롤(Pomerol) 프롱싹(Fronsac)
부르고뉴 (Bourgogne)	샤블리(Chablis) 꼬뜨 도르(Côtes d'Or) 꼬뜨 샬로네즈(Côte Châlonnaise) 마꼬네(Mâconnais) 보졸레(Beaujolais)
발레 뒤 론 (Vallee du Rh□ne)	꼬뜨 뒤 론(Côtes du Rhône) 북부 꼬뜨 뒤 론(Côtes du Rhône) 남부
발 드 루아르 (Val de Loire)	뻬이 낭트(Pays Nantais) 당주(d'Anjou) 뚜렌느(Touraine) 뿌이-쉬르-루아르(Pouilly-sur-Loire) 상세르(Sancerre)
알자스(Alsace)	콜마(Colmar) 북부 콜마(Colmar) 남부
샹빠뉴(Champagne)	몽따뉴 드 르앙스(Montagne de Reims) 발레 드 라 마르느(Vallée de la Marne) 꼬뜨 데 블랑(Côte des Blanc) 오브(Aube)
프로방스(Provence)	꼬뜨 드 프로방스(Côtes de Provence)

3) 보르도(Bordeaux) 지역

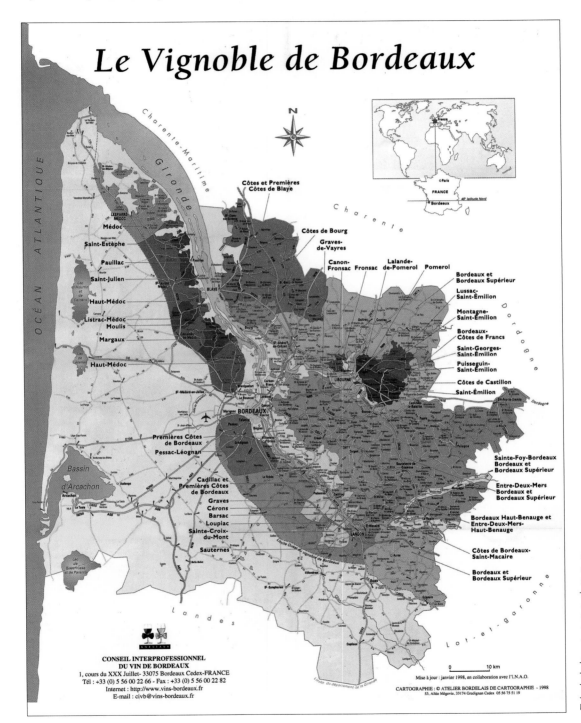

보르도의 와인산지는 프랑스 남서부에 위치한 보르도시 주변에 있으며 그 북쪽에 지롱드강이 흐르고 있다. 나지막한 구릉지로 이루어진 이곳은 연간 약 550만 헥토리터의 와인을 생산하여 단일 포도원으로는 세계 최대규모의 재배단지이다. 보르도 지방의 기후는 온화한 대서양기후로서 이 지방의 온도를 조절해 주는 더운 바닷바람인 걸프 스트림과 지롱드강 안으로 들어온 내포(內浦)와 강들이 있고 서풍을 막아주는 랑드 숲으로 인해 이곳 기후는 매우 온화하다.

보르도 포도원
• 포도원 총면적 : 113,000헥타르
• 총생산량 : 5,550,000헥토리터
• 포도주의 색깔별 비율 : 적포도주 82% 로제포도주 3% 백포도주 및 중감미 포도주 15%
• AOC : 57종

주로 레드 와인(82%)을 생산하며 일부 지역에서만 소량의 품질 좋은 화이트 와인을 생산하고 있다.

보르도의 포도주들은 다른 지역과는 달리 각 포도원마다 토양에 맞는 2~3종류의 포도를 재배해서 이를 특색 있게 혼합하여 와인을 만들고 있다.

'샤또(Château)'의 의미?

다른 지방과는 달리 보르도 지방에서 나는 와인에는 '샤또'라는 이름을 붙인 회사가 많다. 원래 프랑스어에서 '샤또'는 '성(城)'이라는 뜻으로 쓰이지만, 와인공장에 쓰는 샤또는 '자체 내에 포도농장을 가진 와인공장'이란 뜻을 가진다. 예를 들면, 샤또 라피뜨-로칠드, 샤또 마고, 샤또 오브리옹 등이 있다. 영어로는 '이스테이트(estate)'라고 표기될 수 있고, 독일어로는 바인구트(Weingut)라고 표기할 수 있다.

샤또 중에는 아주 고색창연한 큰 건물과 넓은 포도원을 가진 곳도 있지만, 건물 하나와 작은 포도원을 가진 작은 샤또도 있다. 보르도 지역에만 대략 수천 개 정도의 샤또가 있다.

샤또 팔머

레드 와인의 포도품종으로는 까베르네 쇼비뇽(Cabernet Sauvignon), 메를로(Merlot), 까베르네 프랑(Cabernet Franc) 등을 사용하고, 화이트 와인용 포도품종으로는 쇼비뇽(Sauvignon), 쎄미용(Semillon), 뮈스까델(Muscadelle) 등이 이용된다.

보르도 와인은 보르도 타입의 병에 담아서 판매되며, 이 병 모양은 프랑스의 다른 지역에서는 거의 사용되지 않고 보르도 지역에서만 사용되므로 병 모양만 봐도 보르도 와인이라는 것을 금방 알 수 있다.

보르도 와인은 맛이 무거우므로 여성적인 와인이라 하고 무게가 있으면서도 산미가 있는 부르고뉴(Bourgogne) 와인은 남성적인 와인이라고 한다. 보르도에서는 프랑스 전국적으로 고급와인에 사용하는 등급인 A.O.C. 이외에 특별한 '와인공장'을 구분하여 별도의 등급을 사용하고 있다. 와인 병을 보면 프리미어 그랑 크뤼(Premiers Grand Crus), 그랑 크뤼(Grand Crus) 등의 라벨이 표기되어 있다.

이 보르도 지역은 다시 몇 개의 중간 크기의 지방으로 구분되는데, 이 지역에는 메독(Medoc), 그라브(Graves), 쏘테른과 바르싹(Sauternes et Barsac), 쌩떼밀리옹(Saint-Émllion), 뽀므롤(Pomerol), 프롱싹(Fronsac) 등이 있다.

(1) 메독(Médoc; 15,000ha)

메독(Médoc)이란 '중간에 위치한 땅'이라는 뜻이다. 왜냐하면, 대서양과 지롱드강의 내포(內浦)에 위치하기 때문이다. 메독(Médoc) 포도원의 독특한 특징은 크룹프라는 자갈, 모래, 조약돌 성분의 조그마한 언덕들이 이어지며 내포를 내려다보고 있다는 것이다.

이러한 척박한 토양은 배수가 뛰어나고 온기가 있어 이 지역의 주품종인 까베르네 쇼비뇽(Cabernet Sauvignon)에게 특히 알맞다.

메독(Médoc) 포도주는 골격이 있고 짜임새가 있으며 오래 보존할 수 있는 적포도주들이다.

메독(Médoc)은 보르도 지역 중에서 가장 유명하며, 다시 8개의 명칭들은 다음과 같다.

오 메독   샤또 투르사 메독

- **2개의 지방명칭 포도주** : 메독(Médoc)과 오메독(Haut-Médoc)이 있는데 메독(Médoc) 포도원의 60%에 해당한다.
- **6개의 마을명칭 포도주** : 쌩떼스테프(St. Estéphe), 뽀이약(Pauillac), 쌩 쥴리앙(St.-Julien), 리스트락-메독(Listrac-Médoc), 물리 엉 메독(Moulis-en-Médoc), 마고(Margaux) 등이다. 메독(Médoc) 포도주는 그랑 크뤼(Grand Grus) 등급의 대상이 되기도 한다.

■ Premiers Crus

샤또(Château)	A.O.C.	Second Wine
Ch. Lafite Rothschild (샤또 라피뜨 로칠드)	뽀이약	Carruades de Lafite Rothschild (까루아드 드 라피뜨 로칠드)
Ch. Latour(샤또 라투르)	뽀이약	Les Forts de Latour (레 포르 드 라투르)
Ch. Margaux(샤또 마고)	마고	Pavillon Rouge du Ch. Margaux (파비용루즈 뒤 샤또 마고)
Ch. Haut-Brion (샤또 오브리옹)	그라브	Le Bahans du Haut Brion (르 바한 뒤 오브리옹)
Ch. Mouton-Rothschild (샤또 무똥 로칠드)	뽀이약	Le Petit Mouton de Mouton Rothschild (르 프티 무똥 드 무똥 로칠드)

샤또 라피뜨 로칠드

샤또 라투르

샤또 마르고

샤또 오브리옹

샤또 무똥 로칠드

- 그라브(Graves)에 있는 샤또 오브리옹(Ch. Haut-Brion)만 예외로 메독의 그랑 크뤼 끌라세 등급에 들어갈 수 있다.
- Second Wine : 세컨드 와인에 공식적인 규정이 있는 것은 아니지만 대체로 어린 포도나무에서 수확한 포도로 만든 와인이나 유명한 포도밭을 소유한 사람이 이웃에 있는 포도밭을 구입하여 포도밭은 다르더라도 소유자가 같은 곳에서 나온 와인으로 세컨드 와인을 만든다.

(2) 그라브(Graves; 3,000ha)

메독에 이어서 그라브 지방은 레드 와인과 화이트 와인을 생산하고 있으며, 토질은 자갈 등 중 퇴적물층으로 구성되어 있다. 우수한 그라브 지방의 적포도주 생산 포도원 중에는 A.O.C. 포도원인 뻬샥 레오냥(Pessac-Leognan)이 북쪽에 자리잡고 있는데, 이 지역은 더욱 짜임새 있는 적포도주를 생산한다. 남쪽으로는 토질에 모래 성분이 많아 백포도주 생산이 유리하므로 적포도주의 경우 가벼운 맛을 지닌다.

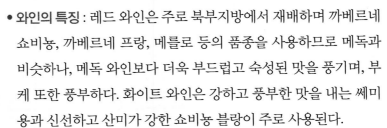

샤또 페랑드 그라브   화이트, 레드

- **이름의 유래** : Gravier(조약돌, 자갈이라는 뜻)에서 유래
- **위 치** : 남북으로 약 60km, 동서로 약 10km에 걸쳐서 조성
- **면 적** : 3,000ha
- **토 양** : 규토질, 점토질, 자갈이 섞인 토양
- **와인의 특징** : 레드 와인은 주로 북부지방에서 재배하며 까베르네 쇼비뇽, 까베르네 프랑, 메를로 등의 품종을 사용하므로 메독과 비슷하나, 메독 와인보다 더욱 부드럽고 숙성된 맛을 풍기며, 부케 또한 풍부하다. 화이트 와인은 강하고 풍부한 맛을 내는 쎄미용과 신선하고 산미가 강한 쇼비뇽 블랑이 주로 사용된다.

시쉘 그라브

■ Premiers Crus
- Premier Cru Classés en 1855 : 가장 유명한 샤또 오브리옹은 1855년 메독이 그랑 크뤼 끌라세에서 1등급으로 매겨진 바 있다.

샤또 오브리옹

■ Château Haut-Brion(샤또 오브리옹)

소유자	클라랑스 딜롱(Clarence Dillon)
면적 및 생산량	레드; 41ha, 12,000Cases/1년 화이트; 3ha, 1,300Cases/1년
포도품종 및 배합비율	레드; C/S 55%, C/F 15%, Merlot 30% 화이트; Semillon 55%, S/B 45%
와인의 특징	색이 진하고 섬세하며 부드러운 향기를 간직하고 있다.
레드 와인의 특징	적벽돌색에 맑게 빛나는 아름다운 색조로 풍부하고 감미 있는 부케, 매끈한 감촉, 섬세함이 결합한 밸런스가 좋은 와인
화이트 와인의 특징	맛과 향이 진하고 우아한 것이 깊이가 있다.
기타	샤또 건물은 1703년에 건립한 화려한 백아성관을 이루어 많은 관광객들이 찾아온다.

- C/S : Cabernet Sauvignon
- C/F : Cabernet France

(3) 쏘테른과 바르싹(Sauternes et Barsac; 2,200ha)

보르도 남쪽으로 40km 떨어진 곳에 위치한 이 지역은 특이한 기후의 혜택을 충분히 누린다. 실제로 시롱(Ciron)이라는 작은 강줄기가 있어 포도가 잘 익을 때쯤에는 하루 중에도 습한 날씨(아침안개)와 건조한 날씨가 교차한다. 이러한 기후는 포도 알에 번식하는 일명 귀부병(Botrytis)으로 일컬어지는 보트리티스 시네레아(Botrytis cinerea)라는 미세한 곰팡이의 생육조건을 조성해 준다. 그러므로 포도 알의 즙은 농축되어 껍질은 쭈글쭈글해지며 포도즙의 당도가 높아져 특별한 향기가 새로이 나타나게 되는 것이다. 포도 알의 이러한 질적인 변형은 한꺼번에 일어나지 않는다. 따라서 여러 차례에 걸쳐 수확이 이루어지며, 이를 '계속적인 선별'이라 부르는 것은 위에서 설명한 상태에 이른 포도 알만을 수확하기 때문이다. 1헥타르당 25헥토리터(25,000리터)의 생산량으로 포도주 생산은 미미할 수밖에 없다. 따라서 샤또 디켐(Chateau d'Yquem)의 경우 한 포도나무당 한 잔의 포도주가 만들어지며, 숙성을 오래 시킬수록 황금색을 띠게 된다. 향은 귤껍질이나 마른 살구, 꿀 또는 보리수향이 나며, 맛은 입안에서는 달콤하고 기름지며, 오래 숙성할 수 있다.

스위트 와인
샤또 끌리망

쏘테른과 바르싹(Sauternes et Barsac) 포도주도 그랑 크뤼(Grand Grus)급 분류의 대상이 된다. 세롱(Cerons), 까디약(Cadillac), 루피약(Loupiac), 생트 크르와 뒤 몽(Sainte-Croix-du-Mont) 등도 이와 같은 조건에서 생산되는 리꿰르 포도주(감미 포도주)이다.

- **리꿰르 포도주(감미 포도주)** : 감미 포도주는 알코올도수가 높고 당분이 많이 함유된 것으로 특징지워지는 포도주만을 말한다.
- **수확의 특징**
  ① 수확시기가 늦게 되면 포도에 곰팡이가 기생하여 귀부(Noble Rot)상태로 된다.
  ② 귀부가 잘되어 상태가 좋은 것들만 골라 8~9회에 걸쳐 한 알, 한 알 수확한다. 이 포도들을 모아 으깨어 압착해서 포도주스를 발효한다.
- **귀부(Noble Rot)** : 효모가 포도 껍질에 붙어 뿌리를 내리면 포도에 구멍이 나서 수분이 증발하고 그러면서 당도가 높아진다. 이러한 귀부가 일어나기 위해서는 먼저 포도 껍질이 얇은 품종이어야 하고, 지역적인 기후의 영향을 받아야 한다.

- **Premier Cru Supérieur** : 1개 샤또
  Château d'Yquem(샤또 디켐)

■ Château d'Yquem

소유자	알렉상드르 드 뤼르 살뤼스(Alexandre de Lur-Saluces)
면적 및 생산량	102ha; 5,500Cases/1년
포도품종 및 배합비율	Semillon 80%, Semillon Blanc 20%
화이트 와인의 특징	세계 최초로 스위트 와인을 생산. 황금색이 나며 섬세한 향기, 아주 부드럽다.
기 타	이 샤또 디켐은 1785년 전까지 소바주 디켐(Sauvage d'Yquem) 가문의 소유였다가 1785년 사위인 뤼르 살뤼스(Lur-Saluces)에게 양도되었다. 다른 지역의 와인은 1에이커(acre, 1224평)에 약 1,950병 정도를 생산하나 샤또 디켐은 약 480병 정도만 생산하고, 포도나무 한 그루에 약 1잔 정도 나오는 양이다.

샤또 디켐

(4) 쌩떼밀리옹(St-Émillion; 5,500ha)

이 포도원은 상이한 토양들로 구성된 중세도시를 중심으로 형성되어 있다. 석회질 고원, 석회성분과 모래진흙의 언덕들, 아래쪽은 진흙 섞인 모래토양으로 구성되어 있다. 쌩떼밀리옹 포도주는 일반적으로 매우 짜임새 있으나 토양에 따라 조금씩 차이가 있다.

쌩떼밀리옹(St-Émillion)과 쌩떼밀리옹 그랑 크뤼(St-Émillion Grand Cru) 두 종류의 AOC가 있다. 주변 명칭으로는 뤼삭 쌩떼밀리옹(Lussac St-Émillion), 몽따뉴 쌩떼밀리옹(Montagne Saint-Émillion), 퓌스갱 쌩떼밀리옹(Puisseguin St-Émillion), 쌩죠르쥬 쌩떼밀리옹(Saint-Georges St-Émillion) 등 4가지가 있다.

샤또 라쎄크 쌩떼밀리옹

- 와인의 특징
  - 색깔은 메독이나 그라브에 비해 다소 짙다.
  - 가벼운 송로(Truffle)향, 체리(Cherries), 살구(Plums)향이 난다.
  - Flavour : 풍부하고 깊으며, 타닌이 부드럽다.
  - 바디는 Full, Medium, 풍부하다.
  - 독자적인 강한 바디가 있어 보르도의 버건디라는 별명을 가진다.
  - 뽀므롤 와인보다 단기숙성을 하고 최적 숙성기간은 4~8년
  - 메독보다 섬세함과 복잡함이 약간 결여
  - 메독 와인에 비하여 알코올도수가 약 1도 높다.

■ Saint-Émillion 지구의 와인등급
- Saint-Émillion Premiers Grands Crus Classés A : 2개 샤또
  - 최저 알코올도수 : 11.5도
  - 1ha당 생산 제한량 : 4,200 ℓ
  - Ch. Ausone(오존)
  - Ch. Cheval Blanc(슈발 블랑)

■ Château Ausone(샤또 오존)

소유자	알랭 보티에(Alain Vauthier)
면적 및 생산량	10ha; 2,000Cases/1년
포도품종 및 배합비율	Cabernet France 50%, Merlot 50%
레드 와인의 특징	묵직하면서 섬세하고, 농익은 과일향
기 타	로마 시인 아우소니우스(Ausonius; 310~395)가 은거하여 시작에 열중했던 주거의 흔적에서 유래되었다.

샤또 오존

■ Château Cheval Blanc(샤또 슈발블랑)

소유자	푸르코로사크(Fourcaud-Laussac)
면적 및 생산량	35ha; 12,000Cases
포도품종 및 배합비율	Cabernet France 66%, Merlot 33%, Malbec 1%
레드 와인의 특징	상쾌한 떫은맛과 산미가 절묘하게 조화를 이루는 뛰어난 와인. Dark Ruby 색깔을 띠며 부케가 아주 풍부하다.
기 타	중세의 여인숙 백마정(白馬停; Cheval Blanc)에서 유래

샤또 슈발블랑

• Saint-Émillion Premiers Grands Crus Classés 'B' : 11개 샤또

－ 최저 알코올도수 : 11.5도

－ 1ha당 생산 제한량 : 4,200L

Château 이름	Château 이름
Ch. Beauséjour Duffau(보세주르-뒤포)	Ch. La Gaffeliere(라 갸플리에르)
Ch. Beauséjour-Bécot(보세주르-베코)	Ch. L'angelus(란젤루스)
Ch. Belair(벨레르)	Ch. Magdelaine(마들렌)
Ch. Canon(까농)	Ch. Pavie(빠비)
Ch. Figeac(퓌작)	Ch. Trottevieille(트롯뜨비에이)
Clos Fourtet(끌로 푸리떼)	

(5) 뽀므롤(Pomerol; 800ha)

이 지역의 지하 토양은 철분이 함유된 충적층으로 이루어진 특성이 있어 '쇠찌꺼기'라는 별명이 있다. 포도주는 매우 강하며 풍부하고 대개는 붉은 열매이며 숲속

어린나무의 향과 더불어 동물성 향이 살짝 난다. 뽀므롤에는 공식적으로 그랑 크뤼급 분류가 적용되지 않는다. 그러나 이 지역의 명예를 빛내 주는 샤또 뻬트뤼스(Petrus)는 세계적인 최고의 와인으로 잘 알려져 있다.

• 와인의 특징

Deep Ruby Red, 과일 꽃을 섞은 듯한 향, 매끄럽고 유연한 맛, 메독의 섬세함, 쌩떼밀리옹의 힘참, 샹베르탱의 강직함을 겸하고 있으며, 특히 쌩떼밀리옹과 비슷하나 향기와 입맛이 부드럽다. 마시기 좋은 최적의 시기는 5~6년이나 그 이상의 것도 있다.

• Grands Crus : Château Petrus(샤또 뻬트뤼스)

뽀므롤

■ Château Petrus(샤또 뻬트뤼스)

소유자	장 피에르 무엑스(Jean Pierre Mouiex)
면적 및 생산량	11.4ha; 3,700 Cases/1년
포도품종 및 배합비율	Cabernet France 5%, Merlot 95%
레드 와인의 특징	입맛이 부드럽다. 아주 뛰어난 밸런스와 풍부한 바디와 부케를 갖는다. 품질의 변화가 적다.
기 타	라벨의 초상화로는 교황 베드로(Peter)가 그려져 있다. 이 샤또의 소유자는 메독의 일류 크뤼 와인 판매가격의 이하로는 출고하지 않는다는 자부심을 가지고 있다.

샤또 뻬트뤼스

(6) 프롱싹(Fronsac)

가론(La Garonne)강과 도르도뉴(La Dordogne)강 사이의 구릉지대와 작은 계곡들로 형성된 포도원이다. 토양은 석회, 모래, 규암, 자갈 등이 진흙과 섞여 있는 것이 특징이며 무감미 백포도주만을 생산한다.

쎄미용 품종은 포도주에 부드러움을 부여하고, 쇼비뇽 품종은 입안에서 신선함을 돋우며 강한 향기와 과일향을 드러낸다. 이들은 모두 2, 3년 안에 소비해야 하는 아주 마시기 쉬운 와인들이다.

4) 부르고뉴(Bourgogne) 지역

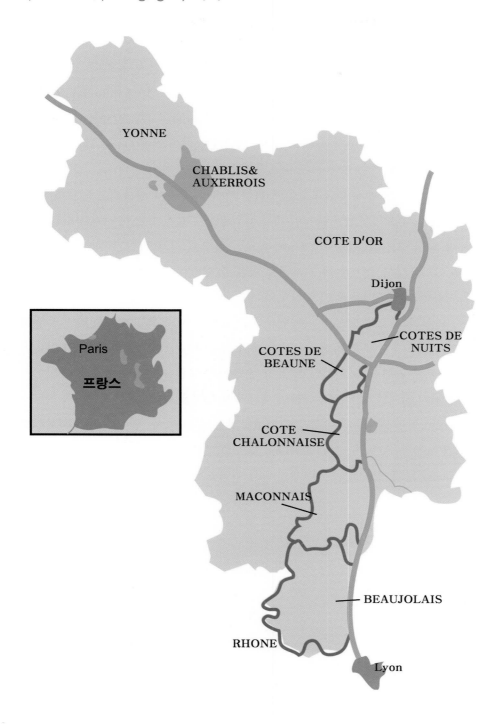

뫼르소(Meursault)

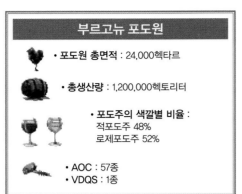

부르고뉴 포도원

- **포도원 총면적** : 24,000헥타르
- **총생산량** : 1,200,000헥토리터
- **포도주의 색깔별 비율** :
  적포도주 48%
  로제포도주 52%
- **AOC** : 57종
- **VDQS** : 1종

영어로 버건디(Burgundy)라 하는 부르고뉴 지역의 와인은 보르도(Bordeaux) 지방과는 달리 제한된 소수의 포도품종만을 사용한다. 즉, 백포도주에는 샤르도네(Chardonnay)와 알리고테(Aligote), 적포도주에는 삐노 누아(Pinot Noir)와 가메(Gamay)를 사용한다.

대체로 토질이 척박하고 경사면으로 된 디종(Dijon)에서 리옹(Lyon) 사이의 론강 양쪽 계곡에서 생산되고 있으며, 혹독한 겨울과 잦은 봄의 서리가 특징인 대륙성 기후에도 불구하고 이곳의 포도원은 남향, 동향, 남동향과 평균 200~400m에 이르는 언덕에 위치함으로써 부르고뉴 포도원들은 서리로부터 잘 보호되고 서풍을 피할 수 있으며 최소한의 일조량을 보장받는다. 이곳에서 생산되는 와인은 산도와 알코올이 보르도 지역의 것보다 조금 높아 보르도 와인과 비교해 남성적인 와인이라고 불린다. 이곳은 로마시대부터 유럽의 다른 지역으로 가는 교통의 요지여서 여관과 식당이 많았기 때문에 이 지역 와인은 세계적으로 유명해질 수 있었다. 부르고뉴 와인은 생산량으로 보면 프랑스 와인의 5%밖에 되지 않지만 보르도와 더불어 세계적인 명성을 지니고 있다.

부르고뉴 와인산지들은 남북으로 250㎞ 정도 길게 펼쳐 있으며, 북쪽에서부터 샤블리(Chablis), 꼬뜨 도르(Côte d'Or), 꼬뜨 샬로네즈(Côte Chalonnaise), 마꼬네(Maconnais), 보졸레(Beaujolais) 5개의 중요 지역으로 나뉘어 있다.

● ● ● ● ● ● ● ● ● ●
끌리마(Climats)

보르도 지방에서 하나의 크뤼(Cru; 특주)는 한 명의 개인이나 한 개의 회사가 전체를 소유하는 하나의 도멘느(Domaine; 領地)와 일치한다. 예를 들어 무똥-로칠드(Mouton-Rothschild) 포도주는 로칠드 남작 가문의 소유이다. 반면에 부르고뉴 지방의 크뤼(Cru)는 많은 사람이 공동소유하는 토지대장의 단위이다. 샹베르탱(Chambertin)은 수십 명의 재배자에 속한다. 이때 각 파르셀(Parcelles; 區域)이나 리우-디(Lieux-dits; 小地區)를 '끌리마(Climats)'라고 부른다.

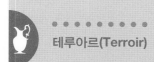

테루아르(Terroir)

왜 같은 품종이라도 지역에 따라 전혀 다른 와인을 만들어낼까? 물론 포도주 양조방법에 따라 다르지만 역시 테루아르가 관건이라 할 수 있겠다. 테루아르는 어떤 포도원을 특징지어 주는 자연적 요소의 전반을 의미한다. 다시 말해 토양, 자연환경, 토질의 구조, 방향, 위치, 지형학적 조건, 포도원이 속해 있는 미기후대(Micro-climat) 등의 기후를 모두 일컫는 것이다.

그라브(Grave)

샹빠뉴(Champagne)

보졸레(Beaujolais)

(1) 샤블리(Chablis; 4,000ha)

샤블리는 부르고뉴(Bourgogne)의 중심에서 따로 멀리 떨어져 있지만(샹빠뉴에서 더 가깝다.) 와인의 생산지로서는 부르고뉴에 속한다. 이곳은 화이트 와인만 생산하는데, 샤르도네(Chardonnay) 품종이 잘 적응하는 테루아르(Terroir)이다.

샤블리(Chablis)는 맛이 강하고 귀족적이며 우아한 백포도주로서 그 명성이 너무 높아서 프랑스 외의 지역에서는 무감미 백포도주의 대명사로 잘 알려져 있다. 샤블리(Chablis) 지역에는 4개의 AOC 포도주가 있다.

① 샤블리 그랑 크뤼(Chablis Grand Cru)

샤블리 그랑 크뤼는 7개의 작은 포도밭(Climats, 끌리마)으로 구성되어 있다. 부그로(Bougros), 르 클로(Les Clos), 그르누이(Grenouilles), 블랑쇼(Blanchot), 프뢰즈(Preuses), 발뮈르(Valmur), 보데지르(Vaudesir)는 모두 매우 경사진 언덕인 샤블리(Chablis) 마을에 위치한다.

이 포도주는 모두 향이 섬세하며 입안에서 풍부함이 느껴지고 병입 후 5년 정도는 숙성되며, 15년 이상도 보관할 수 있다.

샤블리 그랑 크뤼

② 샤블리 프리미에 크뤼(Chablis Premier Cru)

양질의 토양에 일정조건을 갖춘 포도밭에서 생산되는 고급와인으로 가격에 비하여 품질이 우수하다. 약 40개 포도밭에서 생산되고 있다.

유명한 지역으로 몽떼 드 통네르(Montée de Tonerre), 푸르숌므(Fourchome), 몽 드 밀리외(Monts de Milieu), 레 리즈(Les Lys), 바이용(Vaillons) 등이다. 그랑 크뤼(Grand Cru)보다는 풍부한 맛이 덜하지만 몇 년은 보관하며 마실 수 있다.

③ 샤블리(Chablis)

언덕의 경사진 면이나 평평한 곳 등 20여 개 마을에서 생산되는 샤블리 포도주는 신선하여 대개 기분 좋게 느껴지는 광물성 향의 뉘앙스를 풍기며, 병입 후 2~3년 후 가장 최고조의 맛을 가진 와인이 된다.

④ 쁘띠 샤블리(Petit Chablis)

샤블리 포도원 근처의 땅에서 수확된 포도로 만드는데, 이 포도주들은 생동감 있고 가벼워 마시기 좋으며, 옅은 레몬향과 함께 샤르도네 특유의 꽃향이 난다. 쁘띠 샤블리의 매력은 자연스러움이다.

샤블리 프리미에 크뤼

샤블리

(2) 꼬뜨 도르(Côte d'Or)

꼬뜨 도르는 '황금언덕'이라는 뜻으로 부르고뉴 포도원의 심장부이며, 매우 좁은 구릉의 언덕을 따라 이루어져 있다. 이곳은 다시 꼬뜨 드 뉘(La Côte de Nuits)와 꼬뜨 드 본(La Côte de Beaune)으로 나누는데, 이 두 포도원은 부르고뉴에서 가장 유명한 적포도주를 생산한다.

뉘뜨 생 죠르쥐(Nuit St George)

꼬뜨 드 뉘 빌라지
(Côte de Nuits-Villages)

① 꼬뜨 드 뉘(Côte de Nuits; 1,500ha)

토양의 지하는 산성백토(酸性白土), 표면은 이회암(泥灰岩)으로 구성되었으며 약간 석회질이다. 부르고뉴 포도주의 명성을 가져온 심오하고 풍요롭고 탁월한 적 포도주만을 생산한다.

이 지역에서는 세계적으로 가장 유명한 '로마네 꽁띠(Romanée-Conti)'를 생산하고 있으며, 나폴레옹 1세가 애음한 샹베르땡(Chambertin), 벨벳처럼 부드럽고 레이스처럼 화려한 뮈지니(Musigny) 등 유명한 와인이 생산되고 있다.

② 꼬뜨 드 본(Côte de Beaune; 3,000ha)

이 지역은 꼬뜨 드 뉘(Côte de Nuits)보다 더 넓고 더 길게 퍼져 있다. 이 포도원의 원만한 언덕들은 굳은 석회질이며 화석이 풍부하여 샤르도네 품종이 자기의 우아함을 한껏 드러낼 수 있는 토양의 면모를 갖추고 있다. 여기서 꼬뜨 도르(Côte d'Or)의 유명한 그랑 크뤼 화이트 와인을 만날 수 있다.

세계에서 비싸기로 유명한 그랑 크뤼로서 몽라쉐(Montrachet), 꼬르똥 샤를

꼬뜨 드 본 빌라쥐
Côte de Beaune-Villages

희귀 와인 로마네 꽁띠(Romanée-Conti)

로마네 꽁띠(Romanée-Conti)는 프랑스 부르고뉴의 꼬뜨 도르(Côte d'Or)의 북부지방에 있는 코트 드 뉘(Côte de Nuits)에서 생산되는 세계적으로 가장 유명한 와인이다. 완만한 경사지에 위치한 포도원의 면적은 약 1.8헥타르이며, 토질과 경사면이 포도 재배에 최적지로서 18세기 프랑스 드 꽁띠(Prince de Conti)가 자신의 이름을 따서 명명하였으며, 최고등급인 그랑 크뤼(Grands Crus)에 속한다. 이 포도원에서는 포도가 완숙될 때까지 기다려 가능한 한 늦게 수확하며, 사람의 손으로만 수확한다. 이렇게 선별된 포도를 3주~1달가량 발효시킨 다음 매년 새 오크통에 담아 숙성시킨다. 숙성 중 여과 등 여러 공정을 최대한 줄이며, 병에 담은 후에도 장기간 병 숙성을 시킨다. 생산량은 연간 약 6,000병에 불과하여 세계적인 부호들과 그들에게 초대받은 사람들만이 맛볼 수 있을 정도이고, 현재 우리나라 특1급 호텔의 병당 입고가격이 약 100만 원이며, 판매가격은 약 300만 원 이상의 고가로 팔리고 있다. 로마네 꽁띠(Romanée-Conti)는 프랑스 내에서 약 20% 정도만 소비되고, 80%는 미국, 영국, 독일, 일본 등지로 수출되고 있다.

로마네 꽁띠

르만뉴(Corton Charlemagne), 슈발리에 몽라쉐(Chevalier-Montrachet) 등이 있다.

(3) 꼬뜨 샬로네즈(Côte Chalonnaise; 1,500ha)

꼬뜨 샬로네즈는 꼬뜨 드 본(Côte de Beaune)과 마꼬네(Maconnais) 중간 지역에 위치하며 주로 레드 와인을 생산하고 화이트 와인은 소량 생산하고 있다. 레드 와인 품종인 삐노 누아는 갈색 석회석지대의 토양인 지브리(Givry), 메르뀌레(Mercurey) 등 일부 지역에서 재배된다. 꼬뜨 샬로네즈의 북쪽에서 생산되는 부르고뉴 알리고테 부즈롱(Bourgogne Aligote Bouzeron)은 매우 마시기 좋은 무감미 백포도주를 생산하며, 서쪽으로 쿠슈아(Couchois) 포도원에서는 부르고뉴 적·백포도주를 생산한다.

(4) 마꼬네(Mâconnais; 5,000ha)

마꼬네는 일반적으로 토양이 이회암질이며 백포도주를 생산하는 남부는 점토-석회질 토양이다. 마꼬네 포도원은 총면적이 5,000헥타르이며 평균 포도주 생산량은 25만 헥토리터로 대부분은 백포도주이나, 적포도주와 로제 포도주도 생산한다.

이 가운데 가장 유명한 포도주는 샤르도네 한 품종만으로 생산되는 뿌이-퓌세(Pouilly-Fuisse)이다. 이는 녹색을 띤 금빛의 무감미 백포도주이다. 섬세한 꽃향기, 과일향 등 좋은 방향을 지녔으며, 일반적으로 숙성을 거치지 않고 마시나 10년 이상의 보관기간을 거쳐도 향기를 잃지 않는다. 뿌이 로쉐(Pouilly-Loche), 뿌이 뱅젤르(Pouilly-Vinzelles)도 생산량은 적지만 좋은 평가를 받는 포도주이다.

(5) 보졸레(Beaujolais)

보졸레 지역은 부르고뉴(Bourgogne) 지방의 마꽁(Mâcon) 마을 남쪽인 샤펠드 귄샤이(Chapelle de Guinchay) 지역에서 시작해 리옹(Lyon) 북쪽까지 이어졌고, 폭으

마꽁 슈페리어
(Macon Superieur)

뿌이 푸세
Pouilly-Fuisse

로는 보졸레라는 말의 어원이 되었던 보쥬(Beaujeu)까지 이르는, 남북으로 60km, 동서로 30km로 펼쳐져 있는 부르고뉴(Bourgogne) 지역 중에서도 가장 광대한 지역으로서 전체 부르고뉴 와인의 절반이 넘는 59%를 생산해 내고 있다.

보졸레 와인은 99.5%가 레드 와인(Gamay 품종)이고 화이트 와인(Chardonnay 품종)은 0.5%에 불과하다.

이 지역은 샤온(Saône)강을 내려다보는 평균 300m 높이에 위치해 있지만 500m 이상까지 포도밭이 펼쳐져 있다. 그래서 프랑스 사람들은 샤온강과 더불어 또 하나의 붉은 포도주 강이 흐르고 있다고 말하기도 한다. 보졸레 지역은 프랑스에서도 가장 아름다운 농촌지역이다. 끝없이 이어지는 구릉과 계곡, 언덕 중턱에 구불구불 이어지는 좁다란 도로, 띄엄띄엄 있는 마을의 목가적인 풍경과 이 지역 전체를 덮고 있는 포도나무들, 여름은 푸른 언덕으로, 가을은 황금색으로 파도친다.

보졸레 빌라쥐

행정적으로는 부르고뉴 지방에 속해 있지만 토양이 화강암질과 석회암질 등으로 이루어져 포도주 재배에 필수조건인 배수가 뛰어나고 또한 약간의 산성을 띠고 있어 부르고뉴의 주요 재배품종인 삐노 누아(Pino Noir) 대신에 이 토양에 적당한 가메(Gamay)종을 재배하고 있다. 요즘은 보졸레 누보(Beaujolais Nouveau)에 의해 전 세계적으로 알려졌지만, 이 지역은 몇 세기 전부터 포도 재배가 발달했다. 가메품종은 다른 부르고뉴 지역에서 A.O.C. 규칙상에 있는 삐노 누아(Pino Noir) 대신에 심어지는 것이며, 보졸레 이외의 지역에서는 명성이 매우 낮다. 가메품종은 질을 나타내기보다는 양을 나타내는 포도품종이다.

5) 발레 뒤 론(Vallee du Rhône)

발레 뒤 론 지역은 비엔(Vienne)에서 아비뇽(Avignon)에 이르는 론강 양쪽에 200km에 걸쳐서 포도 재배단지가 있는데, 보르도 다음으로 넓은 포도산지이다.

그리스인들에 의해서 개발되기 시작하여 로마시대부터 포도원이 확장되었다. 주로 레드 와인을 생산하며 약간의 로제 와인과 화이트 와인도 생산한다.

미스트랄이라는 바람이 북쪽에서 남쪽 지중해로 부는데, 이 차고 건조한 강풍 덕분에 포도의 부패가 방지되어 와인 생산에 큰 도움이 된다. 이 지역은 다시 북부와 남부의 두 부분으로 나누어진다.

●
보졸레 누보(Beaujolais Nouveau) 이야기

해마다 11월은 즐겁다. 11월 3째주 목요일은 보졸레 누보가 있어 즐겁고, 또한 우리의 명절은 아니지만 어쨌든 11월 4째주 목요일은 'Thanks Giving Day'가 있어 즐겁다.

보졸레의 햇와인이라는 뜻의 보졸레 누보는 오랫동안 이 지방에서 겨울이 오기 전 훈훈한 인정을 서로 나누며 행복을 기원하던 풍습에서 비롯되었다.

우리나라의 추석과 의미가 비슷하다. 그러던 것이 오늘날 보졸레 와인이 전 세계 와인 애호가들의 지대한 관심을 끌기 시작한 것은 20여 년 정도밖에 되지 않는다.

보졸레 누보의 출시는 1951년 프랑스 법령으로 규정되었고, 매년 11월 3째주 목요일이 출시일로 결정된 것은 1985년부터이다.

가벼운 와인이 유행하고 장기간의 지하 저장 및 오래 숙성시키는 것에 생산자들이 부담을 느끼고 있었을 때, 득을 본 것이 바로 보졸레이다.

보졸레 와인의 기본 요소는 Young하고, 친근하다는 것이다. 부르고뉴(Bourgogne) 와인이 다소 깊고 고전적이라면 보졸레 와인은 현대적이고 자유분방한 것이다.

보졸레 와인은 포도 수확이 좋은 해에는 fruity하고 부드럽다. 그러나 좋지 않은 해에는 맛이 엷고 거칠다.

보졸레 누보(2000년)

보졸레 누보(2001년)

보졸레 누보(2000년)

보졸레 와인은 숙성시켜도 별로 도움이 안된다. 되도록이면 빨리 마시는 것이 좋다. 보졸레 지역에서 생산되는 포도주는 1년에 총 1,350헥토리터이다. 이들 포도주의 특성상 오래 저장하지 않고 1~2년 사이에 마시는 젊은 포도주이다. 그러나 크뤼 보졸레에 속하는 10개 지역 중에서 '물랭 아 방(Moulin A Vent)'처럼 5년 이상 저장해도 좋은 상급의 포도주들을 생산하는 곳도 있다. 그러나 무엇보다도 보졸레의 가치는 가벼우면서도 자연적인 음식과 편안하고 자연스러운 하모니를 이루며 모든 사람들이 식탁에 둘러앉아 부담 없이 함께 나눌 수 있는 가장 대중적인 포도주이다.

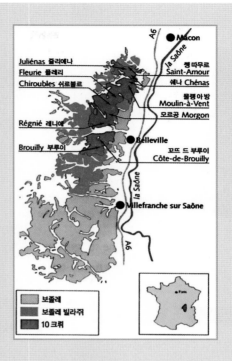

- **보졸레 누보(Beaujolais Nouveau)**

　가메(Gamay)품종으로 만든 보졸레 누보는 맛이 가벼우며, 대부분 밝고 아름다운 핑크색을 약간 띤 옅은 자주색이다. 백포도주처럼 신선한 방향을 지녔고, 과일맛이 풍부한 가벼운 와인이다. 가금요리, 흰색 살코기, 햄버거 등과 아주 잘 어울리며, 마시기에 적절한 온도는 일반적인 적포도주보다 약간 차가운 10~13℃ 정도가 알맞다. 또한 보존성이 별로 좋지 않기 때문에 부활절이 오기 전까지 빨리 마시는 것이 가장 신선하다.

- **보졸레 빌라쥐(Beaujolais Villages)**

　보졸레 누보보다 깊은 맛이 있고 순하며, 신선하고, 가장자리에 보라색이 감도는 신비한 루비빛을 띠고 있으며, 과일맛과 향이 조화롭게 느껴진다. 가벼운 소스의 육류나 구이 또는 약간 무거운 소스의 해산물이나 야채요리와도 잘 어울리고, 일반 적포도주보다 좀 더 차게(약 14~15℃ 정도) 마시는 것이 더욱 좋다. 또한 보졸레 누보보다 더 오래 보관할 수는 있으나 대체로 1년 안에 마시는 것이 더욱 맛이 있다.

보졸레 빌라쥐　　물랭 아 방

- **크뤼 보졸레(Crus Beaujolais)**

　10개의 크뤼 포도주들은 대체적으로 향이 좋고 숙성될수록 깊은 맛이 우러나오는 게 특성이다. 보통은 3~4년을 숙성시켜 마시는 것이 좋으나 '물랭 아 방(Moulin A Vent)'이나 플레리(Fleurie) 같은 와인은 6~10년까지 숙성시켜도 무난한 와인이다. 크뤼 보졸레 와인도 약간 차게 마시는 것이 더욱 좋다.

(1) 꼬뜨 뒤 론(Côtes du Rhône) 북부(산악지역)

꼬뜨 뒤 론   에르미따쥬

이 지방의 포도주는 모두 그랑 크뤼이며 동일한 포도품종을 사용하고 매우 어려운 포도 재배조건을 가졌다는 공통점을 갖고 있다. 꽁드리유(Condrieu)나 꼬르나스(Cornas) 지역, 또는 에르미따쥬(Hermitage) 지역의 유명한 언덕들도 모두 경사가 매우 심한 구릉지대에 위치하여 이곳에서 포도를 경작할 수 있는 유일한 방법은 계단식 경작이다. 즉, 이 지방의 포도원은 론강가의 언덕기슭에 자리잡고 있으며, 토양은 화강암질이나 편암질이다.

마르싼느(Marsanne), 루싼느(Roussanne), 비오니에(Viognier) 품종들이 백포도주를 생산하며, 적포도주는 유일하게 시라(Syrah)품종에서만 얻어진다. 북쪽 끝에 위치한 꽁드리유(Condrieu), 샤또 그리예(Câateau-Grillet) 포도원은 백포도주만을 생산한다.

(2) 꼬뜨 뒤 론(Côtes du Rhône) 남부(해안성)

해안성의 꼬뜨 뒤 론 계곡이 펼쳐지면서 기복은 점점 완만해지고 포도나무는 조그만 언덕에서 재배되며 강가를 따라 펼쳐진다. 매우 더운 이곳의 지중해성 기후는 폭풍우의 형태로 불규칙한 비를 동반한다.

때때로 부는 매우 강한 바람인 미스트랄은 기본적인 기후 요소이다. 토양은 진흙이나 따벨(Tavel)의 둥근 자갈과 모래, 지공다스(Gigondas)의 석회질과 자갈, 샤또뇌프 뒤 빠쁘(Châteauneuf-du-Pape)의 굵은 자갈에 이르기까지 매우 다양하다.

이 지방은 AOC 꼬뜨 뒤 론에만 23개의 품종이 허가되어 있고 샤또뇌프 뒤 빠쁘(Châteauneuf-du-

따벨 로제   샤또뇌프-뒤-빠쁘
(Tavel Rosé)   (Châteauneuf-du-pape)

Pape)에는 13개가 되어 있을 정도로 많은 수의 품종이 공존하고 있다.

이곳은 로제 와인인 따벨(Tavel)이 생산되고 있다. 그리고 프랑스에서 가장 유명한 적포도 중 하나인 샤또뇌프 뒤 빠쁘(Châteauneuf-du-Pape) 포도원이 위치한다. 진한 적색과 향신료의 향을 지닌 이 포도주는 취기가 머리로 오를 정도로 알코올함량이 높으며, 힘차고 완벽하게 균형이 잡혔으며, 숙성할수록 우아해지고 위대한 포도주가 된다.

이는 표면에 수미터 두께로 굵고 둥근 자갈이 덮인 모래와 사암으로 이뤄진 토양에서 재배된 13품종의 포도로 생산된다. 이 지역의 자갈은 낮 동안에 태양열을 비축하여 이를 밤 동안에 포도에게 제공하므로 당분함량이 충분해져 알코올함량이 높은 포도주가 생산된다.

6) 발 드 루아르(Val de Loire)

발 드 루아르는 루아르강 유역에 있는 포도 재배지역이다. 루아르강은 상류지역에서는 론강의 상류와 30마일 정도 떨어져서, 약 100마일을 평행하게 흘러가다가 유명한 휴양도시인 낭트를 지나 대서양으로 흘러들어간다. 루아르강 양쪽 연안 약 300km에 포도가 재배되고 있다.

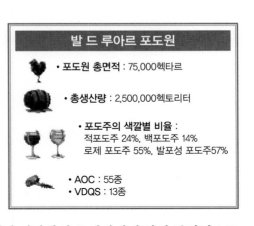

발 드 루아르 포도원

• **포도원 총면적** : 75,000헥타르

• **총생산량** : 2,500,000헥토리터

• **포도주의 색깔별 비율** :
  적포도주 24%, 백포도주 14%
  로제 포도주 55%, 발포성 포도주57%

• AOC : 55종
• VDQS : 13종

이 지역은 로마시대부터 포도가 재배되기 시작하여 중세시대에 와서 본격적으로 재배되기 시작했다. 루아르 지역은 주위 경관이 수려해서 중세에는 왕과 귀족들의 별장 100여 개가 건설되었고, 그중에서 약 20개 정도의 아주 아름다운 샤또들이 있다. 유명한 관광지라는 것 때문에 이 지역의 와인은 널리 알려질 수 있었다. 이 샤또들의 대부분은 포도원을 소유하고 있지 않으나, 몇 개의 샤또에는 포도원이 있으며 이곳에서는 와인을 생산하고 있다.

대서양기후의 영향을 받은 해양성 기후로 온화하다. 발 드 루아르 포도원은 크게

4지역으로 갈라져 있다. 뮈스까데의 고향인 낭트(Le Pays Nantais) 지방, 당주와 쏘뮈르(d'Anjou et Saumur), 뚜렌느(La Touraine), 그리고 중부지역의 포도원, 즉 뿌이와 상세르(La Region de Pouilly et Sancerre) 등이 있다.

(1) 뻬이 낭트(Pays Nantais; 뮈스까데(Muscadet))

뮈스까데

숙성시키지 않고 병입 후 단시일 내에 마시는 가볍고 과일향기를 띤 백포도주인 뮈스까데의 요람이다. 면적이 13,000ha에 달하는 뮈스까데 포도원은 1년에 약 66만 헥토리터의 포도주를 생산하며, 지질 제1기에 속하는 단단한 화강암, 사암, 운모편암 등의 바위로 구성된 산지에 위치한다.

17세기에 한파로 인해 이 지방 포도밭이 황폐해지자 믈롱 드 부르고뉴(Melon de Bourgogne)라는 품종이 도입되어 알맞은 토양과 기후 속에서 잘 적응하였는데, 이때부터 뮈스까데라는 이름이 정착되고, 오늘날에는 이 지방을 뻬이 뮈스까데(Pays Muscadet; 뮈스까데 지방)라고 부르기도 한다.

(2) 당주(d'Anjou)

까베르네 당주

당주는 루아르강의 지류인 레이용강 주변에 있는 포도 재배지역으로, 주로 로제 와인이 생산되고 있다. 이곳에서 나는 와인은 세미 드라이(semi dry)한 정도의 감미가 있으며, 유명한 로제 당주(Rose d'Anjou)와 까베르네 당주(Cabernet d'Anjou)가 있다.

(3) 뚜렌느(Touraine)

완만한 산들이 솟아 있으며 강을 거슬러 올라가면서 루아르강의 지류인 셰르, 앵드르, 비엔 강가의 구릉지대에서 뚜렌느(Touraine) 지방의 9개 AOC 포도원을 발견할 수 있다. 이곳의 기후는 대서양기후와 대륙성 기후의 영향을 받기 때문에 '프랑스의 정원'이라 불릴 만하다. 주로 백포도주가 더 많은 이곳 포도주들은 대개 단일 품종으로 양조된 포도주들이다.

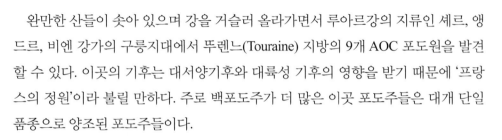

(4) 뿌이-쉬르-루아르(Pouilly-sur-Loire)

루아르강을 계속 거슬러 올라가면 뿌이-쉬르-루아르(Pouilly-sur-Loire) 포도원이 있다. 강 우안의 점토성분을 띤 석회질 토양에 900ha의 면적을 가진 이 포도원은 주로 쇼비뇽 블랑 포도와 드물게 샤슬라(Chasselas) 포도로 4만 헥토리터의 과일향을 띤 무감미 백포도주를 생산한다.

뿌이 퓌메(Pouilly Fume)와 뿌이-쉬르-루아르(Pouilly-sur-Loire)가 바로 이들이다. 뿌이 퓌메(Pouilly Fume)는 쇼비뇽 블랑 포도를 원료로 한 강한 향기를 띤 포도주로 병 내에서 수개월 숙성시키면 완벽해진다. 샤슬라를 원료로 한 뿌이-쉬르-루아르(Pouilly-sur-Loire)는 숙성시키지 않고 병입 후 곧 마시는 와인으로 산미가 약하고 맛이 순수하며, 쉽게 마실 수 있는 포도주이다.

뿌이 퓌메

상세르 랑로-샤또
(Sancerre Langlois-chateâv)

(5) 상세르(Sancerre)

상세르 포도원은 강 맞은편에 위치하며 역시 점토성분을 띤 석회질 토양에 주로 쇼비뇽 블랑 포도를 재배하지만, 적은 양의 로제 포도주와 적포도주를 생산하기 위해 약간의 삐노 누아도 재배한다. 상세르 포도주는 일반적으로 백포도주로 과일향을 지녔고 힘차며 '쇼비뇽' 특유의 방향을 띤다.

7) 알자스(Alsace)

알자스 지역은 프랑스 내에서도 경치가 좋고 고급 레스토랑이 많기로 유명하다. 1세기경에 로마군인들에 의해서 이 지역에 와인용 포도가 재배되기 시작했으며, 중세 때에는 알자스 와인이 왕실 연회에서 사용될 정도로 사랑을 받았다.

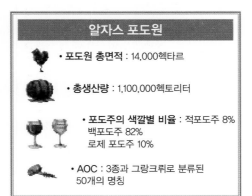

알자스 포도원

- 포도원 총면적 : 14,000헥타르
- 총생산량 : 1,100,000헥토리터
- 포도주의 색깔별 비율 : 적포도주 8% 백포도주 82% 로제 포도주 10%
- AOC : 3종과 그랑크뤼로 분류된 50개의 명칭

게뷔르츠트라미너
리져브

그러나 30년전쟁으로 포도원과 공장들이 황폐화되었다가 제1차 세계대전 이후부터 다시 포도원이 조성되기 시작했다.

1870～1918년까지 '독일의 지배'라는 아픈 과거 때문에 지금도 알자스 지역에는 독일품종의 포도가 많이 재배되고 있으며, 독일 와인과 같이 단일한 포도품종만을 사용한 와인이 제조되고 있다. 또한 알자스는 와인 병의 모양도 목이 긴 독일식 병 모양을 하고 있다.

라인강을 따라 보쥬(Vosges)산맥의 구릉지대에 자리 잡은 알자스 포도밭은 너비 1～5km, 길이 100km, 총면적 약 1만 4천ha에 달하며, 연평균 110만 헥토리터의 포도주를 생산한다. 보쥬산맥이 차갑고 습한 북서풍으로부터 보호해 주며 남동쪽으로 노출된 포도밭은 프랑스에서 가장 건조한 기후와 포도수확 전 수개월간 풍부한 일조량의 혜택을 누린다.

프랑스의 다른 지역에서는 라벨에 포도원이나 마을의 이름을 기재하는 데 비해 이 지역에서는 포도의 품종명을 기재하고 있다. 알자스에서 재배되는 7가지 포도품종을 살펴보면 다음과 같다.

(1) 실바너(Sylvaner)

이 품종의 포도주는 갈증을 풀어주는 신선하고 가벼운 포도주로서 과일향이 풍부하며 섬세하고 때로는 가볍게 방울이 일기도 한다.

(2) 리슬링(Riesling)

섬세함이 극치에 이르는 포도주를 만들어내는 세계적으로 훌륭한 백포도 품종의 하나이다. 섬세한 방향과 과일향에 때로는 광물성 부케도 띠는 이 품종의 포도주는 귀족적이며 우아하다.

(3) 또께 삐노 그리(Tokay Pinot Gris)

이 품종은 푸른빛이 도는 회색빛 청포도로 포도주가 황금색을 띠며 감미가 상당히 높다. 향이 매우 복합적이며 섬세하여 스모크향의

기운을 띠기도 한다. 적포도주를 쉽게 대치할 수 있을 만큼 힘찬 성질을 지니고 있다.

(4) 삐노 블랑(Pinot Blanc)

향이 유쾌하며 섬세하고 입안에서는 느껴지는 신선함과 부드러움이 좋다.

(5) 뮈스까 달자스(Muscat d'Alsace)

특이한 과일향이 나는 백포도주로 양조된다. 프랑스 남부에서 재배되는 뮈스까와 반대로 무감미 백포도주를 만든다.

(6) 삐노 누아(Pinot Noir)

알자스에서는 유일한 적포도품종으로 원래 적포도주, 로제 포도주에 사용하는 품종이었다. 삐노 누아로 만든 적포도주는 붉은 과일향이 나는 것이 특징이다. 실크처럼 부드러운 타닌성분을 나타낸다.

(7) 게뷔르츠트라미너(Gewürztraminer)

두말할 것도 없이 알자스 와인 중 가장 유명한 포도주를 만드는 품종이다. 게뷔르츠트라미너는 황금빛 색조를 지니며 복합적인 맛을 지닌 포도주이다. 향이 매우 강하여 모과, 자몽, 리치, 망고 등의 과일향을 띠며 꽃향기로는 아카시아, 장미향을 주로 띤다. 또 향신료향이 두드러져 계피, 후추향이 나기도 한다. 입안에서 느껴지는 부드러움과 강함이 때로는 감미로운 이 와인에 매혹적인 분위기를 주며 장기숙성이 가능하다.

※ Gewurz는 독일어로 향신료란 뜻이다.

8) 샹빠뉴(Champagne)

샹빠뉴 포도원

- **포도원 총면적** : 30,000헥타르

- **총생산량** : 1,800,000헥토리터
  매년 2억5천만 병이 수출되고 있음

- **포도주의 색깔별 비율** :
  적포도주 1%
  백포도주 99%

샹빠뉴 지역은 파리에서 동쪽으로 150km 떨어져 있는 세계적으로 유명한 샴페인 생산지이다. 화이트 샴페인은 샤르도네(Chardonnay), 로제 샴페인은 삐노 누아(Pinot Noir) 등의 포도로 샴페인을 생산하고 있다.

샴페인(Champagne)은 포도주스 속의 당분이 모두 알코올로 변하지 않고 남아 있다가 술에 있는 효모가 다시 2차 발효하면서 그 안에 탄산가스가 생기면서 만들어진다. 그 맛은 상큼하고 쌉쌀하다. 이렇게 만들어진 샴페인은 1700년대 베네딕트 수도원의 와인 생산책임자였던 돔 뻬리뇽이라는 수사가 연구에 연구를 거듭한 끝에 와인을 2차 발효시키는 방법과 이때 발생하는 탄산가스를 병 속에 담아두는 방법을 개발함으로써 탄생하게 되었다.

샴페인의 상업적 시작은 19세기 초 크리쿠오라는 여자에 의해 이루어졌다. 그녀는 샴페인의 초대 문제점인 침전물 제거 시 가스 분출로 인한 와인 손실량을 줄이기 위해 와인 책임자에게 나무로 만든 선반에 구멍을 뚫어 그 속에 와인 병을 거꾸로 꽂아서 병 입구의 코르크에 침전물이 모이도록 매일 돌려줄 것을 지시했다. 모든 침전물이 병 입구의 코르크에 모였을 때 코르크를 제거해 보니 아주 소량의 와인만이 손실되었다. 이러한 방법이 바로 현재 샴페인 제조방법 중 가장 고전적이고 비싼 샴페인을 생산할 때 쓰이는 메토드 샹빠누아즈(Method Champanoise)이다. 현대적인 메토드 샹빠누아즈는 와인에 주스나 설탕을 첨가하고 효모를 넣어서 '맥주병에 쓰는 것과 같은 왕관'으로 뚜껑을 닫고 병 안에서 2차 발효시킨 후, 이때 발

폴 로져   돔 뻬리뇽

생한 탄산가스를 병 안의 와인에 포화되도록 한 것이다.

이렇게 2차 발효를 마치고 완전히 숙성시킨 후, 경사진 선반에 구멍을 뚫고 여기에 샴페인 병을 처음에는 수평보다 조금 세우는 정도에서 시작하여 대략 2주간에 걸쳐 수직으로 세우는데 매일 조금씩 병을 좌우로 돌려주면서 약간씩 세운다. 거의 수직이 되면 왕관에 모든 침전물이 모이는데, 이때 병을 영하 20~30℃ 정도의 냉매가 있는 통에 조심스럽게 병 입구부분만 담근다. 그러면 입구의 와인이 얼게 된다. 이 상태에서 병 입구를 덮은 왕관을 제거하면 모든 침전물을 제거할 수 있게 된다. 물론 이때 약간의 와인과 가스가 손실되기도 한다. 이렇게 한 후 이번에는 샴페인용 코르크 마개를 다시 씌운 뒤 탄산가스의 압력으로 코르크가 튀어나오지 못하게 코르크와 병 입구부분을 철사로 붙잡아맨 후 판매한다. 이때 쓰는 코르크는 일반 와인에 쓰는 코르크와는 다른 모양의 것이다.

모에 샹동

샹빠뉴 지역에서 생산되는 세계적으로 유명한 샴페인의 브랜드로는 멈(G. H. Mumm), 모에 & 샹동(Moët & Chandon), 랑송(Lanson), 폴 로제(Pol Roger), 돔 뻬리뇽(Dom Pérignon) 등이 있다.

■ 샴페인의 종류

구 분	특 징
Champagne 샴페인	매년 같은 품질을 유지하기 위해 대부분 빈티지를 사용하지 않는다.
Vintage Champagne 빈티지 샴페인	수확 후 3년 이상 경과해야만 판매할 수 있다. 수확연도를 라벨에 기재해야 하고 다른 수확연도의 포도를 20%까지 혼합할 수 있다.
Blanc de Blancs 블랑 드 블랑	화이트 포도품종인 샤르도네만을 사용하여 만든다.
Blanc de Noirs 블랑 드 누아	적포도 품종인 삐노 누아, 삐노 뫼니에로 만든다.
Rosé Champagne 로제 샴페인	적포도 품종을 넣어 만드는 방법과 혼합 시 레드 와인을 첨가하는 방법이 있다.

돔 뻬리뇽(Dom pérignon)과 그의 업적

오늘날의 거품나는 샴페인을 정확히 누가 처음으로 만들었는지는 아무도 모르지만, 오빌레(Hautviller)수도원의 베네딕트 교단의 유명한 수도승인 돔 삐에르 뻬리뇽(Dom Pierre Pérignon)이 거품나는 포도주를 처음 만들었다고 전설처럼 전해져 내려오고 있다. 그래서 오늘날 사람들은 그가 최초로 샴페인을 만들었다고 믿고 있다.

오늘날 그의 생애는 상상적인 이야기가 되었고, 포도주를 만드는 그의 훌륭한 솜씨는 거의 신화적으로 받아들여지고 있다. 그러므로 그가 성취했던 정확한 내용을 밝혀보는 것은 매우 중요한 문제이다. 왜냐하면 돔 삐에르 뻬리뇽과 샴페인은 떨어질래야 떨어질 수 없는 밀접한 역사적 관련을 맺고 있기 때문이다. 삐에르 뻬리뇽은 1638년 샹빠뉴와 로렌의 경계지역에 위치한 작은 마을의 중상류 가정에서 태어났다. 삐에르 뻬리뇽은 1658년 베네딕트 교단의

돔 뻬리뇽의 오빌레 수도원

돔 뻬리뇽

생 반(Saint-Vanne) 수도원에 들어가 높은 수준의 학식과 능력이 인정되어 일찍부터 관심의 대상이 되었다. 게다가 그는 단 11년 만에 'Dom'이라는 존경스러운 칭호를 받았으며, 대수도원장 다음의 두 번째 지위인 지하 포도주관리인의 직책을 맡아 오빌레수도원에 부임하게 되었다. 이 수도원은 민정에서나 종교적 직무에서 이름을 떨쳤던 대주교 9명과 대수도원장을 22명이나 배출한 곳으로서 광대한 포도밭의 포도주는 국내에서나 국외에서 높이 호평을 받고 있었다.

오빌레에서 47년 동안 생활한 돔 뻬리뇽은 관대하고 지성적이며 매우 신중한 마음씨를 지닌 사람이라는 평판을 받았다. 포도주 제조자로서의 그의 기술은 탁월하여 다른 지하 포도주 저장실 관리인들에 의해 존중되었으며, 끊임없는 탐구심에 이끌려 까다로운 연구 끝에 마침내 거품나는 샴페인을 탄생시켰다. 그는 진정한 의미에서의 개척자였다. 그의 실험은 아직도 지켜지고 있는 샴페인 제조법을 확립시켰다. 그의 시대 이후로 이 분야에서 획기적인 발명은 더 없었고, 최근의 과학적 연구도 그가 이룩한 업적을 이론적으로 설명하는 데 그쳤다. 그가 만든 포도주는 수도원 이름인 오빌레(Hautviller)를 따지 않고 '뻬리뇽의 포도주(Vins de Pérignon)'라 불려졌다. 그의 명성은 널리 퍼지게 되었으며, 그의 포도주 값은 급등하였다. 돔 뻬리뇽은 노년에 앞을 보지 못하는 맹인이 되었으나 포도주를 만드는 데 결코 장애가 되지 않았다. 그는 1715년 77세를 일기로 수도원에서 눈을 감았다.

그러면 그가 성취한 업적이 왜 샴페인의 역사에서 그토록 중요시되는가?

돔 뻬리뇽은 먼저 이중발효현상을 연구했다. 즉 수확을 하면 발효가 일어나고 봄에 다시 한 번 발효가 일어난다는 사실을 관찰하면서 실험을 통해 이러한 이중발효를 마음대로 조종하고 가속화시키는 방법을 성공시킴으로써 더욱 황홀하고 오묘한 포도주를 생산할 수 있게 되었다. 포도주의 당함량에 관한 실험은 포도주가 아주 독특하게 되도록 거품의 힘을 만들었고, 제어할 수 있게 해주었다. 그러나 그의 위대한 공헌은 거품 뒤에 숨어 있는 원리를 포착하는 데에만 그치지 않고, 각기 다른 지역에서 자란 포도즙을 '짝짓기'하여 일정한 비율로 혼합하여 매년 일정하고 독특한 샴페인 맛을 내는 제조방법을 발견한 데 있었다. 그는 이러한 방식을 매년 반복하였고, 그때마다 동일한 결과를 얻을 수 있었다.

그리고 그는 질적으로 보다 오묘하고 청정한 샴페인을 생산하기 위해 포도주와 저장된 백포도주를 섞는 비

법을 개발하였다. 이러한 방법이 샹빠뉴 포도주의 '퀴베(Cuvée)', 또는 혼합의 기원이 되었다. 포도주를 섞는 기술은 샴페인의 역사와 그 제조법에 있어서 가장 중요한 공헌이었다.

그것은 서로를 더 좋게 만드는 '포도주의 결혼'과도 같은 것이라고 정의된다. 포도주를 혼합하는 일은 뻬리뇽시대 이전에는 샹빠뉴 이외의 지역에서도 흔치 않은 일이었다. 그러나 이전의 다른 혼합주보다 질이 우수한 것으로 만드는 결정적인 'Cuvée' 개념을 정립한 것은 돔 뻬리뇽의 타고난 능력이었다. 그는 포도즙을 맛에 따라서만 혼합할 뿐만 아니라 포도수확의 시기, 포도잎이 무성했는지와 그해의 날씨, 즉 추위의 정도, 강우량 등에 따라서 포도즙을 달리 혼합하였다. 이러한 모든 요인이 혼합비율의 구성에 대한 법칙으로 작용하였다.

제 이쉬멈
르네랄루 스페샬
(G·H Mumm René
Lalou Special)

그는 이 포도가 어느 포도원에서 수확한 것인지 단번에 알았으며 심지어 이렇게 말하기도 하였다. "그 포도원의 포도주는 저 포도원의 포도주와 결혼해야겠군!"이라고. 또 그는 한번도 실수한 적이 없었다고 한다. 돔 뻬리뇽의 명백한 교훈은 즙을 짠 포도는 될 수 있으면 각기 다른 포도원에서 가져온 것이 좋다는 것이다. 그러한 배합 결과 단순한 첨가보다 훨씬 우수한 조화를 이루게 되어 샹빠뉴 지방의 포도주에만 있는 예외적 특성인 이른바 발포성 포도주(Sparkling Wine=Champagne=샴페인)가 탄생하는 것이다. 또한 특이한 일은 돔 뻬리뇽이 영국에서 전에 사용되긴 했지만 샹빠뉴 지역에 코르크 마개 사용을 처음으로 도입되었다는 점이다. 전에는 심에 둘러싸여 기름에 적셔진 오래된 나무꺾쇠를 사용했으나, 병 속에서 불어나 더욱 완벽하게 막아주는 활기 있는 코르크를 사용함으로써 샴페인 안에 있는 거품과 발효속도를 정확하게 제어할 수 있게 된 것이다. 돔 뻬리뇽은 계속 거품을 내는 포도주를 만드는 법을 알아내고 코르크 마개를 사용했지만, 병에서 가스가 새어나가지 못하게 하는 문제와 자주 발생하는 병의 파손에 대한 문제가 날카로운 문제로 등장하게 되었다. 뻬리뇽같이 빈틈 없는 사람이 거품나는 포도주로 인해 생성되는 내부압력을 충분히 견딜 수 있는 튼튼한 병을 찾을 때까지 노력을 멈추지 않았을 것은 틀림없는 일이었다. 당시 프랑스인들은 포도주를 저장하고 대접하고 운반하는 데 나무로 만든 통을 사용했다. 병을 사용하는 것은 영국인의 관심이었다. 뻬리뇽은 '영국산 유리(Verre anglais)'라는 이름이 붙여진, 매우 튼튼하고 고압에 견딜 수 있는 유리로 오늘날의 샴페인 병을 만듦으로써 이 문제를 해결하였다.

포도주를 익히기 위한 저장장소로서 흰 석회질 토양이 좋다는 사실을 알게 된 것도 그가 처음이었다. 그는 옛 로마시대의 지하 채석장이 지속적으로 낮은 온도를 유지하고 있음에 착안하여 포도주의 숙성에 알맞은 온도를 발견하게 되었다. 그는 실험하는 과정에서 이 같은 거대한 동굴을 사용하는 첫 사람이 되었다. 또한 병 속에서 2차 발효가 끝나고 오랜 숙성기간 동안에 생성된 침전물을 병 밖으로 제거하는 데 있어서 획기적인 역할을 하였다.

후에 쓰여진 한 보고서에는 "돔 뻬리뇽 이전에는 흐린 색깔의 포도주나 밀짚 색깔 같은 포도주밖에 만들지 못했으나, 그는 별빛처럼 반짝이는 화이트 와인을 만드는 비밀을 갖고 있었다"라고 말하고 있다.

앞을 보지 못하는 돔 뻬리뇽과 수도사들

오늘날 샹빠뉴 지방에 들른 여행자는 그가 일하던 대수도원의 정원에서 그의 실물보다 큰 동상을 만날 수 있다. 대수도원과 그가 일했던 포도주 저장소는 관광명소로서 오늘날 예약이나 허가를 통해 대중에게 공개되고 있다.

최고급 샴페인으로 좋은 포도의 종류는?

샴페인에 최고의 맛을 결정해 주는 전통적인 포도에는 3가지 종류가 있다. 그것은 샤르도네(Chardonnay), 삐노 누아(Pinot Noir), 삐노 뫼니에(Pinot Meunier)이다. 샴페인의 주질에 미치는 포도나무 품종의 영향은 매우 중요하다. 샴페인의 특성을 형성하는 미묘함, 향기, 성숙도 등은 모두 품종과 깊은 관련을 맺고 있다. 화학적 분석으로는 우수한 와인과 평범한 와인을 구별할 수 없고 관능검사로써만 구별할 수 있다. 따라서 직업적으로 맛을 보는 사람이나 감정가들 사이에서 관능검사는 하나의 예술이 되어버렸다.

샤르도네는 청포도품종이며, 삐노 누아 및 삐노 뫼니에는 적포도 품종이다. 주된 이 3가지 품종의 오묘한 조화가 최고의 샴페인 맛을 결정지어 주는 요체이다. 이들 품종들의 공통적인 특징은 활발한 성장력, 높은 당분함량 및 비할 수 없는 향기와 당과 산의 적정한 비율 등이다. 특히 순수한 청포도로서 세계적인 명성을 자랑하는 샤르도네만으로 만든 샴페인을 특별히 '블랑 드 블랑(Blanc de Blancs)'이라 통칭한다.

• 스토퍼(Stopper)

일시적으로 다량의 샴페인이 요구될 경우, 코르크 마개 따는 시간을 절약하기 위해 사전에 코르크 마개를 따서 잠그는 기능이 있다. 또한 이것은 마시다 남은 샴페인을 탄산가스 누출이 없는 상태로 보존시키는 역할을 한다.

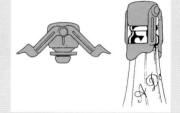

• 스파클링 와인 레이블 읽는 법

❶ 이 병에서 발효되었음
❷ 스파클링 와인
　발포성 포도주
❸ 정통 프랑스식
　샴페인 제조방법
❹ 발포성 포도주
❺ 정통 프랑스식
　샴페인 제조방법
❻ 순수 백포도만으로
　제조
❼ GRANDJOIE
　(그랑쥬아)는 영어로
　Grand Joy
　환희, 기쁨의 뜻
❽ 영어로는 Dry
　당도가 가장 낮은
　샴페인 타입

■ 세계 각국의 스파클링 와인의 명칭

국가	명칭	제법
프랑스	샹빠뉴	· 샹빠뉴 지방에서 만든 발포성 와인 · 20℃에서 병 속의 압력이 5기압 이상이어야 한다.
	끌레망 Crémant	· 샹빠뉴 지방 이외에서 만든 발포성 와인으로 20℃에서 3기압 이상이어야 하며 모두 7개 지역의 A.O.C.가 있다. · Crémant de Loire : 3.5기압 이상 · Crémant de Bourgogne : 3.5기압 이상 · Crémant d'Alsace : 4기압 이상 · Crémant de Limoux · Crémant de Die · Crémant de Bordeaux · Crémant de Jura
	뱅 무스 Vin Mousseux	· 샹빠뉴 지방 이외에서 만든 발포성 와인의 총칭 · 20℃에서 3기압 이상이어야 한다.
	뻬티앙 Petillant	· 약발포성 와인으로 20℃에서 1~2.5기압 이상이어야 한다.
독일	젝트 Sekt	· 기준을 만족시킨 발포성 와인 · 20℃에서 3.5기압 이상
	샤움바인 Schaumwein	· 발포성 와인의 총칭 · 20℃에서 3기압 이상
	페를바인 Perlwein	· 약발포성 와인 · 20℃에서 1~2.5기압
이탈리아	스푸만테 Spumante	· 발포성 와인의 총칭
	프리잔테 Frizzante	· 약발포성 와인 · 20℃에서 1~2.5기압
스페인	까바 Cava	· 병 내에서 2차 발효시키는 발포성 와인
	에스푸모소 Espumoso	· 발포성 와인의 총칭

모에 샹동

끌레망 드 쥐라

헨켈 트로켄

아스티 스푸만테

까바

■ 샤-또 루덴 메독(메독)

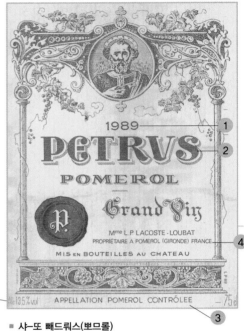

■ 샤-또 빼드뤄스(뽀므롤)

프랑스 와인의 라벨

① 빈티지(Vintage : 포도수확 연도) 1993년임
② 상표명이나 생산자명
③ 메독 지방에서 생산되는 A.O.C.급 와인임을 증명함
④ 소유주 및 회사주소
⑤ 알코올도수 12% 및 용량 750㎖

■ 샤-또 라 라귄느(오-메독)

■ 무똥 까데(메독)

■ 샤-또 뚜르 프레냑(메독)

■ 샤−또 그랑 물랭(오−메독)

■ 샤−또 마뇰(오−메독)

■ 샤−또 라 꽁세이앙뜨(뽀므롤)

■ 뽀므롤(뽀므롤)

■ 샤−또 퐁떼 까네(뽀이약)

■ 샤−또 무똥 로칠드(뽀이약)

■ 샤−또 라뚜르1986년(뽀이약)

■ 샤−또 라뚜르1985년(뽀이약)

■ 샤−또 라피뜨 로칠드(뽀이약)

■ 샤−또 바따이에(뽀이약)

■ 샤−또 린치 바쥐(뽀이약)

■ 샤-또 피숑 롱구에빌 곰떼
스 리랑드(뽀이약)

■ 샤-또 브렌느-깡뜨낙
마고(마고)

■ 샤-또 마고(마고)

■ 샤-또 쁘리외레 리신(마고)

■ 샤-또 지스꾸르(마고)

■ 샤-또 까뉘(마고)

■ 샤-또 라퐁로쉐(쌩-떼스떼프)

■ 샤-또 깔롱 쎄귀르(쌩-떼스떼프)

■ 샤-또 레오빌 바통(쌩-쥘리엥)

■ 샤-또 딸보(쌩-쥘리엥)

■ 쌩-떼밀리옹(쌩-떼밀리옹)

■ 샤-또 슈발블랑(쌩-떼밀리옹)

■ 샤-또 오존(쌩-떼밀리옹)

■ 샤-또 라세끄 쌩-떼밀리옹(쌩-떼밀리옹)

■ 샤-또 라뚜르 마틸락(그라브)

■ 샤-또 오 브리옹(그라브)

■ 샤-또 페랑도(그라브)

■ 샤-또 뇌프-뒤-빠쁘(론)

■ 쥬브레 샹베르 뗑(꼬뜨 드 뉘)

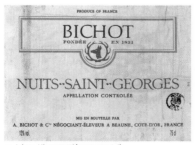

■ 뉘뜨 생 죠르쥐(꼬뜨 드 뉘)

■ 뿌이이 퓨메(꼬뜨 마꼬네)

■ 샤블리 프리미에 끄뤄(샤블리)

■ 샤블리 루이쟈도(샤블리)

■ 샤블리 그랑 끄뤄(샤블리)

■ 샤블리 조셉 드루엥(샤블리)

■ 디우제 블랑 드블랑(샹빠뉴)

■ 랑송(샹빠뉴)

■ 돔 뻬리뇽 모에 샹동(샹빠뉴)

■ 폴 로져(샹빠뉴)

■ 샤를르 제드식(샹빠뉴)

■ 물렝-아-방(보졸레)

■ 보졸레 누보(보졸레)

■ 보졸레 누보(보졸레)

2. 이탈리아 와인(Italian Wine)

이탈리아는 거의 전 지역에서 와인이 생산되고 있으며, 와인의 생산량도 세계에서 제일 많다. 뿐만 아니라 유럽에서 가장 오래된 와인 생산국이기도 하다. 이탈리아인은 1인당 62리터 정도의 와인을 마셔 세계에서 프랑스인 다음으로 많이 마시고 있다. 이러한 이유 중에는 이탈리아 와인의 품질이 매우 뛰어난 것도 한 몫을 한다.

이탈리아 와인의 역사는 로마시대부터 시작된다. 이때는 와인을 생산한 후 국내에서 소비하다가 로마 군대가 유럽을 점령하면서 유럽 전역에서 양조용 포도가 재배되기 시작했다. 즉 프랑스를 점령한 로마 군대가 주둔지 근처에 포도나무를 심어 프랑스 와인이 시작되었고, 독일 점령 후 독일 지역에 포도 재배를 시작하여 독일 와인이 시작되었다. 이와 같이 이탈리아 와인은 그 역사나 품질 면에 있어서 세계 최고의 수준이지만 의외로 프랑스에 비해 상대적으로 싸게 판매되고 있다. 이러한 현상은 국제사회의 정치적 여건에도 영향을 받은 것이겠지만 이탈리아 와인에 대한 국내, 국제적 마케팅 활동이 늦게 시작되어 아직 적절한 평가를 받지 못하고 있기 때문이기도 하다.

(1) 이탈리아 와인의 등급에 의한 분류

이탈리아는 크게 20개의 와인 생산 지역이 있으며 와인의 등급은 최상급인 DOCG, 고급인 DOC, 아래 등급인 비노 다 타볼라(Vino da Tavola)로 구분된다.

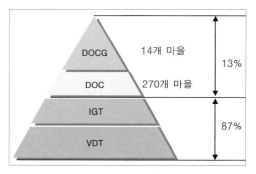

Quality Wine(품질이 우수한 와인)		Table Wine	
최상급	상급	지방(지역) 와인	테이블 와인
DOCG	DOC	IGT(VdP)	VdT
전체 생산량의 13%		전체 생산량의 87%	

① 데노미나찌오네 디 오리지네 콘트롤라타 에 가란티타(Denominazione di Origine Controllata E Garantita; DOCG)

이 DOCG 와인은 DOC보다 고급이며 최상급 와인이다. 이 와인은 더 엄격한 규정을 따라야 하며, DOCG의 가란티타(Garantita)란 이탈리아 정부에서 그의 품질을 보증한다는 뜻으로 최상급 와인을 의미한다. 초기에는 이탈리아 국내에 단지 4개의 DOCG가 있었다.

즉 피에몬테 지역의 바롤로(Barolo), 바르바레스코(Barbaresco), 토스카나 지역의 브루넬로 디 몬탈치노(Brunello di Montalcino), 비노 노빌레 디 몬테풀치아노(Vino Nobile di Montepulciano) 등이 바로 그것이다. 그러다 1984년에 세계적으로 잘 알려진 끼안티(Chianti)가 추가되었고 1987년에는 알바나 디 로마냐(Albana di Romagna)가 추가되었으며, 그 이후에 6개가 더 추가되었다. 앞으로도 더 추가되겠으나, 그 숫자는 매우 한정되게 지정하여 최상급으로서의 권위를 지켜나갈 것으로 본다. 이들 DOCG 와인은 병목에 분홍색 띠를 둘러서 아래 등급과는 차별되게 하여 판매하고 있다.

② 데노미나찌오네 디 오리지네 콘트롤라타(Denominazione di Origine Controllata; DOC)

DOC 와인 생산지는 지역 내의 자신의 포도원에서 재배한 포도를 사용해야 하고, 단위면적당 일정량 이상의 포도를 생산해서도 안되며, 정해진 기간 이상으로 숙성시켜야 하는 등 포도 재배와 와인제조에 대한 규제사항이 많다. 뿐만 아니라 당국의 주기적인 점검을 받아야 하는 등 많은 규제를 통해 고급와인을 생산하도록 하는 규정이 1963년에 제정되어 실시되고 있다. 현재 이탈리아 국내에 250개의 DOC 와인이 있으며, 이탈리아 전체 와인 중 약 10~12%만이 DOC등급으로 분류되어 있다.

③ 인디카찌오네 제오그라피카 티피카(Indicazione Geografica Tipica)

생산지명만 표시하는 것과 포도품종과 생산지명을 표시하는 두 가지가 있다.

④ 비노 다 타볼라(Vino da Tavola)

이 등급은 특별한 제한이 없는 와인으로 저가로 판매되고 있다.

1) 포도품종

(1) Rosso(Red)

① 바르베라(Barbera)

이탈리아 피에몬테(Piemonte) 지방에서 널리 재배되는 레드 와인 품종으로 높은 산도와 조화로운 맛을 가지고 있지 않아 테이블 와인의 블렌딩용으로 많이 사용하고 있다.

② 네비올로(Nebbiolo)

이탈리아 북서부의 최고급 전통품종으로 바롤로와 바르바레스코를 생산한다. 네비올로(Nebbiolo)는 이탈리아어로 안개를 뜻하는 네비아(Nebbia)에서 유래되었다. 이 포도품종은 10월 말경에야 익게 되는 만숙종인데, 이때쯤 되면 포도밭에 안개가 곧잘 끼게 되고, 이 안개가 네비올레의 거친 맛을 완화시켜 준다고 한다.

포도 알이 작고 껍질은 두껍고 짙은 보라색이며 풍미는 까베르네 쇼비뇽보다 훨씬 더 부드럽다.

③ 산지오베제(Sangiovese)

산지오베제(Sangiovese)는 네비올로 품종과 더불어 이탈리아를 대표하는 토착품종으로 중부지방의 주 포도품종이다. 끼안티를 비롯하여 중부지역의 주요 적포도주 생산에 사용되고 있으며 껍질이 두껍고 씨가 많아 타고난 높은 산미와 타닌으로 인해 견고한 느낌을 준다. 진하고 선명한 색상으로 초기향은 블랙체리, 말린 자두, 담뱃잎, 허브, 건초 등의 향이 나고 숙성되면서 육감적인 동물적 풍미로 바뀐다.

④ 돌체토(Dolcetto)

이탈리아 피에몬테 지방에서 재배되는 산도가 낮은 적포도 품종으로 Dolcetto는 'little sweet one'이란 뜻이다. 진한 자주색

을 내며, 과일향, 아몬드향, 감초향이 나는 부드러운 와인을 생산한다. 시간이 지나면 과일향이 감소하기 때문에 영한 상태에서 마시는 게 좋다.

⑤ 그리뇰리노(Grignolino)

그리뇰리노(Grignolino)는 피에몬테 와인 중에서 가볍게 마시기 좋은 가벼운 레드나 로제 와인을 만들며, 강한 산도, 풍부한 과일향을 지니고 있다.

⑥ 브라케토(Brachetto)

이탈리아 북서부 피에몬테 아퀴(Aqui) 지방에서 주로 재배된다. 아로마가 강한 피에몬테 주의 브라케토와 단순한 맛을 내는 니짜 마리띠마(Nizza Marittima)의 브라케토 두 종류로 알려져 있다. 섬세하고 특색 있는 부드러운 맛의 스푸만

테를 생산하는 것이 일반적이지만 강도 높은 파시토(Passito; 건포도로 만든 와인)를 만들기도 한다.

로사리갈 브라케토 다퀴

(2) Bianco(White)

① 모스카토(Moscato)

모스카토(Moscato)는 달콤한 스타일의 스위트 화이트 와인을 생산하는 품종으로 원산지는 지중해 연안이다. 뜨거운 태양 아래 과숙된 포도가 주는 짙은 풍미와 높은 당도 때문에 디저트 와인으로 이용되고 있다. 대부분 스위트 와인으로만 알고 있지만, 프랑스 알자스 지방에서는 드라이한 와인도 생산된다.

빌라 M

- **프랑스 알자스** : 감미로운 풍미의 강한 드라이 와인. 감귤 껍질, 자몽, 화사한 꽃향기 등이 풍성한 드라이 와인 생산
- **이탈리아 아스티** : 알코올함량 5~6% 정도의 가벼우면서 달콤한 사이다 같은 발포성 와인을 생산

② 삐노 그리지오(Pinot Grigio)

이탈리아 북동쪽에서 재배되고 있는 삐노 그리지오(Pinot Grigio)는 프랑스에서는 삐노 그리(Pinot Gri)라 불리는데, 주로 서늘한 지역에서 많이 재배되고 있다. 산도가 풍부하고 상큼한 라이트바디(Light Body) 화이트 와인을 만든다.

③ 트레비아노(Trebbiano)

이탈리아에서 가장 널리 재배되는 청포도품종으로 오르비에토(Orvieto), 소아베(Soave) 등 드라이 화이트 와인을 주로 만든다. 높은 산도, 중간 정도의 알코올, 중성적인 향을 가지고 있으며, 라이트바디하면서 평범한 특성 때문에 주로 다른 품종과 블렌딩용으로 사용된다. 프랑스에서는 위니 블랑(Ugni Blanc)으로 부르며, 주로 브랜디를 만든다.

④ 아르네이스(Arneis)

이탈리아 피에몬테에서 재배되는 청포도품종으로 1970년대에는 인기가 없었으나 1980년대부터는 인기가 많아졌다. 이 포도품종의 특징은 허브향과 아몬드향이 매력적이다.

⑤ 가르가네가(Garganega)

베네또(Veneto) 지방의 부드러운 화이트 와인인 소아베(Soave)를 만드는 전통 포도품종으로 전형적인 꽃향과 과일향, 신선하고 은은한 맛과 함께 스파이시한 끝맛이 난다.

⑥ 말바지아 비앙카(Malvasia Bianca)

청포도품종으로 달콤한 강화 와인을 만든다. 말바지아 화이트 와인(Malvasia White Wine)은 색이 짙고, 높은 알코올도수와 너트(Nut)류의 향을 가지고 있다.

2) 이탈리아 유명 와인산지의 분류

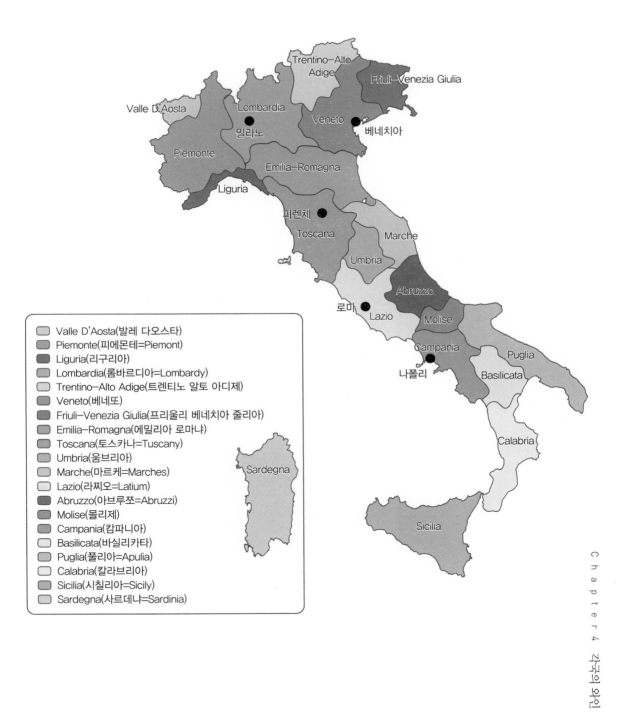

Trentino–Alto Adige

Friuli–Venezia Giulia

Valle D'Aosta

Lombardia

Veneto

밀라노

베네치아

Piemonte

Emilia–Romagna

Liguria

피렌체

Toscana

Marche

Umbria

Abruzzo

로마

Lazio

Molise

Campania

Puglia

나폴리

Basilicata

Sardegna

Calabria

Sicilia

◯ Valle D'Aosta(발레 다오스타)
◯ Piemonte(피에몬테=Piemont)
◯ Liguria(리구리아)
◯ Lombardia(롬바르디아=Lombardy)
◯ Trentino–Alto Adige(트렌티노 알토 아디제)
◯ Veneto(베네또)
◯ Friuli–Venezia Giulia(프리울리 베네치아 줄리아)
◯ Emilia–Romagna(에밀리아 로마냐)
◯ Toscana(토스카나=Tuscany)
◯ Umbria(움브리아)
◯ Marche(마르케=Marches)
◯ Lazio(라찌오=Latium)
◯ Abruzzo(아브루쪼=Abruzzi)
◯ Molise(몰리제)
◯ Campania(캄파니아)
◯ Basilicata(바실리카타)
◯ Puglia(풀리아=Apulia)
◯ Calabria(칼라브리아)
◯ Sicilia(시칠리아=Sicily)
◯ Sardegna(사르데냐=Sardinia)

지역 이름	20개 주 이름	전체 DOCG 와인 (현재 14개 와인)	중요 DOC 와인 (현재 270개 와인)
북동부	베네또 Veneto		Valpolicella(R) Soave(W) Bardolino(R, Rose)
	트렌티노 알토 아디제 Trentino-Alto Adige		Alto Adige(R, W, Rose) Trentino(R, W, Rose) Santa Maddalena(R)
	프리울리 베네치아 쥴리아 Friuli-Venezia Giulia		Colli Orientali Del Friuli(R, W, Rose) Colli Goriziano(R, W)
북서부	발레 다오스타 Valle d'Aosta		Valle d'Aosta
	피에몬테 Piemonte	Barolo(R) Barbaresco(R) Gattinara(R) Asti(R)	Barbera d'Asti Barbera del Monferato Carema Dolcetto d'Asti Cortese di Gavi(White) Vermouth(W)
	롬바르디아 Lombardia	Franciacorta(W, Rose)	Terre di Franciacorta(R, W) Lugana(W) Valtellina Oltrepo Pavese(R, W, Spa, Rose)
	에밀리아 로마냐 Emilia Romagna	Albana di Romagna(R)	Colli Piacentini(R, W, Rose) Lambrusco di Sorbara(R) Sangiovese di Romagna(R) Trebbiano di Romagna(B)
	리구리아 Liguria		Riviera Ligur di Ponente(R, W) Rossese di Dolceacqua(R)
중부	토스카나 Toscana	Chianti(R) Brunello di Montalcino(R) Vino Nobile di Montepuciano(R) Carmignano Rosso(R) Vernaccia di San Gimignano(R)	Colline Lucchesi(R, W) Moscadello di Montalcino(R) Rosso di Montalcino(R)
	움브리아 Umbria	Torgiano Rosso Riserva(R) Montefalco Sagrantino(R)	Torgiano(W) Orvieto(W)

지역 이름	20개 주 이름	전체 DOCG 와인 (현재 14개 와인)	중요 DOC 와인 (현재 270개 와인)
	마르케 Marche		Rosso Conero(R) Rosso Piceno(R) Verdicchio di Matelica(W) Verdicchio di Serrapetrona(W) Verdicchio dei Casteli di Jesi(W)
	라찌오 Lazio		Est! Est!! Est!!!(W) Montefiascone(W) Frascati(W)
	아브루쪼 Abruzzo		Montepulciano d'Abruzzo(R, W) Trebbiano d'Abruzzo(R, W)
	몰리제 Molise		Biferno(R, W) Pentro di Isernia(R, W)
남 부 및 섬	캄파니아 Campania	Taurasi(R)	Lacryma Christi del Vesuvio(R, W, Rose) Fiano di Avellino(W) Greco di Tufo(W)
	풀리아 Puglia		
	바실리카타 Basilicata		Aglianico del Vulture(R)
	칼라브리아 Calabria		Ciro(R, W, Rose)
	시칠리아 Sicilia		Marsala(Fortified Wine) Moscato di Pantelleria(B) Etna(R, W, Rose) Marvasia Delle Lipari(W)
	사르데냐 Sardegna		Vermentino di Gallura(W) Malvasia di Cagliari(W) Vernaccia di Oristano(W) Cannonau di Sardegna(R, Rose)

(1) 북동부 지역

베네또(Veneto), 트렌티노 알토 아디제(Trentino Alto-Adige), 프라울리 베네치아 줄리아(Friuli-Venezia Giulia)의 세 지역으로 이루어진 북동부 지역은 이탈리아 와인의 20% 정도를 차지하고 있으며 생산량에 비해 DOC 와인이 많이 분포되어 있다.

① 베네토

베네또(Veneto) 지역은 베니스 근처 알프스산맥의 산기슭에 위치해 있으며, 소아베(Soave), 발폴리첼라(Valpolicella)와 바르돌리노(Bardolino) 지방에서 DOC 와인이 많이 생산된다. 특히 이 지역의 도시인 베로나는 전체 이탈리아 수출 와인의 중심지로서 이탈리아 최대의 와인 전시회인 비니탈리(VINITALY)

발폴리첼라　　**소아베**

가 매년 4월에 개최된다. 이 지역의 유명한 와인으로는 화이트 와인인 소아베, 레드 와인인 발폴리첼라와 로제 와인인 바르돌리노가 있다.

● 소아베(Soave)

소아베는 가르가네가(Garganega)와 트레비아노 디 소아베(Trebbiano di Soave)로 만들며 보통 드라이하고 거품이 없다. 소아베는 이탈리아에서 가장 인기 있는 드라이 화이트 와인이며, 생산량으로는 등급을 받은 와인 중에서 끼안티와 아스티에 이어 세 번째(일 년에 5천만 리터 이상)이다.

● 발폴리첼라(Valpolicella)

발폴리첼라는 코르비나(Corvina), 론디넬라(Rondinella), 몰리나라(Molinara) 포도를 혼합하여 만들며, 일 년에 3천만 리터를 생산하여 그 양에 있어 DOC 중 네 번째이다. 또한 발폴리첼라는 상대적으로 숙성을 덜 시켜 마시는 강력한 레드 와인으로,

소아베 클라시코

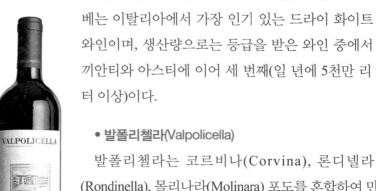

조닌 발폴리첼라
(Zonin Valpolicella)

베로나 북부 언덕에 있는 포도밭에서 생산되는 포도를 약간 건조시켜 아주 드라이한 아마로네 델라 발폴리첼라(Amarone della Valpolicella), 또는 스위트한 레쵸토 델라 발폴리첼라(Recioto della Valpolicella)로 만들기도 한다. 아마로네는 이탈리아에서 가장 권위 있는 레드 와인으로 인정받고 있으며, 전 세계적으로 찬양자가 늘어나고 있다. 이 와인은 숙성된 와인으로 매우 우수한 레드 와인 중 하나이다.

바르돌리노(Bardolino)

- 바르돌리노(Bardolino)

바르돌리노는 코르비나(Corvina)를 주품종으로 만들며, 가벼운 레드 와인과 진한 핑크의 키아레토(Chiaretto) 둘 중의 어느 것이나 마시기가 아주 쉽다. 또한 바르돌리노는 베네또가 생산하는 또 다른 분류인 비노 노벨로(Vino Novello)로써도 인기가 있다. 바르돌리노는 가르다 호수 주위에서 생산되며, 일 년에 2천만 리터를 생산하여 생산량에서도 높은 순위에 있다.

② 트렌티노 알토 아디제(Trentino Alto Adige)

스위스와 오스트리아의 국경과 맞닿아 있는 이탈리아의 가장 북쪽 지역이다. 이곳 사람들은 오스트리아의 영향을 받아 주로 독일어를 사용하고 있으며 와인 레이블에서도 오스트리아 스타일로 지명을 표기하기도 한다. 주요 DOC 와인을 살펴보면 다음과 같다.

- 알토 아디제(Alto Adige) DOC
- 트렌토(Trento)
- 발다디제(Valdadige)
- 라고 디 카르다로(Lago di Cardaro)
- 카스텔레르(Casteller)

(2) 북서부 지역

이탈리아 북서부 지역은 프랑스와 경계를 이루는 몬테 비앙코(몽블랑)에서 아드리아해까지로 이탈리아 최고의 와인들이 생산되는 지역이다. 프랑스에서 만년설로 뒤덮인 몽블랑 터널을 지나 이탈리아로 넘어오면 가장 먼저 만나게 되는 산지

가 발레 다오스타(Valle d'Aosta)이
고, 이탈리아 최고의 와인산지인 피
에몬테(Piemonte), 그리고 리구리아
(Liguria), 롬바르디아(Lombardia), 에
밀리아 로마냐(Emilia Romagna)의 5
개 와인산지로 구성되어 있다.

① 발레 다오스타(Valle d'Aosta)

아오스타 계곡은 스위스, 프랑스 국경지대인 산악지역으로 바위
가 많고 알프스의 영향으로 안개가 많으며 포도를 재배하기가 쉽지
않은 아주 작은 산지이다.

② 피에몬테(Piemonte)

피에몬테는 '산기슭에 있는 땅(Foot of Mountain)'이란 뜻으로
프랑스에서 이탈리아로 가는 도중에 몽블랑산 아래의 터널을
지나면 아름다운 산악지대가 나오는데, 이 지역이 바로 피에몬
테 지역이다. 여름에는 덥고 가을에는 선선해서 포도 재배에 적
당하다.

피에몬데 최고의 레드 와인은 바롤로(Barolo)와 바르바
레스코(Barbaresco)이다. 이것은 이들의 마을이름에서 붙
여진 것이다. 이들 와인은 풍부한 과육을 지닌 우아하고 여
성적인 포도품종인 네비올로(Nebbiolo) 포도로 만들어진다.

바르베라 달바
(Barbera D'alba)

• 바롤로(Barolo)

바롤로는 이탈리아의 작은 동네의 이름이다. 이곳에서는 1850년 이전까
지는 포도주스의 당분을 완전히 발효시키지 못해서 늘 당분이 남아 있는 와
인을 만들었다. 그러나 바롤로 지역의 한 포도원 주인이 프랑스의 양조기술
자인 루이 오우다를 채용해서 포도를 늦게 수확하고, 또 발효방법 등을 개
선해서 큰 오크통에 술을 보관하여 힘 있는 와인을 생산하게 된 후부터 국
내외에 유명한 바롤로가 생산되기 시작했다.

이 와인은 바디(body)가 강한 레드 와인으로 축제나 특별한 행사에 많이

바롤로 체레토

사용되고 있으며, 적어도 3년 이상 오크통에서 숙성시키는 이탈리아 최고급와인의 하나이다.

● 바르바레스코(Barbaresco)

바르바레스코는 이탈리아의 작은 동네 이름이자 와인 이름이다. 조금 가벼운 레드 와인으로 짧은 기간 동안 나무통에 저장시켜서 만든다. 이 지역의 유명한 바르바레스코 와인회사로는 가야(Gaja)가 있으며, 136에이커에서 바르바레스코를 연간 10,000상자씩 생산하고 있고, 이탈리아에서 가장 고가로 판매되고 있는 와인의 하나이다.

● 아스티(Asti)

모스카토(Moscato)품종으로 프리잔테 스타일의 달콤한 와인과 스파클링 와인인 스푸만테(Spumante)를 만드는 지역이다. 와인에 미세한 기포가 이는 것을 프리잔테라 하는데 좀 더 산뜻한 와인이 된다. 알코올도수는 5~5.5% 정도의 달콤하면서 상큼한 매우 부드러운 와인이다. 스파클링 와인인 스푸만테는 아스티 스푸만테(Asti Spumante)라는 이름으로 세계인의 사랑을 받고 있다.

바르바레스코
안젤르가야

아스티 스푸만테

③ 롬바르디아(Lombardia)

롬바르디아는 알프스의 설경과 가르다(Garda), 코모(Como) 등의 호수들과 어울려 아름다운 경관을 자랑하는 지역이다.

④ 에밀리아 로마냐(Emilia Romagna)

에밀리아 로마냐(Emilia-Romagna) 지역은 이탈리아에서 가장 많은 와인을 생산하고 있으나 와인의 특징이 거의 없다. 볼로냐(Bologna)는 문학과 영화가 발달한 지역이기도 하며 스파게티 볼로네이즈가 만들어진 마을로 유명하

다. 팔마(Parma)는 팔마산 치즈와 프로슈토햄 등으로 유명하고 매우 부유한 마을로 알려져 있다. 모덴하(Modenha)는 와인을 발효시켜 만든 식초인 발사믹으로 유명한 마을이다.

⑤ 리구리아(Liguria)

피에몬테 지역의 남부 해안을 따라 지중해에 접한 급경사지에 포도밭이 좁고 길게 조성되어 있다.

(3) 중부 지역

각종 문화유적과 웅장한 역사가 숨 쉬고 있는 이탈리아 중부지역은 관광뿐 아니라 와인산업으로도 이탈리아 와인의 중심축 역할을 하고 있다.

토스카나, 움브리아, 마르케, 라치오, 아브루쪼, 몰리제 등 6개 와인산지로 구성되어 있다.

① 토스카나

토스카나(Toscana)는 피렌체 부근에 있는 포도 재배지역으로 세계적으로 유명한 레드 와인인 끼안티의 생산지역이다. 끼안티는 외국에서 이탈리아 와인하면 10명 중 9명은 끼안티를 꼽을 정도로 유명하다. 이것은 모양과 포장이 특이한 피아스코 병 때문이며, 지금도 끼안티의 상당량이 이 병에 담겨져 판매되고 있다.

끼안티에서는 레드 와인 포도품종으로 산지오베제(Sangiovese) 등을 쓰고 화이트 와인은 말바지아(Malvasia) 등을 사용한다.

토스카나의 유명한 와인으로는 이탈리아 최고급 등급의 DOCG 와인들인 브루넬로 디 몬탈치아노(Brunello di Montalciano), 비노 노빌레 디 몬테풀치아노(Vino Nobile di Montepulciano), 끼안티가 있다. 이 지역의 유명한 와인회사로는 안티노리, 루뻬노, 프레스 코발디가 있다.

루피노 끼안티
(Ruffino Chianti)

② 움브리아(Umbria)

이탈리아 반도 중심부의 움브리아(Umbria) 지방은 몬떼팔꼬 언덕의 특산 품종인 사그란띠노(Sagrantino)라는 레드품종이 유명한데, 이 품종은 이탈리아 포도품종 중 폴리페놀(타닌)을 가장 많이 함유하고 있다.

특이한 병에 넣어진 세계적인 이탈리아 와인, 끼안티

끼안티는 호리병 모양의 와인 병(피아스코 병이라고 함) 아랫부분이 라피아(Raffia)라 불리는 짚으로 싸여 있는데, 그 특이한 모양 때문에 전 세계는 물론이고 한국에서도 잘 알려져 있다.

끼안티 와인 병을 이렇게 짚으로 싼 데에는 그 유래가 있다.

아주 먼 옛날 이탈리아의 농부들은 밭에서 일을 할 때 갈증이 나거나 한 잔 하고 싶어지는 경우에 대비해서 와인 병을 짚으로 싼 후 새끼줄로 매어 허리춤에 차고 다니면서 일을 했다고 한다. 열심히 일하던 농부들은 갈증이 나거나 한 잔 하고 싶을 때 허리춤에 찬 와인을 한 잔씩 마시곤 하였는데, 이런 풍습이 전해 내려오면서 지금과 같은 독특한 모양의 피아스코 병이 생겨나게 되었다고 한다.

과거 인건비가 쌀 때에는 병을 짚으로 싸는 작업에 어려움이 없었으나 지금은 포장비가 술값보다 더 비싸므로 최근에는 베트남에서 갈대를 수입해 포장함으로써 원가를 맞추고 있다.

끼안티의 중심지역인 끼안티 클라시코(Chianti Classico)는 검은 수탉의 그림을 병목부분에 붙여서 판매하고 있다.

옛날에 끼안티를 담기 위해 수레에 담는 모습과 수레에 실린 끼안티 와인들

③ 마르케(Marche)

아드리아 해안과 아펜니노산맥에 좁게 형성된 화이트 와인산지로 베르디키오(Verdicchio)라는 화이트 와인 포도품종이 있다.

④ 라치오(Lazio)

라치오(Lazio) 지방은 화산성 토양에 일조량이 풍부한 지역으로 말바지아
(Malvasia)와 트레비아노(Trebbiano)를 중심으로 화이트 와인 생산에 매우 적합한
곳이다.

⑤ 아브루쪼(Abruzzo)

아브루쪼(Abruzzo)는 3분의 2가 산이고 3분의 1이 언덕으로 이루어진 포도 재배
에 좋은 환경을 갖고 있다. 레드품종으로 몬테풀치아노(Montepulciano)와 화이트
품종인 트레비아노(Trebbiano)가 유명하다.

⑥ 몰리제(Molise)

몰리제(Molise)는 아브루쪼(Abruzzo)의 남쪽에 위치해 있으며 환경이 아브루
쪼(Abruzzo)와 비슷하다. DOC 지역은 비페르노(Biferno)와 펜트로 디 이세르니아
(Pentro di Isernia), 몰리제(Molise) 등의 3곳이 있다.

(4) 남부 및 섬 지역

① 캄파니아(Campania)

나폴리가 있는 캄파니아(Campania) 지방은 타닌성분이 풍
부한 알리아니코(Aglianico)라는 레드품종으로 만들어지는
타우라지(Taurasi) 와인이 유명하다. 타우라지(Taurasi)는 이탈
리아 남부 최초의 DOCG 와인이며 이 지방을 대표하는 와인
으로 '남부의 바롤로(Barolo)'라고 불린다. 화이트 품종으로는
사과, 레몬향이 나는 토착품종 팔랑기나(Falanghina)가 유명
하다.

② 풀리아(Puglia)

이탈리아를 장화모양으로 봤을 때 발뒤꿈치에 해당하는 위
치에 있다. 이곳에서는 화이트, 레드, 로제가 모두 생산되는데
특히 로제가 인기가 있다.

타우라지

③ 바실리카타(Basilicata)

알리아니코(Aglianico) 품종 100%로 만든 알리아니코 델 불투레(Aglianico del Vulture)가 유일한 DOC이다.

④ 칼라브리아(Calabria)

이탈리아 장화 모양 지도에서 발끝에 해당하는 지역으로 해변에서 고원지대까지 산악지역이 많아 기후변화가 심한 곳이다. 이 지역의 많은 와인 중 과일향이 풍부한 치로(Ciro) 와인이 유명한데 이오니아해의 낮은 언덕에서 생산된다.

⑤ 시칠리아(Sicilia)

시칠리아는 지중해에서 가장 큰 섬으로 와인 생산량은 베네또(Veneto) 다음으로 많다. 생산량의 70%를 협동조합 형태로 생산하고 있지만 최상급 품질의 와인생산에 중점을 두는 개인 소유의 포도밭도 늘어나고 있다.

시그너스   페도 아란치오 샤르도네

시칠리아 섬에는 깔라브레제(Calabrese)라고도 불리는 네로 다볼라(Nero d'Avola) 토착품종이 있는데 대체로 맛이 가볍고 산도가 높기도 하지만, 질감이 풍부하고 거친 듯 풍부한 과일향이 나며 시라(Syrah), 메를로(Merlot) 등과 블렌딩을 하기도 한다.

시칠리아(Sicilia) 와인은 '이탈리아 와인의 뜨는 별'이라고 표현될 정도로 최근 들어 생산량이나 품질 면에서 빠른 성장을 이루고 있다.

⑥ 샤르데냐(Sardegna)

샤르데냐(Sardegna)는 지중해에서 2번째로 큰 섬으로 이탈리아 서쪽 지중해에 위치해 있다. 섬의 북부 갈루라(Gallura) 반도의 산비탈 지역에서는 베르멘티노 디 갈루라(Vermentino di Gallura)라는 DOCG 와인이 생산되는데 이 와인은 베르멘티노(Vermentino) 품종으로 만든 드라이한 와인이며, 샤르데냐에서 유일하다.

이탈리아 와인용어 해설

- 클라시코(Classico) : 그 지역의 가장 좋은 곳. 중심지에서 온 것
- 임보틸리아토 넬 오리지네(Imbottigliato Nel Origine) : 포도원에서 병입
- 피아스크(Fiasco) : 플라스크(짚)
- 비앙코(Bianco) : 화이트
- 로소(Rosso) : 레드
- 네로(Nero) : 매우 짙은 적색
- 로사토(Rosato) : 핑크
- 세코(Secco) : 드라이
- 돌체(Dolce) : 매우 스위트
- 스푸만테(Spumante) : 발포성(Sparkling)
- 비노 리쿼로조(Vino Liquoroso) : 알코올 강화 와인
- 비노 다 파스토(Vino da Pasto) : 보통 와인
- 우바조(Uvaggio) : 여러 포도품종으로 잘 혼합된
- 아보카토(Abboccato) : 약간 스위트한
- 아마빌레(Amabile) : 아보카토보다 더 스위트한
- 아마로(Amaro) : 비터 또는 매우 드라이
- 아슈토(Asciutto) : 매우 드라이

메를로 베네토
(Merlot Veneto)

반피 포지오 알레
무라

반피 끼안티
클라시코 리세르바

반피 센티네

이탈리아 와인의 라벨

① 와인명(카스텔로 디 베라치노)
② 포도 재배지역명(끼안티 클라시코)
③ 품질등급 중 DOCG급임을 나타냄
④ 포도의 수확연도 즉, 빈티지(Vintage)
　 가 1993
⑤ 회사명(베라치노)

■ 카스텔로 디 베라치노(토스카나)

■ 바르베라 달바(피에몬테)

■ 바롤로 몬팔레토(피에몬테)

■ 네비올레 랑게(피에몬테)

■ 돌체토 달바(피에몬테)

■ 바르바레스코(피에몬테)

■ 바롤로 스페르스(피에몬테)

■ 엘리오로 샤르도네(피에몬테)

■ 바롤로(피에몬테)

■ 발폴리첼라 클라시코(베네토)

■ 까비넷 베네토(베네토)

■ 소아베 클라시코(베네토)

■ 로쏘 디 몬탈치노(토스카나)

■ 브루넬로 디 몬탈치노(토스카나)

■ 베네치아 디 산 지미그나노
　(토스카나)

■ 몬테소디 끼안띠 루피나
　(토스카나)

■ 알 테니 디 브라시카 쇼비뇽 블랑

3. 독일 와인(German Wine)

WINE COUNTRY GERMANY

GERMAN WINES
LIGHT AND ELEGANT *naturally*

독일은 프랑스에 비해 와인 생산량은 그다지 많지 않지만 품질 좋은 화이트 와인의 명산지이다. 독일에서 생산되는 와인은 약 85%가 화이트 와인이며, 알코올도수는 평균 7.5～10%로 다른 나라에서 생산되는 와인에 비해 알코올도수가 낮다.

이 지역의 신선함과 순함, 포도의 신맛과 천연의 단맛이 서로 균형을 이루면서 작용하는 조화가 독일산 와인의 큰 특징이다. 특히 천연의 단맛이 있는 관계로 독일와인은 처음 와인 맛을 들이는 사람이나 여성에게 알맞다.

독일의 우수한 와인은 13개 지방에서 생산되고 있는데, 라인강 유역과 모젤-자르-루버(Mosel-Saar-Ruwer) 유역의 2대 산지로 유명하다.

모젤 자르 루버 지역에서 생산되는 와인은 신선하고 약간 신맛이 나며 녹색병이 사용되는데 반해, 라인 지역에서 생산되는 와인은 부드러우며 갈색병이 사용된다. 포도의 품종은 개성이 뚜렷한 리슬링(Riesling)종과 부드러운 실바너(Silvaner)종을 많이 사용한다.

1) 독일 와인에 관한 법률

독일의 와인 품질검사기준법은 1879년에 처음으로 제정되었으나, 수차례에 걸쳐 수정되어 왔으며, 1970년대에는 한때 유명무실하였다가 1982년에 현재의 법으로 확정되어 시행하고 있다. 독일와인의 품질등급분류는 크게 두 가지로 타펠바인(Tafelwein; Table Wine)과 크발리태츠바인(Qualitätswein; Quality Wine, 품질이 우수한 와인)으로 분류되며, 와인은 포도의 성숙정도와 수확시기에 따라 품질이 결정되고 늦게 수확한 것이 더 좋은 와인을 만든다.

와인의 품질을 세부적으로 분류하면 다음과 같다.

에르드네르 트렙쉔　　베른카스텔 닥터

Quality Wine(품질이 우수한 와인)		Table Wine	
최상급	상급	지방(지역) 와인	테이블 와인
QmP (큐엠피)	QbA (큐비에이)	Landwein (란트바인)	Tafelwein (타펠바인)
가장 품질이 좋은 와인으로 QbA급 와인과는 달리 가당을 하지 않는다.	13개 특정지역에서 생산되는 품질이 좋은 와인으로 알코올도수를 높이기 위해 가당을 한다.	알코올도수, 산도 등 최소한의 규정으로, 19개의 특정 지역에서 생산되는 와인	유럽연합(EU) 소속 국가 내에서 재배된 포도로 자유롭게 만든 와인이며, 100%로 독일에서 재배된 포도로만 만든 경우 도이처 타펠바인이라고 표기한다.

(1) 타펠바인(Tafelwein)

가장 낮은 등급으로 독일 전체의 5% 정도가 해당되며 테이블급 와인이다. 타펠바인(Tafelwein)은 포도의 생산이 독일 내에서 이루어졌는지 독일 이외에서 이루어졌는지로 구분되며 독일 내에서 이루어졌으면 라벨에 '도이처(Deutscher)'라는 단어를 표기한다.

- **도이처 타펠바인(Deutscher Tafelwein)** : 독일에서 생산된 포도로 양조한 테이블급 와인
- **유럽연합 타펠바인(Euro Tafelwein)** : 'Deutscher'라는 단어를 라벨에 표기할 수 없으며 유럽 여러 나라에서 만들어진 와인으로 독일 와인회사들에 의해 유통되는 와인

(2) 란트바인(Landwein)

1982년에 법이 개정되면서 도입된 등급으로 프랑스의 뱅 드 뻬이에 해당하는 등급으로 타펠바인보다 약간 상위등급이다. 17개의 특정지역에서 만들어지고 라벨에 지역이 명시된다.

(3) 크발리태츠바인(Qualitätswein)

품질이 우수한 양질의 와인으로 포도가 성숙한 적기에 수확하지 않고 늦게 수확하여 와인을 만들며, 크발리태츠바인 베쉬팀터 안바우게비테(Qualitätswein bestimmter Anbaugebiete; QbA)와 크발리태츠바인 미트 프래디카트(Qualitätswein mit Prädikat; QmP)의 두 가지로 분류한다.

① 크발리태츠바인 베쉬팀터 안바우게비테(Qualitätswein bestimmter Anbaugebiete; QbA)

품질이 우수한 와인으로 13개 지역에서 많은 양을 생산하며, 발효과정에서 부족한 당분을 첨가하는 것이 허용된다. 지역의 특성과 전통적인 맛을 보증하기 위하여 포도원에 토질, 품종, 재배방법, 생산과정을 검사받아 와인의 품질을 보증하게 된다.

② 크발리태츠바인 미트 프래디카트(Qualitätswein mit Prädikat; QmP)

당분이 풍부한 포도만을 원료로 만든 상급의 와인으로 포도를 적기에 수확하지 않고 당도가 많이 성숙할 때 수확시기를 조절하여 와인을 만들며, 별도로 당분을 첨가하는 것이 법으로 금지된다. 제한된 지역에서 좋은 품종의 포도만을 재배하여 현지에서 발효시켜서 품질심사를 받은 와인은 생산지와 검사번호가 기재된다.

심사는 3단계의 품질관리 검사를 받는데, 1단계는 포도수확 시 성숙도의 심사를 받으며, 2단계는 알코올함량, 잔류 당도, 엑기스분 등을 검사받으며, 3단계에서는 관능검사로 전문가들로 구성된 검사관들이 엄격한 검사를 하여 판정하는데, 생산자의 이름은 기재하지 않고 비밀로 하여 와인의 색, 투명도, 향, 맛 등을 평가하여 공정하게 판정하여 합격한 와인만이 공인 검사번호가 라벨에 기재된다. 프래디카트(Prädikat)는 6단계로 세분화되며, 이에 해당되는 와인은 병에 기재한다.

• 카비네트(Kabinett)

보통 수확기에 잘 익은 포도만을 선별하여 만든 라이트 드라이 화이트 와인으로 독일에서 가장 품질이 우수한 와인을 생산하는 요하니스베르그(Johannisberg) 지역에 있는 라인가우(Rheingau)에서 품질의 가치를 보존하기 위하여 카비네트(Cabinet; 밀실)에서 저장시킨 리슬링(Riesling) 종류다.

닥터 루젠 카비네트

• 슈패트레제(Spätlese)

정상적인 수확기보다 7, 10일 늦게 포도의 당도가 더 성숙되었을 때 수확한 포도로 만들어진 드라이 화이트 와인으로 맛과 향이 뛰어난 리슬링(Riesling) 종류의 우수한 와인이다.

• 아우스레제(Auslese)

잘 익은 포도송이를 선별하여 만든 드라이 화이트 와인으로 맛과 향이 우수하다.

• 베렌아우스레제(Beerenauslese)

포도송이 중 과숙한(너무 익은) 포도 알만을 세심하게 손으로 골라서 수확하여 만든 최고 품질의 와인이다.

• 트로켄베렌아우스레제(Trokenbeerenauslese)

귀부병에 걸린 포도송이 중에서 마른 알갱이만을 모아 만든 와인으로 아이스바인과 더불어 쌍벽을 이루는 최고의 절정에 달한 와인이다.

• 아이스바인(Eiswein)

베렌아우스레제와 같은 등급의 와인으로 초겨울에 포도 알이 나무에서 얼어 있는 상태의 것을 수확하여 만든 와인으로 매우 독특하며, 포도에 있는 산미와 감미가 농축된 최고급와인이다.

슈패트레제

아우스레제(Auslese)

베렌아우스레제
(Beerenauslese)

트로켄베렌아우스레제
(Trokenbeerenauslese)

아이스바인(Eiswein)

2) 주요 포도품종

(1) 화이트 와인 포도품종

① 뮐러투르가우(Müller Thurgau)

독일에서 가장 많이 재배되는 품종으로 전체 와인의 24%를 차지하며 리슬링과 질바너의 교배종이다. 1882년 가이젠하임(Geisenheim)연구소의 뮐러(H. Müller) 박사의 연구에 의해 탄생되었으며 박사의 출신지가 Thurgau여서 Müller Thurgau로 이름 붙여졌다.

② 리슬링(Riesling)

독일 화이트 와인의 대표적인 품종으로서 화이트 와인의 21% 이상이 리슬링으로 양조되고 있다. 산도와 당도가 풍부하면서도 조화를 잘 이루어 장기숙성용 와인에도 잘 어울리는 품종이다.

③ 질바너(Silvaner)

리슬링에 비해 조생종으로 리슬링이나 뮐러투르가우보다 바디(Boddy)가 더욱 있는 편이다. 향기가 약하여 산도는 중간 정도이다. 순한 향의 생선요리, 닭고기, 송아지고기와 가벼운 소스가 있는 돼지고기요리에 잘 어울린다.

④ 케르너(Kerner)

리슬링(Riesling)과 트롤링어(Trollinger)의 교배종으로 가벼운 육류와도 잘 어울리며 연한 복숭아향과 산미의 조화가 일품이다.

⑤ 쇼이레버(Scheurebe)

질바너와 리슬링을 교접하여 개발한 향기로운 품종으로 과일맛이 강하면서 산뜻하고 리슬링보다는 약간 더 바디가 강

(Full Body)하다.

⑥ 룰랜더(Ruländer)

이탈리아에서 삐노 그리지오(Pinot Grigio) 또는 삐노 그리(Pinot Gris)라고 한다. 독일에서 1711년에 요한 세가 룰랜드(Johan Segar Ruländ)라는 상인이 팔츠(Pfalz)의 들판의 야생에서 자라는 삐노 그리(Pinot Gris)를 발견하고 와인을 만들면서 삐노 그리(Pinot Gris)를 룰랜더(Ruländer)라고 부르게 되었다.

(2) 레드 와인 포도품종

① 슈패트부르군더(Spätburgunder)

프랑스 부르고뉴 지방에서 들여온 삐노 누아(Pinot Noir) 품종으로 전체 재배면적의 5%를 차지하고 있다. 약간 건과류 향이 풍기는 산도와 바디감이 좋은 와인으로 묵직한 육류요리나 치즈에 잘 어울린다.

② 포르투기저(Portugieser)

오스트리아 다뉴브강 유역에서 도입된 품종으로 생육기간이 짧으며 경쾌하고 가볍게 마실 수 있는 와인이다.

③ 트롤링어(Trollinger)

이탈리아 남부 티롤(Tirol) 지방이 원산지로 추정되며 독일 남부 뷔르템베르크(Württemberg) 지방에서 재배되는 품종이다. 보졸레 누보처럼 햇와인일 때 마시면 보다 상쾌한 맛을 즐길 수 있다.

3) 각 지역별 와인

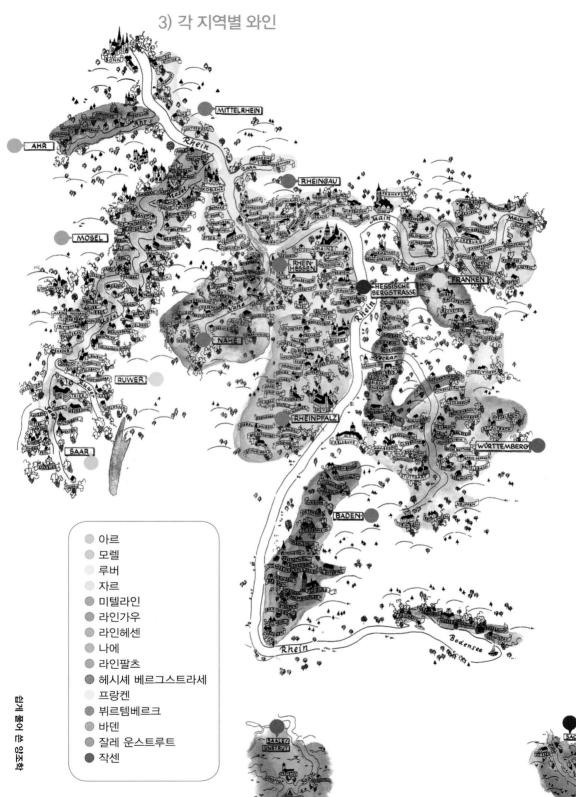

- 🟡 아르
- 🟡 모렐
- 🟡 루버
- 🟡 자르
- 🟡 미텔라인
- 🔴 라인가우
- 🔴 라인헤센
- 🟣 나에
- 🟣 라인팔츠
- ⚫ 헤시셰 베르그스트라세
- ⚪ 프랑켄
- 🔵 뷔르템베르크
- 🟠 바덴
- 🔴 잘레 운스트루트
- 🔴 작센

(1) 아르(Ahr)

독일 포도주 생산지역 중 비교적 북쪽에 위치해 있고 아주 적은 지역 중의 하나이다. 아르(Ahr)는 본(Bonn) 남쪽의 라인강으로 흘러들어 가는 아르강 양쪽 험하게 경사진 곳에 위치해 있다. 재배되는 포도품종은 슈패트부르군더(Spätburgunder)와 포르투기저(Portugieser)의 적포도로서 가볍고 독특한 과실맛이 나는 적포도주를 만들고 있다. 백포도주는 강한 리슬링과 뮐러투르가우가 재배되고 있다.

(2) 라인헤센(Rheinhessen)

서쪽으로는 나에(Nahe)강변과 동쪽으로는 라인강에 접해 있다. 포도주 생산지로 유명한 보름스(Worms), 알자이(Alzey), 마인즈(Mainz), 빙엔(Bingen) 등의 4개 도시를 연결하며, 길이 32㎞, 너비 48㎞ 정도의 사각지대가 되는 이 지역은 독일 포도주 생산지역으로는 최대의 것이다. 토양과 기후의 다양성으로 인해 많은 포도품종이 심어져 있다. 대표적인 백포도주 품종으로 뮐러투르가우, 질바너, 리슬링이 있고, 적포도주용의 포도로는 포르투기저가 가장 유명하다.

블루 넌

(3) 모젤-자르-루버(Mosel-Saar-Ruwer)

독일 와인의 15%를 생산하며, 보통 모젤이라 부른다. 모젤 지역은 라인강의 서쪽에 위치해 있고, 어느 다른 독일 강보다도 깊게 패인 계곡과 굴곡이 있어 매혹적인 전경을 자아낸다. 모젤 와인은 라인 와인보다 더 가볍고 미네랄성분이 풍부해서 맛이 섬세하고 달콤하다. 모젤강은 사행천으로 '유(U)'자로 굽이쳐 흐르는 곳이 많기로 유명하다. 특히 이 지역은 모젤강의 좌우편에 경사가 매우 가파른 곳에 포도원을 조성해 놓고 있다. 얼마나 경사가 급한지 사람이 서서 다니기

닥터루젠리슬링

모젤지역의 포도 묘목 심기, 급경사면인데다 암석이 많아 힘든 작업이다.

도 힘들 지경이다. 그래서 일하는 사람들과 기구를 로프로 고정한 후 일을 한다. 주로 리슬링을 사용한 화이트 와인을 생산하고 있는데, 지역 특성상 산도가 좀 높고 향기가 좋으며 알코올농도는 좀 낮은 와인이나 세계적으로 유명하다. 이 지역은 베른카스텔이 중심지역이며, 이 도시는 관광지로 유명하다.

유명한 와인으로는 바인구트 다인하르트(Weingut Deinhard), 바인구트 에곤 뮐러(Weingut Egon Müller), 모젤란트 E.G.(Moseland E.G.) 등이 있다.

(4) 라인팔츠(Rheinpfalz)

라인팔츠는 북쪽에 라인헤센, 남쪽과 서쪽은 프랑스 국경과 인접해 있는 독일에서 두 번째로 큰 지역이지만, 와인 생산량은 가장 많다. 우수한 포도 재배지역인 바헨하임(Wachenheim), 포르스트(Forst), 다이데스하임(Deidesheim), 루페르츠베르크(Ruppertsberg) 등의 마을은 강하고 세련된 리슬링 포도주가 유명하다.

(5) 미텔라인(Mittelrhein)

본(Bonn)의 남쪽에서 시작하여 라인강 남쪽 강변의 약 96㎞에 걸쳐 있다. 급경사면에 계단식 포도원과 중세기 성곽들과 유적들이 잘 어울리는 아름다운 지역으로 관광지로도 잘 알려져 있다. 재배 포도품종으로는 리슬링, 뮐러투르가우, 케르너 등이 있다.

(6) 나에(Nahe)

라인헤센과 모젤의 양 지역 동쪽과 서쪽에 위치해 있다. 주로 재배되고 있는 포도품종은 뮐러투르가우, 리슬링, 질바너와 같은 품종으로 고급와인을 생산한다. 나에 포도주는 풍부한 향기, 약간의 독특한 풍미와 풍부한 과실 맛이 특징이라 하겠다.

닥터 파우스트

(7) 라인가우(Rheingau)

독일 포도주 중에 가장 고급 포도주를 생산하는 지역이며, 세계의 포도주 생산지역 중, 최고봉이다. 라인가우는 전체가 하나의 긴 언덕으로 되어 있고 북쪽에는 산림으로 덮인 타우누스(Taunus) 산줄기에 가려져 있고, 남쪽으로는 라인강에 접해 있다. 따라서 유명한 수도원이나 귀족들이 최고 품질의 리슬링을 재배하여 그것을 발전시켜 나온 곳이 이 지역이다. 귀부포도균(Botrytis Cinerea)이 만들어내는 맛이라든가 늦게 따기(Spätlese) 방법을 발견한 것도 이곳 라인가우 사람들이다. 또한 특별한 품질과 가치를 차별화하기 위해 밀실인 카비네트(Kabinett)에 저장하였다. 카비네트라는 어원이 이 지방에서 발생하였다.

라인가우의 포도주는 세련된 방향, 독특한 산미, 기품이 넘치는 성숙된 맛이 특징이라 하겠다.

아방가르데

포도를 늦게 수확하여 전해지는 이야기

1775년 늦여름 포도수확을 준비할 무렵 라인가우 지방의 슐로스 요하네스베르크 수도원에 소속된 포도원에서 예년처럼 포도 수확시기를 지시받기 위해 대주교가 있는 상급 수도원으로 전령을 보냈다. 그런데 보통 1주일이면 돌아오던 전령이 3주나 걸려서 돌아오는 바람에 포도 수확시기를 놓쳐 포도가 너무 익어버렸다. 늦장을 부린 전령 때문에 이미 그해의 정상적인 와인 양조가 어려웠지만, 그렇다고 포도를 그냥 버릴 수도 없어 늦게나마 수확을 해서 와인을 만들었다.

이듬해 봄, 연례행사처럼 상급 수도원에서는 산하 수도원들에서 보내온 전년도 와인을 대상으로 품평회가 열렸는데 다른 수도원에서 만든 와인에 비해 슐로스 요하네스베르크 수도원의 와인의 맛은 아주 독특했다. 처음 맛보는 달콤하면서도 독특한 와인에 모든 심사위원들이 반해버렸다. 그래서 도대체 어떻게 이런 와인을 만들게 되었는지 물었더니 "늦게 수확했습니다(Spätlese=Late Harvest)"라고 대답했다. 이때부터 슈패트레제(Spätlese)는 와인의 한 카테고리가 되었으며, 늦장을 부려 본의아니게 슈패트레제 와인을 탄생하게 했던 그 전령은 슐로스 요하네스베르크에 자랑스러운 동상으로 남게 되었다.

그 후 늦게 수확하니까 더 좋은 와인이 만들어진다는 데서 힌트를 얻은 독일의 양조업자들이 그보다 좀 더 늦게 수확을 하여 만든 와인이 아우스레제(Auslese)이고, 더 욕심을 부려 조금이라도 더 늦게 수확하려다가 포도 알이 쭈글쭈글해지면서 상하려고 하자 깜짝 놀라서 상태가 좋은 알맹이만 손으로 직접 수확해서 만든 와인이 베렌아우스레제(beerenauslese)이다. 또 거기서 그치지 않고 더 욕심을 부려 수확시기를 더 늦추다가 이번에는 포도 알들이 전부 귀부병(Noble rot)에 걸려 만들어진 와인이 트로켄베렌아우스레제(Trokenbeerenauslese)요, 끝도 없는 욕심을 부리다가 갑자기 추워진 날씨에 포도송이가 얼어버려 또 본의 아니게 만들어진 와인이 아이스바인(Eiswein)이다.

(8) 프랑켄(Franken)

독일의 포도주 생산지역 중에서 가장 동쪽에 위치하고 있으며 포도밭의 대부분은 마인강과 그 지류의 양측 경사면에 위치해 있다. 중심도시인 뷔르츠부르크(Würzburg)는 유명한 포도밭 슈타인(Stein)의 중심이기도 하다. 프랑켄 와인을 총칭하는 독특한 이름인 슈타인바인(Steinwein)은 여기에서 나온 것이다. 프랑켄 포도주는 힘차며, 토양에서 오는 강한 맛과 드라이하면서 풍부한 맛이 특징이다.

(9) 헤시셰 베르크슈트라세(Hessische Bergstrasse)

이 지역은 하이델베르크(Heidelberg)의 양측에 위치하고 서쪽은 라인강, 동쪽은 오덴숲(Odenwald)에 접하고 있다. 여기에서 만들어지는 포도주는 풍부한 풍미, 화사한 과일 맛, 그리고 강한 향기가 특징이다.

(10) 뷔르템베르크(Württemberg)

독일 최대의 적포도주 생산지역으로 포도밭은 네카르(Neckar)강의 경사면에 위치해 있다. 뷔르템베르크 포도주는 다른 포도주에서는 볼 수 없는 독특한 맛과 향기가 있다.

(11) 바덴(Baden)

바텐은 독일의 최남단 포도주 생산지역이며 북쪽의 하이델베르크(Heidelberg)에서 남쪽의 콘스탄츠(Konstanz) 호수까지 가늘고 길게 연결되어 있으며 독일에서 세번째로 큰 재배면적을 가지고 있다. 백포도주는 신선한 방향성과 약초향이 있고, 적포도주는 쉽게 마실 수 있는 포도주에서 대단히 강한 포도주까지 폭넓은 와인이 생산되고 있다.

(12) 잘레 운스트루트(Saale-Unstrut)

오랜 전통과 긴 역사를 가진 이 지역은 독일 최북단에 위치한 포도주 생산지이다. 19세기 유럽의 필록세라(Phylloxera)라는 혹뿌리진딧물에 의한 피해를 받은 후 1887년 독일에서는 가장 먼저 미국계 대목을 도입한 지역이기도 하다.

(13) 작센(Sachsen)

독일 포도주 생산지역 중 최동단으로 대부분의 포도밭은 엘베(Elbe)강변의 구릉지에 위치해 있다. 포도주의 대부분은 이 지역에서 소비된다.

독일 와인용어 해설

- 바이스바인(Weisswein) : 화이트 와인
- 로트바인(Rotwein) : 레드 와인
- 바이스헤릅스트(Weissherbst) : 적포도로 만든 로제 와인
- 쉴러바인(Schillerwein) : 적 · 백포도를 혼합해서 만든 로제 와인
- 페를바인(Perlwein) : 가벼운 스파클링 와인
- 샤움바인(Schaumwein) : 스파클링 와인
- 젝트(Sekt) : 품질 관리된 스파클링 와인
- 할프트로켄(Halbtrocken) : 미디엄 드라이(medium dry)
- 트로켄(Trocken) : 드라이(Dry)
- 아우스 아이게넴 레제굿(Aus Eigenem Lesegut) : 생산자의 포도원 포도로 만든 와인
- 바인켈러라이(Weinkellerei) : 와인 셀러
- 아인첼라거(Einzellage) : 포도원의 가장 작은 단위(5헥타르 미만)
- 안바우게비테(Anbaugebiete) : 포도원의 가장 단위가 큰 지역

| 리슬링 트로켄 | 리슬링 아우스레제 | 오르데가 베렌아우스레제 | 에르데너 트렙첸 | 알스비티스 |

■ 에르드네르 트렙쉔 리슬링 아우스레제(모젤 자르 루버)

독일와인 라벨

① 와인 생산지역이 모젤 자르 루버라는 것을 뜻함
② 빈티지(Vintage : 포도수확연도)가 1990년임
③ Eeden이라는 마을이름에 -er를 붙이고 트렙쉔이라는 포도밭 이름을
　합친 생산지 이름
④ Q.M.P급의 와인이라는 표시
⑤ 포도품종은 리슬링이며 Q.M.P급 중 아우스레제임을 표시
⑥ 정부의 품질 검사번호

■ 리슬링 슈페트레제(모젤 자르 루버)

■ 베라이히 베른카스텔 리슬링(모젤 자르 루버)

■ 요하니스베어그 미텔휄러(라인가우)

■ 카젤 케르나겔 리슬링 트로켄베렌아우스레제(모젤 자르 루버)

■ 슐로스 요하니스베어그(라인가우)

■ 도른 호프베르거 리슬링
아이스바인(모젤 자르 루버)

■ 베르이히 요하니스베어그(라인가우)

4. 스페인 와인(Spanish Wine)

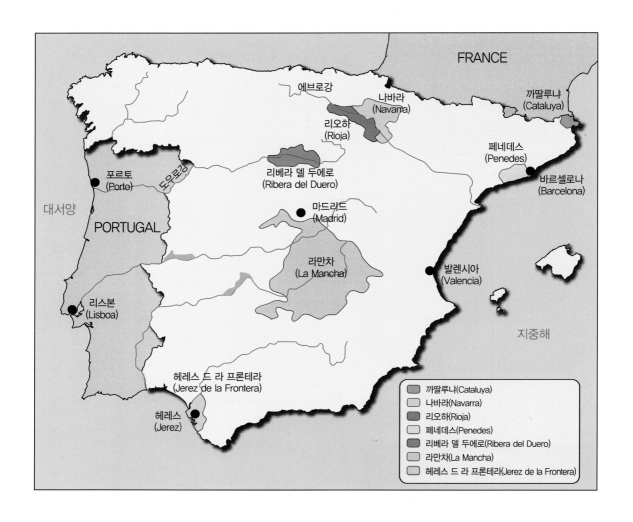

구세계 와인(Old Wine)의 숨어 있는 보석 스페인은 전 세계에서 프랑스, 이탈리아에 이어 세 번째로 와인을 많이 생산하는 나라로, 유럽에서 가장 넓은 포도밭을 가지고 있다. 그러나 와인 생산량은 이탈리아의 1/3밖에 되지 않는데, 이는 토양이 워낙 건조해서 포도나무 간격이 다른 국가에 비해 넓기 때문이다. 1헥타르당 평균 와인 생산량은 20헥토리터로서 이는 프랑스 최고급와인 생산량의 절반 정도이다. 따라서 농도가 짙고 알코올도수가 높은 것이 스페인 와인의 특징이다. 셰리로 유명한 리오하(Rioja), 페네데스(Penedes) 지역은 비교적 생산량이 많다. 스페인에서

Life of Cask

① oak 나무를 벌채
한다.

② 통장(통 만드는 사람)이
접착제를 쓰지 않고 통
을 만든다.

④ 셰리와인은 3~6단으로 쌓아올린
솔레라에서 3~30년간 숙성한다.

③ oak를 굽는다.
Heavy toast는 바
닐라와 버터 향이
난다.

⑤ 위스키 회사의 가장 인
기 있는 오크통은 올로
로소 셰리 통이다.

⑥ 오리지널 셰리 생산업자는 30년 이상
된 오크통을 사용하지만 오늘날 일반
적으로 스코틀랜드로 가기위해 선적된
통들은 18~24개월 된 오크통이다.

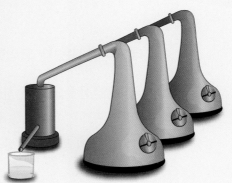

⑦ 싱글 몰트 위스키는 3~40
년 숙성된 통을 사용하며 싱
글 오크통은 70년까지 사용
할 수 있다.

상급 와인이 나는 지역은 헤레스(Jerez), 리오하(Rioja), 몬티야(Montilla), 카탈루냐(Cataluña) 등이다.

스페인 와인은 여러 종류가 있지만 세계적으로 알려진 와인은 셰리, 그리고 프랑스 샴페인 다음으로 많이 소비되는 스파클링 와인인 까브(Cava) 등이 있다. 셰리의 본명은 헤레스로서 헤레스 데 라 프론테라(Jerez de la Frontera)시의 이름을 따서 불려졌는데, 이 와인이 영국으로 수출되면서부터 영국 사람들이 셰리 와인으로 고쳐 부른 것이 오늘날의 셰리가 되었다.

1) 스페인 와인의 등급에 의한 분류

스페인 와인법은 1970년에 처음 제정되었고, 1988년 유럽의 기준에 맞게 개정되었다가 2003년 '포도밭과 와인법령'으로 재개정되었다.

Quality Wine(품질이 우수한 와인)				Table Wine	
최상급+	최상급	상급	차상급	지방(지역) 와인	테이블 와인
Vino de Pago (비노 데 파고)	DOC	DO	VCIG	Vino de la Tierra (비노 데 라 티에라)	Vino de Mesa (비노 데 메사)

(1) 데노미나시온 데 오리헨 파고(Denominacion de Origen Pago)

2003년에 신설된 스페인 최상급 품계로, 기후나 토양이 우수하고 독특한 산지에서 생산되는 와인이나 전통적으로 인지도가 높고 품질이 좋은 와인에 주어진다. 2009년까지 9개의 포도원이 선정되어 있다.

(2) 데노미나시온 데 오리헨 칼리피카다(Denominacion de Origen Calificada ; DOC)

DO등급보다 한 등급 위로 스페인 와인 중 최상급의 와인으로 이탈리아의 DOCG급에 해당되는 와인이다. 현재 리오하(Rioja), 1991년/쁘리오라뜨(Priorat), 2003년/리베라 델 두에로(Ribera del Duero) 지역만이 유일하게 DOC등급을 받고 있다.

(3) 데노미나시온 데 오리헨(Denominacion de Origen ; DO)

원산지 지정 지역에서 생산된 포도품종으로 만들어진 와인으로 프랑스의 AOC
와 비슷한 등급이다.

(4) 비노 데 칼리다드 콘 인디카시온 헤오그래피카(Vino de Calidad Con Indicacion Geografica)

2003년 와인법의 개정 때 새롭게 생겨난 등급으로 지역별 와인이라고 할 수 있다.
DO급으로 승격되기 전 단계의 등급이라는 면에서는 프랑스의 VDQS와 흡사하다.

(5) 비노 데 라 티에라(Vino de la Tierra)

이 포도주는 가장 보편적인 일반 와인으로 프랑스의 '뱅 드 빼이(Vins de Pays)'와
같은 수준이다.

(6) 비노 데 메사(Vino de Mesa)

테이블급 와인으로 규제가 거의 따르지 않는 와인등급이다. 프랑스의 '뱅 드 따블
(Vins de Table)'과 같은 수준이다.

2) 숙성에 의한 분류

스페인 와인에서 독특한 점은 와인 레이블에 해당 와인의 숙성 정도를 표기한다
는 것이다. 일반적으로 스페인에서는 숙성기간이 길수록 좋은 와인이라는 인식이
강하다.

Gran Reserva (그란 레세르바)	오크통 숙성 18개월 포함, 병입 숙성까지 총 5~7년간 숙성 후 출시(화이트/로제는 오크통 숙성 6개월 포함, 총 4년 이상 숙성)
Reserva (레세르바)	오크통 숙성 12개월 포함, 병입 숙성까지 총 3년 이상을 숙성 후 출시(화이트/로제는 오크통 숙성 6개월 포함, 총 2년 이상 숙성)

Vino de Crianza (비노 데 크리안사)	1년 정도 스테인리스 탱크에서 숙성시키고 6개월 정도 병입 숙성 후 출시
Vino Joven (비노 호벤)	정제과정을 거친 후, 숙성시키지 않고 바로 병입해서 출시하는 햇와인

3) 포도품종

600여 종 이상의 포도품종이 존재하고 있지만 실제 와인에 사용되는 것은 70여 종이며 이 중 20여 종이 와인 생산의 80%를 차지하고 있다.

(1) 레드 와인 포도품종

① 뗌쁘라니요(Tempranillo)

빨리 익는 특성이 있으며 갈수록 재배면적이 늘고 있는 품종이다. 스페인 최고급 품종으로 인정받고 있으며 백악질 토양에서 잘 자라고 산도가 낮으며 농익은 딸기향이 감도는 매우 섬세한 와인이 만들어진다. 부드럽지만 연약하지 않고 강하지만 거칠지 않은 풍성하면서 절제가 있는 와인이다. 리오하(Rioja) 와인을 만드는 주품종이다.

② 가르나차(Garnacha)

프랑스 남부지방에서 주로 재배하는 그르나슈(Grenache) 품종을 말하며 스페인에서 가장 많이 재배되고 있는 품종이다. 특히 에브로(Ebro) 지방에서 많이 재배하며 구조감과 알코올이 풍부하고 약간 스파이시한 느낌이 드는 품종이다.

③ 그라시아노(Graciano)

아로마와 타닌이 강해 블렌딩용으로 많이 사용한다.

④ 마쑤엘로(Mazuelo)

프랑스의 까리냥(Carignan)으로 색깔과 타닌이 풍부하다. 리오하에서는 마쑤엘로(Mazuelo) 그 밖의 지방에서는 까리녜나(Cariñena)로 부른다. 색상이 진하고 산도와 타닌이 높아 뗌쁘라니요(Tempranillo)와 블렌딩에 사용하기도 한다.

(2) 화이트 와인의 포도품종

① 비우라(Viura)

스페인 고유의 청포도로서 고급 화이트 와인을 만들며 부드러운 과일맛, 좋은 산도를 형성하고 있다.

② 말바지아(Malvasia)

리오하, 나라바 지방에서 주로 재배되는 품종으로 질 좋은 고급 화이트 와인을 만든다.

③ 아이렌(Airén)

가벼운 스타일의 와인을 만들며 스페인에서 가장 많이 재배하는 품종 중 하나이다.

④ 알바리뇨(Albariño)

부드럽고 청과일향이 풍부한 품종이다.

⑤ 팔로미노(Palomino)

헤레스 지역에서 셰리 와인을 빚는 데 사용한다.

4) 각 지역별 와인

스페인의 유명 와인산지로는 셰리 와인으로 유명한 남부의 헤레스(Jerez)와 스페인 최대 와인 생산지인 중부의 라만차(La Mancha), 스페인에서 가장 비싼 와인을 생산하는 리베라 델 두에로(Ribera del Duero), 보르도 스타일의 고급와인을 생산하는 북부의 리오하(Rioja), 화이트 발포성 와인, 카바 등 최신기술을 사용한 동북부의 페네데스(Penedes) 지역이다.

(1) 헤레스 데 라 프론테라(Jerez de la Frontera)

스페인 와인 중 가장 유명한 셰리 와인이 생산되는 곳으로 영국 상인들이 세계로 퍼뜨린 대표적인 식전주(Apéritif)이다. '셰리'란 명칭은 헤레스 데 라 프론테라(Jerez de la Frontera)의 헤레스(Jerez)가 변형되어 프랑스에서는 세레스(Xéréz), 영어에서는 셰리(Sherry)가 되었으며 스페인에서는 3개의 명칭인 헤레스(Jerez)-세레스(Xéréz)-셰리(Sherry)를 모두 표기하고 있다.

크림 셰리, 드라이 셰리

셰리 와인 제조과정의 특이한 점

① 발효가 끝난 와인은 나무통에 저장할 때 꽉 채우지 않으므로 숙성과정에서 산화된다.
② 산화과정에 따라 쓴맛의 피노(Fino)가 되고 어느 것은 올로로소(Oloroso)가 된다.
③ 브랜디를 첨가하여 알코올도수(18~20도)를 높인다.
④ 솔레라(Solera) 시스템이라고 하는 일종의 블렌딩(blending)과정을 거쳐 생산되는데, 오크통에서 오래 숙성된 와인액과 숙성이 얼마 되지 않은 와인 액을 서로 섞는 방법을 말한다.

솔레라(Solera)

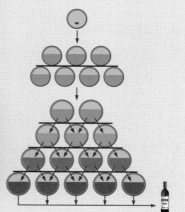

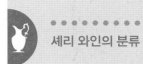

셰리 와인의 분류

셰리 와인의 스타일은 기본적으로 피노(Fino)와 올로로소(Oloroso)로 나뉜다.

※ 피노(Fino) Type : 달지 않고, 빛깔이 맑은 드라이 셰리, 주 포도품종은 팔로미노(Palomino)이다.

① 피노(Fino) : 적당한 플로르(Flor, 효모층)의 영향을 받아 드라이하고 연한 빛깔을 띠고 있다.

② 만사니야(Manzanilla) : 피노(Fino)를 좀 더 숙성시킨 것으로 플로르층이 두꺼운 드라이 타입이다.

③ 아몬티야도(Amontillado) : 피노(Fino)를 더 오래(5~6년) 숙성시킨 것으로, 빛깔이 피노(Fino)보다 진하고 올로로소(Oloroso)보다 연하다.

피노

티오 페페

만사니야   아몬티아도

플로르(Flor)란?

셰리는 팔로미노(Palomino) 포도품종으로 화이트 와인을 만든 다음 브랜디를 첨가하여 알코올농도를 15.5% 정도로 맞춘 다음 600리터 대형 오크통에 가득 채우지 않고 뚜껑을 열어 공기와 접촉시키면 와인 표면에 하얀 효모막(Yeast film)이 생긴다. 이것을 스페인에서는 플로르(Flor), 영어에서는 플라워(Flower)라고 부른다.

※ 올로로소(Oloroso) Type : 대체로 달고, 빛깔도 진하며, 알코올도수도 높다.

① 올로로소(Oloroso) : 피노(Fino)와 반대로 와인에 플로르가 생기지 못하도록 알코올을 18%로 만든다. 이는 자연스럽게 와인과 공기가 만나 산화가 이루어져 브라운 컬러가 된다. 농도가 짙으면서도 단맛이 나며, 마시기가 부드러워 디저트로 사용

② 스위트 셰리(Sweet Sherry) : 페드로 시메네스(Pedro Ximénéz)나 모스까텔(Moscatel) 품종으로 만든 스위트한 셰리 와인으로 이름 자체를 페드로 히메네스(Pedro Ximénéz)와 모스까텔(Moscatel)이라 부르기도 한다. 수확된 포도를 장기간 햇볕에 말려 만드는 것으로 암갈색을 띠며 리큐르와 같이 농후한 단맛이 느껴진다.

③ 크림 셰리(Cream Sherry) : 크림 셰리는 올로로소(Oloroso)에 스위트 와인을 블렌딩하여 당도를 7~10도까지 높인 셰리이다. 페드로 시메네스(Pedro Ximénéz)와 모스까텔(Moscatel) 품종을 3주간 건조시켜 만든 스위트 와인을 사용한다. 단맛이 아주 강해서 미국과 북유럽에서 디저트 와인으로 인기가 높다.

올로로소

까세그레인
(스위트 셰리)

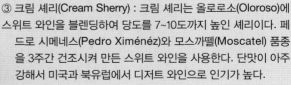

크림 셰리

(2) 리오하(Rioja)

리오하는 프랑스 국경과 가까우며 특히 보르도(Bordeaux) 지역과 가깝게 위치한다. 1870년대 '포도뿌리진딧물(Phylloxera)'이 프랑스 포도원을 황폐화시킬 때 보르도의 양조기술자들이 스페인 리오하로 들어와 포도를 재배하였는데, 이때 이주한 양조기술자들에 의해 리오하의 포도로 지금과 같은 훌륭한 리오하 와인을 탄생시키게 되었다. 리오하의 와인 생산자들은 최소 법정 숙성기간보다 많은 기간을 숙성시킨다.

레드 와인이 약 70~80%를 차지하며, 사용하는 품종은 뗌쁘라니요(Tempranillo), 가르나차(Garnacha), 마쑤엘로(Mazuelo) 등이며, 화이트 와인은 비우라

콜레시온 비반코 4 바리에탈레스

(Viura), 가르나차 블랑(Garnacha Blanc) 등이다.

리오하는 다시 3개의 작은 지역으로 나뉘는데 리오하 바하(Rioja Baja) 지역은 리오하에서 생산하는 영한 와인 즉 산 비노 호벤의 대부분이 이곳에서 생산되고, 리오하 알라베싸(Rioja Alavesa) 지역은 좀 더 섬세한 맛이 나고 은은한 향이 감도는 와인을 생산한다. 리오하 알따(Rioja Alta) 지역은 고급와인 생산의 중심이다.

마리노   **그란 레세르바**

(3) 라만차(La Mancha)

돈키호테로 유명한 곳이기도 한 라만차(La Mancha)는 스페인의 중부 마드리드(Madrid)의 바로 남쪽에 위치하며, 스페인에서 가장 넓은 D.O지역으로서 스페인 와인의 30%를 생산하는 최대의 산지이다. 아이렌(Airén) 품종으로 화이트 와인이

생산되나 발데뻬냐스(Valdepeñas)는 여름에는 무덥고 겨울은 추운 지역으로 100% 뗌쁘라니요(Tempranillo) 품종을 사용하여 레세르바(Reserva), 그란 레세르바(Gran Reserva) 등급의 고급 레드 와인도 생산되고 있다.

(4) 까딸루냐(Cataluña)

까딸루냐는 지중해 연안에 위치하여 기후가 매우 온화하고 포도 재배에 적합하다. 오늘날 까딸루냐에는 7개의 D.O가 있는데, 그중에서 가장 유명한 지역인 뻬네데스(Peneds)는 바르셀로나(Barcelona) 남서쪽 해안을 따라 형성된 와인산지로 스페인에서 가장 혁신적인 방법으로 와인을 만들고 있다.

이곳의 와인은 2/3가 화이트 와인이며, 그중 대부분이 발포성 와인인 까바(Cava)이다.

까바(샴페인 방식)

코돈 네그로

(5) 리베라 델 두에로(Ribera del Duero)

리오하와 더불어 스페인의 최고급 레드 와인이 생산되는 지역으로 뗌쁘라니요(Tempranillo)를 주품종으로 한 레드 와인산지이다. 해발 750~800m의 고원지대에 석회암이 풍부한 지역이다.

몬테스카스트로
알콘테

스페인 와인용어 해설

- 콘 크리안사(Con Crianza) : 숙성된
- 신 크리안사(Sin Crianza) : 숙성이 안된
- 비냐, 비녜도(Viña, Viñedo) : 포도원
- 벤디미아(Vendimia) : 수확
- 코세차(Cosecha) : 포도수확 또는 수확연도
- 레세르바(Reserva) : 잘 숙성시킨 질 좋은 와인(보통 3년 숙성시킨 레드 와인)
- 그란 레세르바(Gran Reserva) : 최소한 오크통에서 2년, 병입해서 3년 숙성시킨 것
- 피노(Fino) : 훌륭함(good), 특히 가장 드라이한 셰리를 뜻함
- 비노 데 메사(Vino de Mesa) : 테이블 와인
- 비노 데 파스토(Vino de Pasto) : 테이블 와인
- 비노 꼬리엔떼(Vino Corriente) : 보통 와인(병입되지 않은 상태의)
- 엠보테야도(Embotellado) : 포도원에서 병입된
- 블랑꼬(Blanco) : 화이트
- 띤또(Tinto) : 레드
- 로사도(Rosado) : 로제
- 쎄꼬(Seco) : 드라이
- 둘세(Dulce) : 스위트
- 클라레테(Clarete) : 연한 적색 또는 짙은 로제
- 에스뿌모쏘(Espumoso) : 발포성 와인
- 까바(Cava) : 샴페인 방식 발포성 와인
- 보데가(Bodega) : 셀러. 와인이 저장되고 만들어지는 곳
- 세빠(Cepa) : 포도품종

■ 비냐 란치아노

스페인와인 라벨

① 숙성기간 : 레세르바(Reserva) : 레드 와인은 총
  숙성기간 36개월 이상, 그중에서 12개월은 오크
  통에서 숙성시킨 것
② 포도 생산지역인 리오하(Rioja), DOC 명칭
③ 브랜드 이름(비냐 란치아노)
④ 빈티지(Vintage : 포도수확연도)가 1998년임

■ 산데만 미디엄 드라이 셰리

■ 곤잘레스 비아스 티오 페페

5. 포르투갈 와인(Portugal Wine)

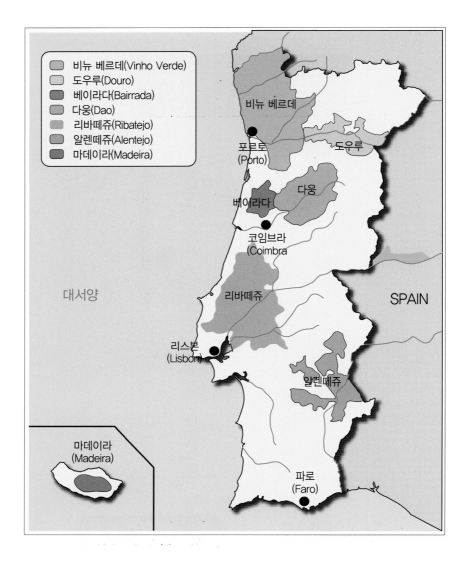

포르투갈은 스페인과 같이 이베리아 반도 서안에 자리 잡고 있는 풍광이 아름다운 나라로 작렬하는 태양과 코발트빛 대서양의 물결이 한데 어우러진 곳으로 일찍이 포도주의 명산지로 알려져 왔다.

포르투갈은 전체 인구의 약 15%가 와인산업에 종사하고 있는 세계 제6위의 와인 생산국이지만, 국민 1인당 와인 소비량은 62리터로 프랑스에 이어 세계 2위로서 거대한 잠재력을 지닌 나라이다.

와인산지는 서북부의 미뉴(Minho)와 도우루(Douro) 지역, 북부 중앙지대의 다웅(Dao), 남부 리스본의 주변 그리고 대서양에 있는 아열대의 마데이라(Madeira)섬까지 널리 분포되어 있다.

1) 포르투갈 와인의 등급에 의한 분류

Quality Wine(품질이 우수한 와인)		Table Wine	
최상급	상급	지방(지역) 와인	테이블 와인
DOC	IPR	Vinho Regional (비뉴 헤지오날)	Vinho de Mesa (비뉴 데 메사)

(1) 드노미나사웅 드 오리젱 콘트롤라다(Denominação de Origem Controlada; DOC)

원산지 명칭 통제 와인으로 프랑스의 AOC, 이탈리아의 DOC, 스페인의 DO에 해당하는 등급이다.

(2) 인디까싸웅 데 프로베니엔싸아 헤굴라멘따다(Indicação de Prove-niencia Regulamentada; IPR)

DOC보다는 조금 아래 등급의 고급와인으로 프랑스 VDQS급에 해당하는 와인이다.

(3) 비뉴 헤지오날(Vinho Regional)

이 포도주는 가장 보편적인 일반 와인으로 프랑스의 뱅 드 뻬이에 해당되는 등급이다.

(4) 비뉴 드 메사(Vinho de Mesa)

일반 테이블 와인으로 프랑스 뱅 드 따블에 해당된다.

이외에 보다 더 좋은 와인에는 헤세르바(Reserva)라 표기하고, 최고급와인에 표기하는 가하페이라(Garrafeira)는 수년간 오크통에서 숙성된 후 병입하고 병입한 후에도 일정 기간 병 속에서 숙성시킨 와인이다.

2) 각 지역별 와인

포르투갈에서 포도를 많이 재배하는 지역으로는 북부 포르투갈의 비뉴 베르데(Vinho Verde), 도우루(Douro), 다웅(Dao), 바이라다(Bairrada)와 남부 포르투갈의 리바떼쥬(Ribatejo), 알렌떼쥬(Alentejo) 등이 있으며, 중요한 지역을 몇 군데 살펴보면 다음과 같다.

처칠 에스테이트　　**라모스 핀토 빈티지 포트**

(1) 도우루(Douro) 지역

도우루는 험악한 포도 재배지역으로 60도의 급경사에 토양은 슬레이트석과 화강암으로 이루어져 있고, 기후는 지중해성으로 포도 재배에 알맞다. 도우루 지역의 와인은 색이 풍부하고 부드러운 알코올 강화 와인인 포트 와인을 생산한다.

(2) 비뉴 베르데(Vinho Verde) 지역

비뉴 베르데(Vinho Verde)는 우루강의 북쪽에 있는 지역으로 포르투갈 포도의 1/4을 생산하고 있다. 비뉴 베

르데(Vinho Verde)는 신선하고 라이트한 실버컬러의 세미 스파클링 와인으로 일명 그린(Green) 와인이라고도 한다.

그린 와인은 입안을 깨끗이 씻어주는 느낌을 주는 산도가 높은 와인으로 차갑게 하여 마시면 약간의 거품이 나는 것이 더운 여름날 밤에 어울리는 화이트 와인이다. 알바리뉴(Alvarinho) 포도로 만들며, 포르투갈에서 유명한 최고급 화이트 와인이다.

(3) 다웅(Dao) 지역

다웅 지역은 포르투갈의 중심지로서 다우강 유역에 위치하고 있으며, 토양은 화강암이 많은 지역으로 사질토 사이에 바위들이 솟아 있는 모습을 흔히 볼 수 있다.

기후는 아래 해안지대보다 더 뜨겁고 건조한 기후를 이루고 있어 이곳에서는 화이트 와인과 레드 와인 모두 생산되는데, 덜 숙성되었을 때의 화이트 와인은 강건하고 향기가 좋으며, 매일 마시는 테이블 와인으로서의 매력을 지니고 있다.

그러나 화이트 와인은 이 지역 범위를 벗어나지 못하고 있는 상태이고 주로 레드 와인이 다른 지역으로 팔린다. 레드 와인은 매우 깨끗하고 부드러우며 중후한 향과 맛을 지니고 있다. 따라서 다웅은 포르투갈의 고전적인 레드 와인산지라고 할 수 있겠다. 그리고 오래 숙성한 고급 레드 와인은 다웅 레세르바스(Dao Reservas)라고 표기한다.

보아스 비냐스

(4) 바이라다(Bairrada)

바이라다 지역은 포르투갈의 중요한 새 와인 지역으로 리스본(Lison)과 오포르토(Oporto)를 연결하는 하이웨이 사이에 위치한 전원적인 지역으로 토양은 바이라다의 낮은 언덕에 석회석과 점토로 이루어져 와인의 진한 맛을 내게 한다.

그리고 이 지역 레드 와인에 대한 명성은 적포도인 바가(Baga) 포도품종에서 기인한다.

(5) 리바떼쥬(Ribatejo)

포르투칼의 중부에 위치한 따뜻하고 건조한 지역으로 포르투갈에서 두 번째로 큰 포도생산지역이다. 가벼운 레드와인과 화이트와인을 주로 생산한다.

(6) 알렌떼쥬(Alentejo)

포르투칼의 남동부에 위치한 알렌떼쥬는 대륙성 기후로 강우량이 적고 여름은 무더운 지역으로 포르투칼의 토착품종과 까베르네 쇼비뇽, 메를로 품종을 재배하여 무게감 있는 레드와인을 생산하고 있다.

(7) 마데이라(Madeira)

마데이라섬은 세계에서 가장 이국적인 디저트 와인인 마데이라 와인을 생산하는 곳으로 유명하다. 마데이라는 푼샬(Funchal) 군도의 하나이며, 모로코 해안의 서쪽으로 약 600km 떨어진 곳에 위치해 있다.

이 섬의 발견에 대해서는 다소 과장된 이야기들이 전해 내려오고 있는데, 1418년 해양탐험가인 헨리(Henry) 왕자는 포르투칼을 위해서 섬을 탐험하도록 주앙 곤살베스 자르쿠(Jao Goncalves Zarco) 선장을 보냈다. 자르쿠 선장이 마데이라섬에 상륙했을 때에는 산림이 너무 빽빽이 들어차 있어 섬 안으로 침투할 수가 없었다. 그래서 섬에 불을 질러서 장애물을 제거하였는데 이 불은 7년 동안이나 계속해서 맹렬하게 탔으며, 자르쿠 선장은 불이 진화될 때까지 오랜 세월을 기다려야만 했다.

산림이 탄 재는 이 섬의 화산토양에 거름이 되어 포도나무 재배에 아주 알맞게 되었다. 음식과 물의 원천으로 마데이라섬은 정규 항구가 되었고, 극동과 오스트레일리아에 와인을 팔기 위하여 마데이라 와인을 오크통에 실어 운송했는데, 배가 열대를 통과하게 됨으로써 와인은 최고 섭씨 45도까지 열이 가해졌다.

그리고 6개월간 항해하는 중에 다시 와인은 식어갔다. 이러한 현상이 와인에 매우 특별하고 바람직한 특성을 주게 되었다.

그러나 마데이라 와인 제조업자들은 처음에는 이러한 현상을 전혀 알지 못하였다. 이러한 현상을 알게 된 이후 에스투파(Estufa)라 불리는 특별한 오븐에 열을 가하고 식히는 에스투파젬(Estufagem) 과정을 거치게 되었다.

모든 마데이라 와인은 에스투파젬 과정에 앞서 정상적인 발효과정을 겪는다. 드라이한 와인은 에스투파젬 과정에 앞서 알코올이 강화되고, 스위트한 와인은 에스투파젬 과정 뒤에 알코올이 강화된다.

※ 에스투파젬(Estufagem)

보통 95% 브랜디를 첨가하여 와인의 알코올을 14~18%로 맞춘 다음, 에스투파라는 방이나 가열로에서 약 50℃의 온도로 3~6개월 동안 가열시킨다. 최소 3년 동안 숙성시키는데, 숙성기간에 따라 Reserva(5년 이상 숙성), Special Reserva(10년 이상 숙성), Extra Reserva(15년 이상 숙성)로 구분한다.

※ 마데이라 와인은 당분농도에 따라 다음과 같이 구분한다.

① 스르시알(Sercial) : 리슬링으로 만든 가장 가볍고 드라이한 와인(당분 4% 이하)
② 베르델료(Verdelho) : 강한 향의 미디엄 스위트 와인(당분 4.9~7.8%)
③ 보알(Boal) : 스위트한 와인(당분 7.8~9.6%)
④ 말바시아(Malvasia) : 벌꿀같이 진하고 매우 스위트한 와인(당분 9.6~13.5%)

세르시알
(Dry)

베르델호
(Medium Sweet)

부알
(Sweet)

말바시아
(Very Sweet)

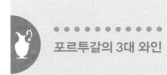
① 마테우스 로제

많은 사람들이 대중적으로 마실 수 있는 와인이며, 레드 와인용 적포도주에 화이트 와인 제조법과 같은 방법으로 이산화탄소를 주입하여 약간의 스파클링 와인 맛이 느껴지기도 하는 와인이다.

② 포트 와인

포도원에서 직접 딴 포도를 화강암으로 된 통에 넣고 발로 밟아 으깬 후 발효가 끝나면 브랜드가 1/4 정도 차 있는 오크통에 이 와인을 넣어서 알코올도수 18~20도 정도에서 발효를 중단시키는 방법으로 만든다. 토니(Tawny) 포트는 오크통에서 황갈색이 날 때까지 몇 년 동안 숙성시킨 것으로서 다른 포트보다 더 가볍고 부드럽다. 루비(Ruby) 포트는 비교적 짧은 기간 동안 오크통에서 숙성시킨 포트로서 색이 더 진하고 맛이 거칠다. 화이트(White) 포트는 백포도로 만들어지며 레드 와인보다 더 드라이하기 때문에 아페리티프(Aperitif)로 마신다.

③ 마데이라 와인

특이한 와인으로 마데이라가 있는데, 원래 '마데이라'는 모로코에서 약 600km 떨어진 곳에 위치한 화산섬의 이름으로 15세기 초 선원들에 의해 우연히 발견되었고, 당시 유명한 탐험가인 포르투갈의 헨리(Henry) 왕자가 마데이라를 찾아 나서게 되어 그곳에 포도원을 만들어 와인을 생산하여 마데이라라는 이름을 붙이게 되었다. 마데이라 와인은 발효 도중 와인으로 만든 알코올과 향료식물을 첨가해서 만든다. 고급 빈티지의 마데이라는 20년 정도의 오랜 저장기간 후에 병입하고 그 후에도 20~50년 동안 숙성을 시켜야 제맛이 난다는데 이 숙성과정 때문에 매우 독특한 맛을 낸다.

마테우스 로제

포트 와인

마데리아 와인

포르투갈 와인용어 해설

- 비냐(Vinha) : 포도밭
- 퀸타(Quinta) : 포도밭이란 뜻이지만, 양조시설을 갖춘 샤또와 유사한 개념
- 꼴라이따(Colheita) : 빈티지(수확연도)
- 헤세르바(Reserva) : 좀 더 나은 품질의 와인
- 가하페이라(Garrafeira) : 가장 품질이 좋은 최고급와인
- 비뉴 베르데(Vinho Verde) : '그린(Green)' 또는 '영(Young)' 와인
- 비뉴 드 메자(Vinho de Mesa) : 테이블 와인
- 비뉴 드 콩수모(Vinho de Consumo) : 보통 와인
- 마두로(Maduro) : 숙성된 앵그라파도 나 오리젱(Engarrafado na Origem) 포도원에서 병입
- 브랑쿠(Branco) : 화이트
- 틴토(Tinto) : 레드
- 로사도(Rosado) : 로제
- 클라레테(Clarete) : 라이트 레드 또는 진한 로제
- 세코(Seco) : 드라이
- 도세, 아다마도(Doce, Adamado) : 스위트
- 에스푸만테(Espumante) : 샴페인 방식의 스파클링 와인
- 에스푸모소(Espumoso) : 인위적으로 만든 스파클링 와인
- 아데가(Adega) : 와인저장고
- 아구아르덴테(Aguardente) : 브랜디

6. 오스트레일리아 와인(Australia Wine)

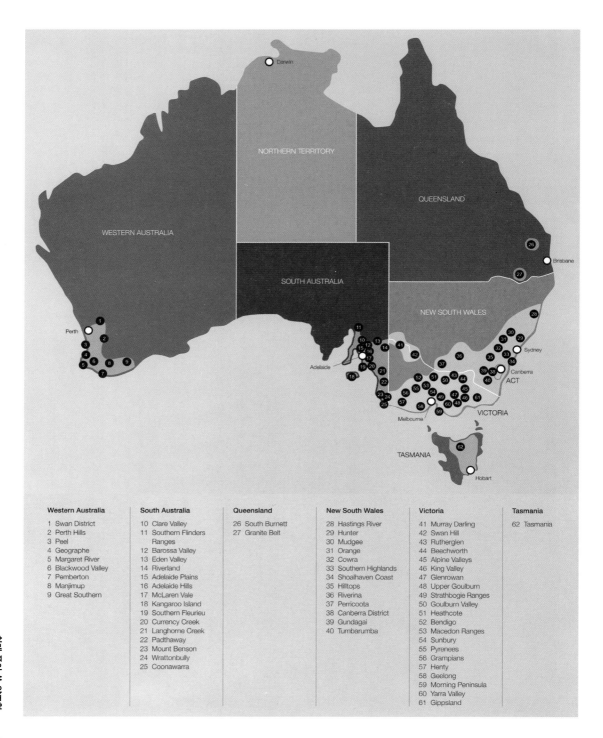

Western Australia

1 Swan District
2 Perth Hills
3 Peel
4 Geographe
5 Margaret River
6 Blackwood Valley
7 Pemberton
8 Manjimup
9 Great Southern

South Australia

10 Clare Valley
11 Southern Flinders Ranges
12 Barossa Valley
13 Eden Valley
14 Riverland
15 Adelaide Plains
16 Adelaide Hills
17 McLaren Vale
18 Kangaroo Island
19 Southern Fleurieu
20 Currency Creek
21 Langhorne Creek
22 Padthaway
23 Mount Benson
24 Wrattonbully
25 Coonawarra

Queensland

26 South Burnett
27 Granite Belt

New South Wales

28 Hastings River
29 Hunter
30 Mudgee
31 Orange
32 Cowra
33 Southern Highlands
34 Shoalhaven Coast
35 Hilltops
36 Riverina
37 Perricoota
38 Canberra District
39 Gundagai
40 Tumbarumba

Victoria

41 Murray Darling
42 Swan Hill
43 Rutherglen
44 Beechworth
45 Alpine Valleys
46 King Valley
47 Glenrowan
48 Upper Goulburn
49 Strathbogie Ranges
50 Goulburn Valley
51 Heathcote
52 Bendigo
53 Macedon Ranges
54 Sunbury
55 Pyrenees
56 Grampians
57 Henty
58 Geelong
59 Morning Peninsula
60 Yarra Valley
61 Gippsland

Tasmania

62 Tasmania

오스트레일리아는 신흥 와인 생산국으로 빠르게 발전하고 있는 나라로 프랑스, 이탈리아와 같이 포도가 잘 자라는 지중해성 기후를 가지고 있다.

겨울철에는 섭씨 10도, 여름철에는 섭씨 30도 정도로 기후가 덥고 연중 강우량이 600mm 내외로 건조하다.

터키 플랫 와이너리 150년 된 묘목

그리고 유럽처럼 기후가 변덕스럽지 않고 매년 일정하기 때문에 포도의 작황에 별 영향을 주지 않으므로 오스트레일리아에서의 와인 빈티지는 단지 수확연도의 표시일 뿐 그 이상의 의미는 없다.

오스트레일리아 포도 재배 역사는 1788년 초기 영국 정착자들이 타고 온 첫 번째 함대에 포도나무를 싣고 왔고, 초대 오스트레일리아 총독이 와인을 만들었다. 1803년 시드니 가제트(Sydney Gazette) 잡지의 첫 호에 "포도원을 가꾸기 위한 땅을 마련하는 법"이라는 기사가 실렸다.

오스트레일리아에서 재배되고 있는 포도품종은 화이트 와인용으로 샤르도네(Chardonnay), 쇼비뇽 블랑(Sauvignon Blanc), 쎄미용(Semillon), 리슬링(Riesling) 등이 있고, 레드 와인용으로는 까베르네 쇼비뇽(Cabernet Sauvignon), 쉬라즈(Shiraz), 삐노 누아(Pinot Noir), 최근에 많이 재배하는 메를로(Merlot) 등이 있다.

주요 포도산지로는 남부 오스트레일리아(South Australia), 뉴사우스웨일스(New South Wales), 빅토리아(Victoria), 서부 오스트레일리아(Western Australia), 퀸즐랜드(Queensland), 태즈메이니아(Tasmania) 등이 유명하다.

1) 각 지역별 와인

(1) 남부 오스트레일리아(South Australia)

전체 오스트레일리아 와인의 61%를 생산하고 있는 중요한 지역이다.

여기에서는 저급와인부터 고급와인에 이르기까지 모든 유형의 와인이 생산되고 있으며, 늦게 수확된 포도로 만든 보트리티스 와인(Botrytis

**프레지던트 까베르네
쇼비뇽**

Wine), 포트, 세리 등도 포함하고 있다.

① 바로사 밸리(Barossa Valley)

애들레이드(Adelaide)의 북쪽에 위치하고 있으며, 덥고 건조한 기후 때문에 해발 240~300m에 포도밭이 조성되어 향기로운 드라이 레드 와인, 가벼운 드라이 화이트 와인, 강화 와인 등 여러 가지가 나온다. 올랜도(Orlando)나 펜폴즈(Penfolds) 등의 거대한 와이너리의 발상지이기도 하다.

울프 블라스 까베르네
쇼비뇽

호주의 와인 명가 펜폴즈 이야기

펜폴즈의 역사는 1844년 영국에서 호주로 이주한 크리스토퍼 로손 펜폴즈(Cristopher Rawson Penfold)가 와이너리를 건립하면서 시작되었다. 직업이 의사인 펜폴즈는 그의 부인 메리 펜폴즈, 딸과 함께 호주 애들레이드에 정착하면서 애들레이드에서 7km 거리에 위치한 맥길(Magill) 지역에 100 헥타아르 규모의 대지를 구입하여 프랑스 남부 지방에서 가져온 포도 묘목으로 직접 포도밭을 조성하였다.

펜폴즈는 여기에 집을 지어 영국에서 살던 집의 애칭인 '더 그랜지(The Grange)'라는 이름으로 병원을 개원하였다. 병원은 매우 성황리에 운영되었으며 펜폴즈는 와인에 다양한 의학적 효능이 있다는 걸 발견하고 치료 목적의 <강화 와인>을 생산하기 시작하였다.

펜폴즈의 유명한 슬로건 "1844 to evermore" (1844년부터 영원히)는 와인을 처방 약재로 사용하던 펜폴즈의 초기 역사에서 비롯되었으며 오늘날 장수를 기원하는 의미로 사용되고 있다.

펜폴즈 와인을 처방전으로 음용했던 환자들은 이후 의료 상담 보다는 와인을 문의하러 펜폴즈를 방문하는 일이 잦아졌고 머지않아 최고의 와인을 생산하는 와인하우스로서의 펜폴즈 명성이 형성되기 시작하였다.

1870년 펜폴즈 타계 이후 그의 부인인 메리 펜폴즈가 와이너리를 맡으면서 호주 내수 시장 특히 빅토리아와 사우스 웨일즈 지역의 와인 소비가 큰 폭으로 증가하는 전성기를 맞게 된다.

메리 펜폴즈는 호주 와인 역사에 지대한 족적을 남기고 1896년 타계한 이후 사위인 Mr. Thomas Francisco Hyland에 의해 펜폴즈는 또 다른 전성기로 한 단계 도약하게 되었다.

현재까지도 펜폴즈는 남호주 지역와인의 1/3 이상을 생산하고 있다.

| 펜폴즈 로손 리 트리트 리슬링 | 펜폴즈 쿠능가 힐 샤르도네 | 펜폴즈 로손 리 트리트 메를로 | 펜폴즈 쿠능가힐 까베르네 쇼비뇽 | 펜폴즈 생헨리 쉬라즈 | 그렌지 |

② 쿠와나라(Coonawarra)

1890년에 최초로 재배가 시작되고 그 이후로 알코올 강화 와인(Fortified Wine)부터 테이블 와인(Table Wine), 프리미엄 와인(Premium Wine)까지 계속 발전하고 있다.

③ 애들레이드 힐스(Adelaide Hills)

애들레이드의 바깥쪽으로 약간 벗어나 해발 400m 위에 위치한 이곳은 다른 곳보다 기후조건이 서늘하여 화이트 와인과 스파클링 와인이 유명하다.

④ 클레어 밸리(Clare Valley)

바로사 밸리의 바로 북쪽에 위치하고 기후가 서늘하고 건조하며, 리슬링과

파이러스

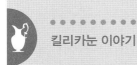

░░░░░░░░░░
킬리카눈 이야기

애들레이드에서 북쪽으로 2시간 거리에 있는 클레어밸리(Clare Valley)에는 킬리카눈(Kilikanoon)이라 불리는 농지대가 있는데, 그 기원은 1850년대 이 지역에 농장주로 정착한 Penna Lane 일가가 클레어 밸리로 이주해오기 전까지 일을 했던 Cornwall 지역의 Killa-goon이라는 농장으로 거슬러 올라갑니다.

Killa-goon은 원주민어로 '비탈진 개암나무숲 (sloping nut tree grove)'이라는 뜻인데, Penna Lane 일가가 Clare Valley의 자신의 땅에 이 이름을 붙이게 되면서 한동안 이 지대는 Killa-goon이라 불리게 되었습니다. 세월이 지나 여러 세대를 거치면서 그 명칭이 Kilikanoon으로 바뀌어 오늘에 이르게 된 것입니다. 그로부터 많은 세월이 흘러 1997년 와인에 대한 열정으로 가득찬 winemaker인 Kevin Mitchell이 Kilikanoon 지대를 매입하여 그 이듬해부터 자신의 브랜드로 와인을 세상에 내놓게 되었습니다. 그리고 이로부터 불과 수 년후, Kilikanoon Winery는 Robert Parker로부터 "This is one of the most brilliantly run wineries in Australia."라는 극찬을 받기에 이르는데, 이는 바로 와이너리의 owner인 Nathan Waks나 winemaker인 Kevin Mitchell과 같이 오직 최고의 와인을 만들겠다는 일념으로 Clare Valley로 뛰어든 이들의 순수와 열정이 일구어낸 기적인 것입니다.

| 킬리카눈 몰츠 블록 리슬링 | 킬리카눈 메들리 GSM | 킬리카눈 블럭스로 드 까베르네 쇼비뇽 | 킬리카눈 코브넌트 쉬라즈 | 킬리카눈 오라클 쉬라즈 |

쉬라즈가 대표적인 품종이다.

⑤ 에덴 밸리(Eden Valley)

시원하고 지대가 높은 곳이기 때문에 정교한 화이트 특히 리슬링, 샤르도네 재배에 적합하고, 레드 와인용으로 쉬라즈를 많이 재배한다.

**로즈 마운트
삐노 누아**

⑥ 맥라렌 베일(McLaren Vale)

해안에서 남쪽으로 바람이 불어와 기후를 온화하게 만드는 지역으로 애들레이드의 정남쪽에 위치하여 샤르도네, 까베르네 쇼비뇽, 쉬라즈, 그르나슈를 생산하고 있다.

(2) 뉴사우스웨일스(New South Wales)

오스트레일리아에서 가장 인기 있는 지역 중의 하나로 오스트레일리아 와인의 발상지이며, 포도 재배면적은 9,000ha이고 전체 포도생산량의 27%를 생산한다.

옐로우 테일 버불즈

헌터 밸리(Hunter Valley)는 가장 오래된 포도 재배지역 중 하나이며, 쎄미용(Semillon), 샤르도네(Chardonnay) 등을 화이트 와인 품종으로 많이 재배하고 쉬라즈(Shiraz)는 레드 와인 품종으로 많이 재배된다.

① 헌터 밸리(Hunter Valley)

헌터 밸리 지역은 둘로 나누어지는데 와인을 생산하는 주 지역은 로 헌터 밸리(Lower Hunter Valley)이다.

• 로 헌터 밸리(Lower Hunter Valley)

가장 역사가 오래된 곳이며, 시드니가 가까워 큰 시장이 형성되는 곳이다. 비교적 덥고 습도가 높은 지역으로 쉬라즈로 만든 농후한 레드 와인과 쎄미용으로 만든 풍부한 드라이 화이트 와인이 유명하다.

② 오렌지(Orange)

1983년에 포도 재배를 시작한 이곳은 늦은 시작에도 불구하고, 다른 뉴사우스웨일스(New South Wales)의 지역보다 높은 위치의 조건과 신선한 기후로 훌륭한 쇼비뇽 블랑과 샤르도네를 생산하고 있다.

③ 머지(Mudgee)

호주에서 가장 고지대에 있으며, 고급 드라이 레드 와인을 생산한다.

(3) 빅토리아(Victoria)

오스트레일리아 남동부 멜버른(Melbourne) 근처에 위치한 오랜 전통을 지닌 와인지역으로 기후와 토양이 유럽과 비슷한데, 이러한 자연조건이 유럽에서 건너온 이주자들이 정착하게 된 요인이 되었다. 오스트레일리아에서 두 번째로 많은 126개소의 양조장이 있으며, 정상급의 레드, 화이트, 발포성, 포트 와인을 생산하며, 오스트레일리아 생산량의 16%를 차지한다.

① 야라 밸리(Yarra Valley)

19세기에는 대규모 생산지였으나, 쇠퇴했다가 1990년대부터 다시 전성기를 구가하는 곳이다. 비교적 서늘한 지역이다.

② 피레네(Pyrenees)

비교적 온난한 기후 덕분에 보르도 스타일의 풀바디한 드라이 레드 와인이 생산된다.

(4) 서부 오스트레일리아(Western Australia)

지금부터 20년 전까지만 해도 마가렛(Margaret)강과 와인은 별 관계가 없었다.

그러나 현재는 신흥 와인산지로 전체 생산량의 3%를 차지하고 있으며, 이곳에서 서부 오스트레일리아뿐만 아니라 오스트레일리아 전체에서 가장 우수한 와인이 생산되고 있다.

① 마가렛 리버(Margaret River)

신흥 와인 산지로 1990년대부터 알려진 곳이다. 해양성 기후로 근처의 차가운 바다의 영향으로 기후가 서늘하다. 훌륭하고 섬세한 까베르네 쇼비뇽과 메를로, 쎄미

달타니 쉬라즈

토마스 하디
쿠나와라

용, 샤르도네 등을 생산한다.

② 그레이트 서던(Great Southern)

해양성 기후와 대륙성 기후의 영향으로 리슬링부터 샤르도네, 까베르네 쇼비뇽, 삐노 누아까지 다양한 와인을 생산한다.

③ 스완 밸리(Swan Valley)

더운 곳이지만, 비가 규칙적으로 내리고 서리 피해가 없는 지역으로 풍부한 맛과 바디가 있는 화이트 와인과 미디엄 바디의 레드 와인을 만든다. 슈냉 블랑, 샤르도네, 그르나슈, 쉬라즈 등을 재배한다.

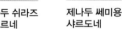

제나두 쉬라즈 까베르네   제나두 쎄미용 샤르도네

(5) 퀸즐랜드(Queensland)

퀸즐랜드(Queensland)는 열대지방과 너무 가까워 좋은 품질의 와인을 생산하기에 적합하지 않다고 생각하여 와인 재배지역으로 잘 알려지지 않았지만 해발 700~1,000m 지대에서 기온이 서늘해지는 효과 때문에 까베르네 쇼비뇽, 쉬라즈, 샤르도네 등을 재배한다.

① 그래니트 벨트(Granite Belt)

원래 생식용 포도를 재배했던 곳으로 1990년대부터 샤르도네, 쎄미용, 쉬라즈, 까베르네 쇼비뇽 등을 재배한다.

(6) 태즈메이니아(Tasmania)

호주에서 가장 추운 곳으로 가을이 건조하기 때문에 수확기가 늦어진다.

① 노던 태즈메이니아(Northern Tasmania)
서늘한 지역으로 샤르도네, 삐노 누아 등을 재배한다.

② 서던 태즈메이니아(Southern Tasmania)
최남단으로 서늘하지만 일조시간이 길어 샤르도네, 삐노 누아 등을 재배한다.

클로버 힐

Chapter4 각국의 와인

277

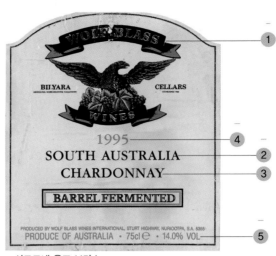

■ 샤르도네 울프 브라스

호주와인 라벨

① 생산자명으로 Wolf Blass를 나타냄
② 포도 생산지역의 South Australia임을 뜻함
③ 포도품종인 샤르도네
④ 빈티지(Vintage : 포도수확연도)가 1995년임
⑤ 알코올도수 14.0% 및 용량 750㎖
※ 호주 와인은 주로 포도품종을 상표명으로 사용하고 있다.

■ 까베르네 쉬라즈 빈 389

■ 빈 444 까베르네 쇼비뇽

■ 쌩, 힐러리 샤르도네

■ 파이러스

7. 미국 와인(American Wine)

워싱턴　오리건

뉴욕

캘리포니아

　와인을 맛보는 전문가인 벤저민 프랭클린은 언젠가 와인을 가리켜 "와인은 하나님이 인간을 사랑하고 인간이 즐겁게 사는 것을 보기 원하는 증거이다"라고 말한 적이 있다.

　미국 와인의 역사는 현재 미국의 역사보다 오래되었다고 생각된다. 탐험가들이 미대륙을 발견하기 전에 이미 자생하는 야생포도가 있었던 것이다.

　유럽에서 신대륙으로 이주해 온 사람들이 유럽의 포도묘목을 미국에 심었으나 기후와 토질에 잘 적응하지 못해서 어려움을 겪었다. 그러던 중 우연히 신대륙의 야생포도와 유럽의 포도를 접붙여 재배했더니 성공적이었다. 이 포도품종이 현재 미국 동부에서 재배되고 있다.

　또한 1769년 프란체스코수도회의 수사인 주니페로 세라가 샌디에이

조단 까베르네 쇼비뇽
(소노마 카운티)

고에 교회를 창설하면서 포도를 심어서 미사주와 의약용으로 쓰도록 권했다.

상업적으로 와인이 생산되기 시작한 것은 조세프 채프먼이 로스앤젤레스 지역에 와인공장을 세워 1824년부터 와인을 생산한 것이 처음이다. 1830년대 프랑스에서 수백 그루의 포도묘목을 캘리포니아에 도입한 것을 시작으로 미국에 금을 캐러 몰려들었던 많은 유럽인들이 너도나도 포도원을 만들기 시작했다.

1857년 헝가리인인 아고스톤이란 사람이 소노마에 포도원을 일구었으며, 더 좋은 와인을 생산하기 위하여 캘리포니아의 총독에게 캘리포니아 북부지역에 와인산업을 육성해 줄 것을 요청했다.

그러자 총독은 담당자를 유럽에 출장 보내 유럽의 포도묘목을 10만 그루 정도 수입해서 재배하게 했다. 와인 생산이 본 궤도에 오르고 있었는데, 불행하게도(유럽에서 수입된 포도나무에 묻어온 병 때문에) 1874년 소노마 지역의 포도원으로부터 시작하여 캘리포니아의 거의 모든 포도나무가 필록세라로 인해서 황폐해졌다.

이와는 반대로 미국 동부 해안에서 자라는 미국의 야생포도는 이미 필록세라에 면역되어 있었으므로 이 토착 포도나무의 뿌리와 유럽 포도나무의 줄기를 접붙여서 포도를 재배했더니 필록세라 문제가 해결되었다.

이때부터 지구상의 대부분 지역이 이런 접붙인 포도품종을 심고 있다. 19세기 말에 필록세라 문제가 해결되면서 미국의 와인산업은 다시 활기를 띠게 되었다.

1869년 캘리포니아 와인의 생산량이 400만 갤런에서 1900년에는 2,800만 갤런, 1911년에는 6,000만 갤런으로 급격히 늘어나게 되었다. 그러나 1919년부터 금주령이 선포되어 거의 모든 와인의 생산이 중단되고, 단지 미사나 성찬용과 의약용으로만 일부 사용되면서 미국의 와인산업은 거의 사라지게 되었다. 1933년 금주령이 해제되면서 다시 포도 재배와 와인 생산이 증가하게 되었다.

현재 미국은 와인 생산량 세계 4위, 와인 소비량 세계 3위, 포도 재배면적 세계 6위이다.

미국에서 재배되고 있는 화이트 와인용 포도로는 샤르도네, 리슬링, 슈냉 블랑, 프렌치 콜롬바드(French Colombard), 쇼비뇽 블랑, 쎄미용, 실바너 등이 있고, 레드 와인용 포도로는 까베르네 쇼비뇽, 가메, 메를로, 삐노 누아, 진판델(Zinfandel) 등이 있다.

1) 미국 와인의 등급

(1) 메리터지 와인(Meritage Wine; 보르도 스타일로 만든 와인)

미국 와인은 사용한 포도품종의 종류가 상표의 일부분이 된다. 이러한 와인을 단일품종 와인(해당 포도품종이 75% 이상)이라 하는데 미국의 많은 와인업자들은 이러한 와인보다는 여러 종류의 포도품종을 섞어서 만드는 것이 자신만의 포도밭을 대표하는 최고의 와인을 만들 수 있다고 믿고 있다. 하지만 이럴 경우 현행 와인상표 규정에 따라 단일 포도품종이 75%를 넘지 못하므로 다품종을 섞어 만든 와인은 생산업체가 만든 이름으로 표기하거나 단순히 테이블 와인으로 표기하게 된다.

이러한 이름들은 자기만의 뛰어난 품질을 제대로 나타내지 못하기 때문에 '메리티지'라는 새로운 이름을 사용하게 되었다.

이 명칭은 1988년 전 세계적으로 공모된 6,000여 개의 명칭 중에서 선택된 것으로 이들 고품질와인을 단순히 테이블 와인과 구분하기 위해 사용되고 있다.

그러나 이 메리티지 와인은 반드시 프랑스 보르도 지방의 전통적인 포도품종들만을 섞어 만들어야 한다. 또한 메리티지 와인은 반드시 해당 와인업체가 생산하는 와인 중 최고의 와인이어야 하며, 개별 와인 양조장에서 매해 생산된 포도로 25,000케이스까지만 생산할 수 있다. 유명한 메리티지 와인은 오퍼스 원(Opus One), 조셉 펠프스(Joseph Phelps)의 인시그니아(Insignia) 등이 있다.

오퍼스 원(나파 밸리)

(2) 버라이어탈 와인(Varietal Wine; 품종기재 고급와인)

와인제조에 사용한 포도의 원산지를 표시하고 있는 경우에만 그 품종의 이름을 하나 또는 여러 개 표시할 수 있고, 그 와인을 만드는 데 사용된 포도의 75% 이상이 특정 품종의 포도여야 만이 그 품종을 표시할 수 있다. 또한 두 개 이상의 포도품종 이름이 표시되려면 각각의 품종이 해당 와인에서 차지하는 비율이 라벨에 함께 표시되어야만 한다.

예를 들어 '진판델', '까베르네 쇼비뇽', '샤르도네' 등으로 표기한다.

● **진판델(Zinfandel) 포도품종**

캘리포니아의 특화 품종인 진판델(Zinfandel)은 이탈리아 프리미티보(Primitivo) 품종이 건너온 것으로만 알려져 있었으나, 수년간 DNA검사를 통해 이 품종이 수도승들에 의해 이탈리아로 전해진 크로아티아의 플라박 말리(Plavac Mali)라는 품종이라는 것이 밝혀짐으로써 진판델도 그 최초 근원이 재조정되었다.

일반적인 진판델 와인의 맛은 약간의 산도와 단맛 그리고 풍성한 과일향과 스파이시한 맛이 특징이라 하겠다. 주요 재배지역으로는 소노마, 시에라 풋힐스, 산타 크루즈 등이 있다.

끌로 두 발 진판델

(3) 제너릭 와인(Generic Wine; 일반 와인)

여러 품종의 포도를 블렌딩한 와인을 일반 와인이라고 한다. 일반 와인은 라벨에 포도품종명을 기재할 수 없고 샤블리나 버건디, 쏘테른 등으로 표기한다. 물론 프랑스의 샤블리와 버건디 와인은 아니나 비슷한 맛이 나도록 한 와인이다. 일반 와인은 가격 면에서 품종와인보다는 싸게 판매되고 있다.

(4) 와인의 원산지 명칭

① 하나의 주 이름

와인 원산지로서 주의 이름을 쓰는 경우 사용된 포도는 100% 해당되는 주(예를 들어 캘리포니아, 뉴욕 등) 내에서 생산된 것이어야 한다. 이 경우 주 내의 여러 지역에서 생산된 와인을 섞어 만드는 경우가 많다.

② 하나의 카운티(County) 이름 또는 복수의 카운티 이름

카운티의 이름이 원산지로 표시된 경우 행정구역에 따른 구분이다(예를 들어 나파, 소노마 등). 카운티 원산지 표시의 경우 해당 카운티에서 생산된 포도가 75% 이상 사용되어야 한다.

또한 두 개 또는 그 이상의 카운티가 원산지로 표시되는 경우, 각 카운티가 차지하는 비율이 함께 표시되어야 하며, 포도는 각각의 카운티에서 100% 생산된 것이어야 한다.

③ 미국 공식 인증 전문 포도 재배지역 이름(American Viticultural Area; A.V.A)

1983년부터 시행한 것으로 하나의 A.V.A는 그 지역이 주변의 지역과 지리학적으로 다른 특성, 즉 기후, 토양성분, 등고(높이), 물리적 특성, 때로는 역사적 자료 등을 가지고 있다는 것을 의미한다.

또한 A.V.A로 표시된 와인은 85% 이상의 포도가 그 지역에서 생산된 것이어야만 한다.

현재 미국에서 총 153개의 지역이 A.V.A로 공식 인증되어 있다.

American Viticultural Area(A.V.A)

A.V.A로 지정되었다고 해서 그 지역에서 생산되는 와인의 품질을 인증받은 것은 아니다. 다만 '그 지역이 다른 지역과 다르다는 것을 의미할 뿐 더 우수하다'는 것을 인증하는 것은 아니다. 또한 AVA제도는 해당 지역에서의 와인 생산방법을 규정하지도 않는다.

이것은 다른 나라의 재배지역 인증제도와는 달리 미국의 와인 생산자는 자신이 정한 품질기준과 소비자의 요구를 반영하여 자신의 땅에 가장 적합한 품종을 선택하고, 필요에 따라 물을 주고, 최상의 시기에 수확하며, 최적의 단일면적당 생산량을 결정할 자유를 가진다는 것을 뜻한다. 궁극적으로 와인 생산업자가 모든 옳은 결정을 내리게 하는 것은 소비자인 셈이다. 다만, 캘리포니아주에 있어서는 고품질의 와인 생산을 보장하기 위해서 설탕의 첨가(와인의 발효과정에서 설탕 첨가 금지), 포도밭에서 농약의 사용, 생산공정의 위생관리 등 와인의 생산을 관리하는 엄격한 법 규정이 존재한다.

2) 각 지역별 와인

미국에서는 50개의 주 가운데 44개의 주에서 포도 재배가 가능한데, 대표적인 와인산지로는 캘리포니아주, 오리건주, 워싱턴주, 뉴욕주 등이 있다.

(1) 캘리포니아 지역

골로 두 발 까베르네 쇼비뇽

로버트 몬다비 샤르도네 리저브

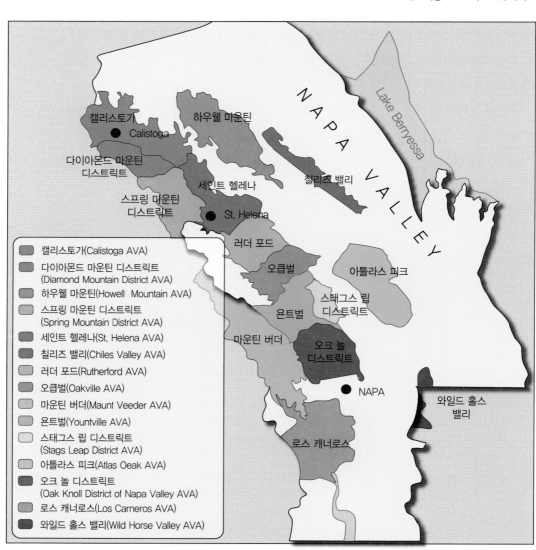

캘리스토가(Calistoga)
Calistoga
다이아몬드 마운틴 디스트릭트
하우웰 마운틴
스프링 마운틴 디스트릭트
세인트 헬레나
St. Helena
러더 포드
오크빌
온트벌
마운틴 버더
로스 캐너로스

NAPA VALLEY
Lake Berryessa
칠리즈 밸리
아틀라스 피크
스태그스 립 디스트릭트
오크 놀 디스트릭트
NAPA
와일드 홀스 밸리

- 캘리스토가(Calistoga AVA)
- 다이아몬드 마운틴 디스트릭트 (Diamond Mountain District AVA)
- 하우웰 마운틴(Howell Mountain AVA)
- 스프링 마운틴 디스트릭트 (Spring Mountain District AVA)
- 세인트 헬레나(St. Helena AVA)
- 칠리즈 밸리(Chiles Valley AVA)
- 러더 포드(Rutherford AVA)
- 오크빌(Oakville AVA)
- 마운틴 버더(Maunt Veeder AVA)
- 온트벌(Yountville AVA)
- 스태그스 립 디스트릭트 (Stags Leap District AVA)
- 아틀라스 피크(Atlas Oeak AVA)
- 오크 놀 디스트릭트 (Oak Knoll District of Napa Valley AVA)
- 로스 캐너로스(Los Carneros AVA)
- 와일드 홀스 밸리(Wild Horse Valley AVA)

① 캘리포니아 북부 해안지역(Northern California Coast)

울퉁불퉁한 해안선과 몰아치는 파도, 하늘 높이 솟은 미국 삼나무숲(세퀘이아나무로 유명), 세찬 강줄기, 푸르른 언덕, 그리고 아름다운 포도밭으로 가득 찬 땅이다. 샌프란시스코 바로 위쪽에

캘리포니아 와인 저장고

나파 밸리, 소노마, 멘도치노, 센트럴 코스터, 산조아킨 밸리 등의 와인 산지들이 세계적으로 명성을 높이고 있다.

● 나파 밸리(Napa Valley)

이 지역에 처음 거주했던 원주민인 와포(Wappo) 인디언 부족에게 나파란 '풍요의 땅'을 의미하는 말이었다.

나파계곡에서 처음 포도를 재배한 사람들은 조지 연트(George Yount)와 같은 1840년경의 초기 탐험가들이었다. 1861년 이 지역에 최초의 상업적인 와인 양조장을 세운 사람은 찰스 크럭(Charles Krug)이었으며, 1889년에 이르러 140개의 와인 양조장이 운영되기에 이르렀다. 금주법과 함께 사라졌던 나파밸리 와인업계는 1933년 금주법의 폐지와 함께 다시 부흥기를 이루게 되었다. 1960년에서 2000년 사이에 와인 양조장의 수는 25개에서 240개 이상으로 증가하였고, 이 지역에 처음 와인 붐이 발생한 지 100년 후 나파 와인의 뛰어난 품질은 세계적인 명성을 얻게 되었다.

나파 밸리(Napa Valley)는 미국에서 가장 유명한 포도 재배지역으로, 샌프란시스코에서 차량으로 금문교를 지나 약 1시간 반 정도 걸리며 16,300헥타르의 포도밭을 가지고 있다.

퓌메 블랑 / 베린저 까베르네 쇼비뇽 / 오크 빌레 로버트 몬다비

이 지역은 양쪽이 산맥으로 막혀 있는 지형이며, 북서방향으로 45km쯤 길게 뻗어 있다. 나파 밸리의 폭은 넓게는 남부의 나파시(City of Napa) 부근에서 8km 정도이며 가장 좁게는 북부의 칼리스토가 마을(Town of Calistoga) 부근에서 1.5km 정도이다.

나파강(Napa River)은 이 계곡지형을 따라 흐르고 있다. 관광객들이 연중 이 계곡을 지나면서 공장마다 들려서 와인을 시음해 보고 한두 병씩 사가는 미국에서 가장 유명한 와인 생산지이다.

특히 이곳에서도 가장 유명한 와인공장으로는 로버트 몬다비 포도주공장(Robert Mondavi Winery)이 있다. 1966년 로버트 몬다비는 특이한 외양의 공장을 건설한 후 적극적인 와인의 생산기술 도입과 판매활동으로 와인업계의 거물이 되었으며, 포도주공장은 국내외에서 유명하게 되었다.

1980년 프랑스 샤또 무똥 로칠드의 바롱 필립 드 로칠드와 합자회사를 만들어서 최고급 나파 밸리 와인인 오퍼스 원(Opus One)을 1984년부터 소량 생산하고 있다.

주요 와인 생산자
베린저(Beringer)   끌로 뒤 발(Clos du Val)   도미너스(Dominus)   조셉 펠퍼스(Joseph Phelps)   로버트 몬다비(Robert Mondavi) 등

• 소노마 카운티(Sonoma County)

1812년 러시아 이주민들은 해안지역인 포트 로스(Fort Ross)에 처음 포도나무를 심었다. 그러나 소노마에 본격적인 와인산업의 기반을 구축한 것은 1823년 프란체스카수도원에 포도를 심었던 스페인계의 호세 알티메라(Jose Altimera) 신부였다. 캘리포니아 와인의 아버지로 불리는 헝가리계의 아고스톤 하라치경(Count Agoston Haraszthy)이 소노마의 한 밭을 사서 부에나 비스타(Buena Vista)로 이름 붙인 것은 1857년이었다.

샤또 수버랭 까베르네 쇼비뇽(알랙산더 밸리)

샤르도네 조단

그 뒤 1861년 그는 캘리포니아 국회로부터 유럽의 포도 재배법에 대한 연구를 위임받아 유럽을 여행한 후 그 다음해 프랑스, 이탈리아, 스페인 등지에서 우수한 포도묘목 십만 그루 이상을 소노마에 들여오게 되었다. 소노마는 나파 밸리 다음으로 캘리포니아에서 유명한 와인 생산지역으로 나파 밸리의 서쪽에 있고 태평양 해안에 가까우며, 기후가 온화해서 포도재배에 적합하다.

주요 와인 생산자
켄우드(Kenwood)
조던(Jordan)
시미(Simi)
글렌 앨런(Glen Allen) 등

켄우드 와인 시리즈

| 율루파 | 샤르도네 | 진판델 | 메를로 | 잭런딕 까베르네 쇼비뇽 | 아티스트 시리즈 까베르네 쇼비뇽 |

• 멘도치노(Mendocino)

샌프란시스코에서 북쪽으로 150km 떨어진 멘도치노는 소노마 카운티의 바로 위쪽에 위치하면서 기후는 소노마보다 약간 서늘하며, 산이 많아 울퉁불퉁하며 산림이 울창한 지역이다. 이곳의 포도밭은 약 6,000 헥타르 정도이며, 대부분 러시아강(Russian River)과 나바로강(Navarro River)의 유역과 지류를 따라 형성된 능선의 햇살이 잘 비치는 윗부분에 위치하고 있다.

이 지역에 포도가 처음 심어진 것은 황금탐험기 이후인 1850년이었다. 이후 금주법으로 이 지역의 와인산업은 거의 사라지게 되었지만, 파두치가(Parducci Family)의 숨은 노력으로 와인이 계속 생산될 수 있었다. 1970년대와 80년대를 통해 파두치 와인회사(Parducci Wine Cellars)

켄달 잭슨 메를로

와 페처 와인회사(Fetzer Vineyards)를 선두로 멘도치노의 많은 와인업체가 세계적인 명성과 공급망을 구축하게 되었다. 멘도치노 카운티에는 37개의 와인업체가 8개의 A.V.A에 퍼져 있다.

탤러스 화이트 진판넬

② 캘리포니아 중부 해안지역(Central California Coast)

이곳은 샌프란시스코에서 몬터레이(Monterey)를 거쳐 산타 바바라(Santa Babara)에 이르는 길게 뻗은 지역으로 과거 프란체스카수도원의 수도승들이 '왕들의 도로(El Camino Real)'로 불렀던 101번 고속도로를 따라 자동차로 약 6시간 걸리는 거리이다. 이곳은 여러 와인산지에 매우 다양한 와인 양조장이 퍼져 있다.

• 리버모어 밸리(Livermore Valley)

샌프란시스코만 동쪽의 해안 능선 기슭에 위치한 곳으로 25km 정도 길게 뻗어 있다.

100년 이상의 역사를 자랑하는 이곳은 캘리포니아의 가장 역사적인 와인산지 중 하나이다. 1889년 리버모어에서 생

산된 와인이 파리국제박람회에서 최우수 와인으로 선정된 이래 리버모어 밸리는 뛰어난 와인산지로 국제적인 명성을 얻고 있다.

이곳은 샌프란시스코만과 인접하여 와인용 포도의 재배에 매우 좋은 환경을 갖추고 있다.

재배기간 내내 낮 동안 고온의 기후를 유지하다가 오후 늦게 바다로부터 매우 차가운 공기가 이 지역을 거쳐 더 안쪽의 센트럴 밸리까지 유입된다.

이 차가운 바람은 안개를 동반하고 있어 이른 아침

헤리티지 화이트   웬티

까지 저온의 안개가 계곡에 머물게 한다. 이러한 밤낮의 기온 변화는 계속적으로 순환한다. 또한 이 지역은 다른 지역과는 달리 특별히 깊고 돌이 많은 토양으로 이루어져 있어 보르도 지역의 포도품종에 최적의 환경을 제공한다. 현재 리버모어 밸리에는 12개의 양조장이 자리잡고 있다.

• 산타 크루즈 산맥(Santa Cruz Mountain)

이 지역의 포도밭들은 1982년에 개발되었으며 현재 약 20개의 와인 양조장이 자리 잡고 있다.

이곳은 샌프란시스코에서 약 80km 떨어진 해안지역으로 유명한 실리콘 밸리의 바로 아래쪽에 위치하고 있으며, 낮은 산맥이 형성한 능선을 경계로 태평양을 바라보며 서쪽의 절반과 샌프란시스코만을 바라보는 동쪽의 절반으로 크게 나누어진다.

이러한 지형 변화를 이용하여 대양을 바라보는 쪽에는 삐노 누아만을 반대쪽에는 까베르네 쇼비뇽을 주로 재배한다.

• 몬터레이 카운티(Monterey County)

다른 대부분의 카운티에서처럼 이 지역에 처음 포도를 재배한 사람은 프란체스카수도원의 사람들이었다.

블랙스톤 까베르네   몬터레이 샤르도네
쇼비뇽

이들은 200년 전 솔레다드(Soledad)에 위치한 수도원에 포도를 심기 시작해서 현재 몬터레이는 약 17,000헥타르에 이르는 포도밭을 가지고 있으며, 이 중 약 40%는 샤르도네를 재배하고 있다. 이 지역은 약 50개의 양조장이 있으며, 7개의 A.V.A가 있다.

• 샌 루이스 오비스포 카운티(San Luis Obispo County)

이 지역에 처음 포도가 재배된 것은 약 200년 전의 일이지만, 본격적으로 근대적인 와인산업이 시작된 것은 새로운 세대의 포도 재배 선구자들이 나타난 1970년대 초반이었다.

오늘날 샌 루이스 오비스포에는 약 60여 개의 와인 양조장이 위치해 있으며 총 8,000헥타르의 포도밭이 경작되고 있다. 이 지역은 캘리포니아 내의 대표적인 와인산지로 빠르게 성장하고 있다.

루색 샤르도네

● 산타 바바라 카운티(Santa Barbara County)

이 지역은 로스앤젤레스 위쪽에 위치하며 북에서 남으로 약 150km의 크기에 전체 포도밭 면적은 6,000헥타르이다. 이곳 또한 약 200년 전 활발한 와인산업을 일구었으나, 근대적인 와인 생산은 1960년대 데이비스 캘리포니아주립대학 (U.C Davis)의 연구진이 이 지역의 기후, 토양, 지형, 수자원 등이 포도 재배에 적합하다는 사실을 밝혀낸 이후 본격적으로 시작되었다.

최초의 근대적인 포도밭이 조성된 지 35년이 지난 오늘날 이 지역에는 30개 이상의 와인 양조장이 운영 중에 있다.

③ 남부 캘리포니아(Southern California)

로스앤젤레스에서 남쪽 샌디에이고까지 이어지는 지역으로 강렬한 햇살과 백사장 해안, 파도타기, 놀이공원 및 영화산업으로 유명한 곳이다. 이 지역이 와인산업을 가지고 있다는 사실을 아는 사람도 그리 많지는 않다. 그러나 로스앤젤레스에서 한 시간 거리에 있는 고온의 테메큘라(Temecula) 지역에는 1,200헥타르의 포도밭이 조성되어 있다.

④ 시에라네바다(Sierra Nevada)

황금탐험의 시절로부터 전해지는 이야기에 의하면 이 지역에 있었던 1848년에 금광이 발견되어 역대 최고의 황금탐험의 시기를 야기시켰다고 한다. 이 지역에는 아마도르 카운티(Amador County), 캘러베러스 카운티(Calaveras County), 엘도라도 카운티(El Dorado County)를 중심으로 많은 숙박시설과 야

시에라 네바다 포도원 전경

외 여가시설, 그리고 세계적인 명성을 쌓은 많은 와인업체들이 위치해 있다.

⑤ 센트럴 밸리(Central Valley)

이곳은 해안의 언덕지대와 서쪽의 시에라네바다산맥의 경사면 사이에 위치하며 캘리포니아 농업의 심장부라 할 수 있고, 미국에서 와인을 가장 많이 생산하고 있는 지역으로 캘리포니아 와인의 80%를 생산하고 있다. 동서로 150km, 남북으로 645km의 광대한 이 지역은 보르도 2배 정도의 포도 재배면적을 가지고 있으나, 1/3만이 와인용 포도 재배지이고 나머지 2/3는 건포도용 포도 재배지이다.

와인용으로는 주로 콜롬바드(Colombard) 품종이 쓰이고 건포도용으로는 톰슨 시들레스(Thompson Seedless) 품종이 주로 쓰인다.

이 지역은 와인을 대량으로 생산하기 때문에 대형 와인공장이 많고, 그 규모도 거대해서 밖에서 보면 석유화학공장을 방불케 할 정도이다. 이곳의 와인은 주로 큰 병에 담은 저그 와인(Jug Wine)이 많고, 주로 테이블 와인산지로 잘 알려져 있다.

이 지역의 주요 와인산지는 새크라멘토 남쪽에 위치한 로디(Lodi)와 산조아킨 밸리(San Joaquin Valley)가 있다.

어니스트 & 줄리오 갤로 까베르네 쇼비뇽

어니스트 & 줄리오 갤로 샤르도네

(2) 워싱턴(Washington) 지역

워싱턴주에서는 동쪽에 있는 야키마 밸리에서 포도를 많이 재배하고 있다. 이 지역은 강우량이 극히 적으므로(연간 250mm) 인근 컬럼비아강에서 강물을 끌어다가 관개를 하여 포도를 생산하고 있다. 이곳에서 생산된 포도는 시애틀 근처의 공장으로 150마일 정도 차로 운반하고 있다.

이 지역에는 90개의 와인공장이 있으며, 상위 8개의 공장에서 워싱턴주 와인의 95%를 생산하고 있다. 이 지역의 유명한 와인공장으로는 샤또 세인트 미셸(Chateau St. Michelle), 프레스턴 와인 셀러(Preston Wine Cellars)와 야키마 리버 포도주공장(Yakima River Winery)이 있다.

샤또 세인트 미셸

(3) 오리건(Oregon) 지역

A to Z

도멘 서린 삐노 누아

오리건주의 포도원은 대부분 최근에 만들어졌고 또 규모가 작다. 그 면적은 워싱턴주의 절반 정도인 4,860헥타르 정도이며, 월래밋 밸리 (Willamette Valley)에서 포도를 많이 재배하고 있다.

90개의 와인공장은 대부분 규모가 작으며 상위 7개의 공장에서 전체의 1/3만을 생산할 뿐이다. 오리건주에서는 캘리포니아와는 다르게 일반 와인을 금하고 있고 품종와인도 그 품종의 와인이 90%가 넘어야 하는 엄격한 규정을 제정하여 실시하고 있다.

오리건 지역의 유명한 와인공장으로는 크누센 어스 포도주공장(Knudsen Earth Winery), 소콜 블로서 포도주공장(Sokol Blosser Winery), 투알라틴 빈야드(Tualatin Vineyard) 등이 있다.

(4) 뉴욕(New York) 지역

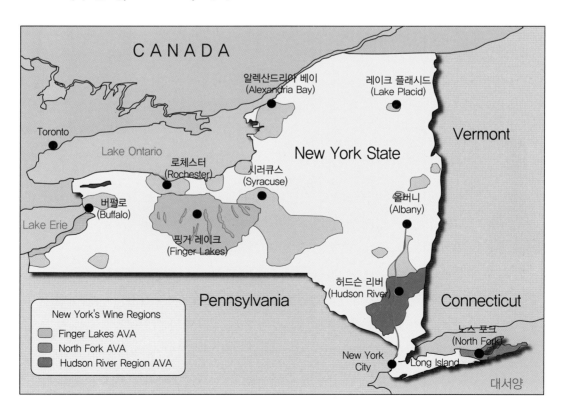

미국 동부지역 중에서 뉴욕주는 캘리포니아 다음으로 와인을 많이 생산하고 있다. 19세기 초부터 포도를 재배했으며 주로 자극적인 향이 있는 자생종인 라브루스카(Labrusca) 포도품종을 재배했다. 이곳은 프랑스 포도품종을 재배해서 와인을 만들고 있다. 유명한 포도 재배지역은 다음과 같다.

① 핑거 레이크 지방

핑거 레이크(Finger Lake)는 버펄로 아래쪽에 있으며 온타리오 호수 근처에 있다. 4개의 좁고 길다란 호수가 손가락같이 흩어져 있어서 핑거 레이크라 불리는 이 지역은 포도생육기간이 짧고 추운 겨울이 길기 때문에 지역 토착종이 잘 자란다.

1850~1860년 사이에 포도가 재배되기 시작하여 뉴욕주 포도 재배지역의 중심지가 되었으며, 이 지역에 많은 와인공장이 있다.

대표적인 공장으로는 샴페인을 주로 생산하는 골드 실(Gold Seal), 그레이트 웨스턴(Great Western)과 와인을 주로 생산하는 테일러 와인회사(Taylor Wine Company)가 있으며, 이 테일러 와인회사는 뉴욕주에서 가장 큰 와인공장을 가지고 있다.

② 허드슨 리버 지방

허드슨 리버(Hudson River)는 최근에 포도를 생산하기 시작한 지방으로 뉴욕시에서 북쪽으로 50마일 떨어져 있는데, 언덕이 많고 핑거 레이크 지역보다 겨울철에 덜 춥다.

이 지역에서는 특히 교잡종을 많이 심고 있다. 유명한 와인공장으로는 버멀(Bermarl), 클린턴(Clinton)과 노스 살렘(North Salem) 등이 있다.

③ 노스 포크 지방

노스 포크(North Fork)는 롱아일랜드의 동쪽 끝에 있으며, 뉴욕시에서 동쪽으로 약 80마일 떨어진 곳에 있다.

기후는 대체로 온화해서 유럽 품종의 포도를 많이 심고 있다. 17세기에 이 지역에서 포도가 자랐다는 증거가 있기는 하지만 1973년 하그레이브 형제가 포도원을 처음으로 건설하여 포도를 심기 시작했다.

이러한 지역 이외에도 미국 동부지역의 아르칸사스, 코네티컷, 메릴랜드, 매사추세츠, 미시건, 미주리, 뉴저지, 오하이오, 펜실베이니아, 버지니아주 등이 있다.

W I N E   미국   L A B E L

■ 샤르도네 조단(소노마)

미국 와인라벨

① 생산자(브랜드)명으로 Jordan을 나타냄
② 알코올도수
③ 포도품종인 샤르도네(Chardonnay)임을 표시함
④ 빈티지(Vintage : 포도수확연도)가 1994년임
⑤ 포토가 재배된 산지명인 Sonoma County 지방이라는 것을 표함

■ 캔우드 까베르네 쇼비뇽(소노마 밸리)

■ 까베르네 쇼비뇽 캔우드
(소노마 밸리)

■ 까베르네 쇼비뇽 조단
(알렉산더 밸리)

■ 드라이 쇼비뇽 블랑 볼류
　빈야즈(나파 밸리)

■ 까베르네 쇼비뇽 볼류 빈야즈
　(나파 밸리)

■ 까베르네 쇼비뇽 끌로 드 발
　(나파 밸리)

■ 뿌메 블랑 로버트 몬 다비
　(나파 밸리)

■ 조셉 펠프 쇼비뇽 블랑
　(나파 밸리)

■ 샤르도네 리져브 로버트 몬다비
　(나파 밸리)

■ 샤르도네 끌로 드 발(나파 밸리)

■ 진판델 끌로 드 발(나파 카운티)

8. 칠레 와인(Chile Wine)

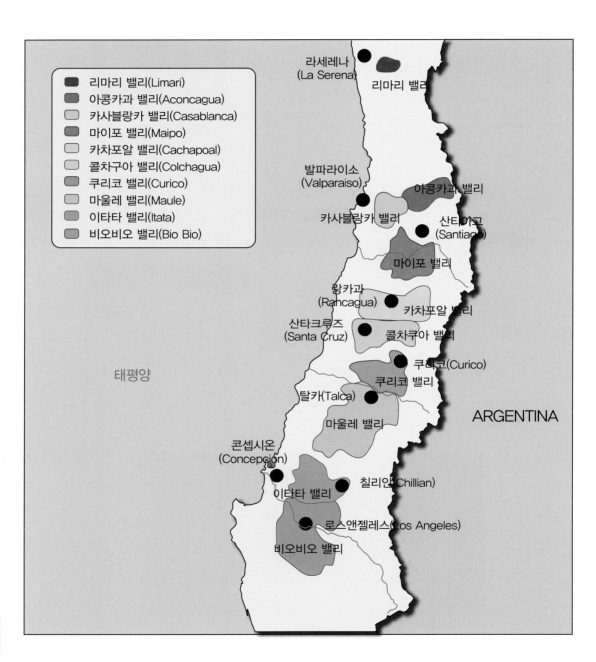

리마리 밸리(Limari)
아콩카과 밸리(Aconcagua)
카사블랑카 밸리(Casablanca)
마이포 밸리(Maipo)
카차포알 밸리(Cachapoal)
콜차구아 밸리(Colchagua)
쿠리코 밸리(Curico)
마울레 밸리(Maule)
이타타 밸리(Itata)
비오비오 밸리(Bio Bio)

라세레나
(La Serena)
리마리 밸리

발파라이소
(Valparaiso)
카사블랑카 밸리

아콩카과 밸리

산티아고
(Santiago)

마이포 밸리

랑카과
(Rancagua)
카차포알 밸리

산타크루즈
(Santa Cruz)
콜차쿠아 밸리

쿠리코(Curico)
쿠리코 밸리

탈카(Talca)
마울레 밸리

ARGENTINA

콘셉시온
(Concepcion)

칠리안(Chillian)
이타타 밸리

로스앤젤레스(Los Angeles)
비오비오 밸리

태평양

남미 최고급와인을 생산하는 나라 칠레는 지정학적으로 포
도주 생산에 매우 이상적으로 온난한 지중해성 기후, 더운 일
중 시간, 서늘한 야간, 분명한 계절의 구분, 이상적인 토양조
건, 자연과 인력에 의한 수리의 관리 등이 포도주 생산에 크게
유리할 뿐만 아니라 피난지 같은 포도 경작지의 지형조건도
더할 나위 없이 좋다.

칠레의 포도원은 안데스에서 태평양에 이르는 지역에 펼
쳐진 수많은 강과 계곡 주위에 형성돼 있다. 북쪽의 아타카마
(Atacama) 사막, 동쪽의 안데스산맥, 서쪽의 태평양, 남쪽의 파
타고니아(Patagonia) 빙원(氷原)이 둘러싸고 있어서 포도 질병
을 막아주고 순조로운 기후를 마련해 주는 천혜의 포도원을
이루고 있다.

1865 까베르네   엘 보스끄 샤르도네

칠레에서 생산되는 화이트 와인용 품종으로는 쇼비뇽 블랑, 샤르도네, 리슬링, 슈
냉 블랑 등이며, 레드 와인용 품종으로는 까베르네 쇼비뇽, 메를로, 삐노 누아 등을
재배한다.

1) 칠레 와인의 등급에 의한 분류

(1) 데노미나시온 데 오리헨(Denominacion de Origen; 원산지 표
시 와인)

칠레에서 병입된 것으로 원산지를 표시할 경우, 그 지역의 포도를 75%
이상 사용해야 한다. 상표에 품종을 표시할 경우도 그 품종을 75% 이상 사
용해야 하며, 여러 가지 품종을 섞는 경우는 비율이 큰 순서대로 3가지만 표
시한다. 수확연도를 표시하는 경우도 그해 포도가 75% 이상 들어가야 한다.

알마비바

(2) 원산지 없는 와인

원산지 표시만 없고, 품종 및 생산연도에 대한 규정은 원산지 표시 와인과 동일
하다.

Chapter 4 각국의 와인

(3) 비노 데 메사(Vino de Mesa)

식용 포도로 만드는 경우가 많고, 포도품종, 생산연도를 표시하지 않는다.

- 레세르바 에스페시알(Reserva Especial) : 최소 2년 이상 숙성 와인에 표기
- 레세르바(Reserva) : 최소 4년 이상 숙성 와인에 표기
- 그란 비노(Gran Vino) : 최소 6년 이상 숙성 와인에 표기
- 돈(Don) : 아주 오래된 와이너리에서 생산된 고급와인에 표기
- 피나스(Finas) : 정부에서 인정된 포도품종으로 만든 와인에 표기

2) 각 지역별 와인

몬테스 알파
까베르네 쇼비뇽

칠레의 포도 재배지역은 가장 넓은 생산지역 리전(Regions) 4개 권역, 서브리전(Subregion) 13개 지역, 존(Zone), 에어리어(Areas)로 분류된다.

- 코킴보(Coquimbo) : 안데스산맥 기슭에 위치하고 있으며, 대부분 브랜디용을 생산한다. 알코올함량이 높고 산도가 낮다.
  - 아콩카과(Aconcagua) : 이곳은 아콩카과강이 가로 질러가면서 아콩카과계곡에 형성된 포도원이다. 일조량과 강우량이 알맞아 감미가 풍부한 포도가 생산된다. 또한 이 지역 해안에는 잘 알려진 포도경작지인 카사블랑카 밸리(Casablanca Valley)가 있다.
- 센트럴 밸리(Central Valley) : 이 지역은 동으로 안데스산맥, 서로 태평양, 북으로 마이포(Maipo)강 그리고 남쪽의 마울레(Maule)강으로 둘러싸여 있다. 특히 마이포 지역에서 생산되는 양질의 포도주는 해외에서도 널리 유통되고 있다.

아라우카노 샤르도네

- 남부지역(Southern Regions) : 남부지역은 칠레 최대의 포도경작지로 이곳에는 이타타(Itata)강과 비오비오(Bio Bio)강이 흐르고 있다.

Regions(권역)	Subregion(지역)	Zone(소지역)	Areas(마을)
코킴보 (Coquimbo)	엘키 밸리 (Elqui Valley)		
	리마리 밸리 (Limari Valley)		
	초아파 밸리 (Choapa Valley)		
아콩카과 (Aconcagua)	아콩카과 밸리 (Aconcagua Valley)		
	카사블랑카 밸리 (Casablanca Valley)		
센트럴 밸리 (Central Valley)	마이포 밸리 (Maipo Valley)		산티아고 외 (Santiago)
	라펠 밸리 (Rapel Valley)	카차포알 밸리 (Cachapoal Valley)	랑카과 외 (Rancagua)
		콜차구아 밸리 (Colchagua Valley)	산 페르난도 외 (San Fernando)
	쿠리코 밸리 (Curico Valley)	테노 밸리 (Teno Valley)	
		론투에 밸리 (Lontue Valley)	
	마울레 밸리 (Maule Valley)		
서던 밸리 (Southern Valley)	이타타 밸리 (Itata Valley)		
	비오비오 밸리 (Bio Bio Valley)		
	말레코 밸리 (Malleco Valley)		

(1) 아콩카과 밸리(Aconcagua Valley)

산티아고(Santiago) 북쪽지방으로 온화한 지중해성 기후로 양질의 와인을 생산한다. 까베르네 쇼비뇽, 까베르네 프랑, 메를로, 최근에는 시라를 많이 재배하고 있다.

에리주리즈 맥스 리제
르바 까베르네 쇼비뇽

(2) 카사블랑카 밸리(Casablanca Valley)

산티아고 서부 해안가에 인접한 카사블랑카 밸리는 일조량과 강우량이 알맞아 감미가 풍부한 포도를 생산한다. 최근에 개발된 지역으로 특히 화이트 와인을 생산하기에 좋은 조건을 갖추고 있다.

카르멘 까베르네
쇼비뇽 레세르바

(3) 마이포 밸리(Maipo Valley)

산티아고 남쪽에 위치하고 있으며, 고온, 건조하여 레드 와인 최적의 생산지인 까베르네 쇼비뇽을 주로 재배하고 있다.

(4) 라펠 밸리(Rapel Valley)

최근에 프리미엄 와인들을 생산하고 있으며, 주로 메를로 품종을 재배하고 있다.

에스쿠도 로호

알티플라노 까베르네
쇼비뇽

(5) 쿠리코 밸리(Curico Valley)

샤르도네가 가장 유명하며, 까베르네 쇼비뇽, 메를로, 삐노 누아도 생산한다.

(6) 마울레 밸리(Maule Valley)

야간 습윤한 지중해성 기후로 겨울에 강우량이 많다. 이 지역 특유의 포도품종인 파이스(Pais)를 많이 재배하며, 요즈음은 메를로가 많이 재배되고 있다.

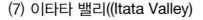

에펠타구 리저브
삐노 누아

(7) 이타타 밸리((Itata Valley)

봄에 서리가 내리지만, 이타타강을 따라 샤르도네를 재배하며, 서쪽으로는 까베르네 쇼비뇽을 재배한다.

발두지 까베르네
쇼비뇽 리세르바

9. 아르헨티나 와인(Argentina Wine)

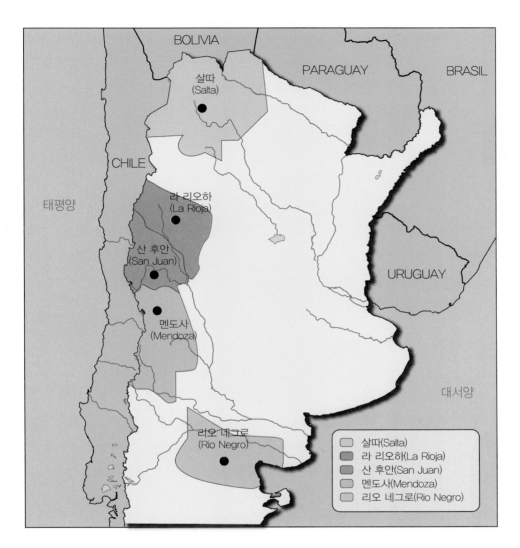

아르헨티나는 남미대륙에서 브라질 다음으로 큰 나라로 연간 1,322헥토리터를 생산하는 세계 5위의 와인 생산국이다.

아르헨티나 와인의 역사는 칠레와 같이 15세기 중반부터 스페인에 의해 포도나무를 심으면서부터이다. 이때 심어진 품종은 끄리오야(Criolla)로 300년간 재배되었으나 1820년부터 스페인 식민지 통치가 끝나고 유럽으로부터 각기 자기 나라의 포도와 와인제조기법이 들어오게 된다. 19세기부터 이탈리아에서 이민 온 사람들에

의해 양조기술이 발전되기 시작하였고, 1900년에는 멘도사(Mendoza)에 양조학교를 개설하였다.

　1970년대부터 극심한 경기침체와 인플레이션을 겪으면서 와인소비와 생산이 감소하는 시련을 겪었지만 오늘날 아르헨티나 와인은 정치적·경제적 안정에 힘입어 와인산업에 해외자본을 유치하기 시작하여 질적 품질향상에 주력하면서 신흥 와인강국으로 발돋움하고 있다.

트라피체 이스까이

1) 아르헨티나 와인의 등급 분류

　아르헨티나는 와인산지별로 나름대로 규정을 만들어 관리하고 있을 뿐, 정부가 통제하는 특별한 와인 관련법규는 없다. 대신 레이블에 포도품종을 표시할 경우 그 품종이 최소 85% 이상이어야 한다는 규정은 엄격히 규제하고 있다.

2) 포도품종

　호주 와인 하면 쉬라즈(Shiraz)가 연상되듯, 아르헨티나 와인 하면 말벡(Malbec)이 떠오를 정도로 아르헨티나 포도 재배면적의 20%를 차지하고 있는 아르헨티나 국가대표 품종이다. 말벡(Malbec)은 까베르네 쇼비뇽이나 쉬라즈처럼 타닌이 많은 편이라 빛깔이나 맛에서 진한 느낌을 준다. 프랑스의 보르도나 까오르 지방에 비해 아르헨티나의 말벡(Malbec)은 목 넘김이 부드러우며 달콤한 타닌과 살구 등 과일향이 풍부하다. 아마도 아르헨티나의 포도재배환경과 잘 어울리기 때문일 것이다.

　그 외 재배되는 레드 와인 품종으로는 까베르네 쇼비뇽, 메를로, 시라, 삐노 누아, 산지오베제, 뗌쁘라니요, 가르나차, 바르베라 등이 있다.

　화이트 와인 품종으로는 토착품종인 토론테스(Torrontés), 샤르도네, 슈냉 블랑, 위니 블랑 등이 있다.

파스칼 토소 말벡

또렌테스

3) 아르헨티나의 주요 와인산지

주요 와인 생산지역은 5개로 나뉘는데 살타(Salta), 라 리오하(La Rioja), 멘도사(Mendoza), 산 후안(San Juan), 리오 네그로(Rio Negro)이며 이 중 멘도사(Mendoza), 산 후안(San Juan)에서 전체 와인 생산의 90%를 담당하고 있다.

(1) 살타(Salta)

북부지역이지만 포도 재배지역이 주로 해발 1,500m에 있으며, 깊은 모래토양으로 되어 있다.

(2) 라 리오하(La Rioja)

살타보다는 지대가 낮고, 가장 오래된 포도밭이다.

(3) 멘도사(Mendoza)

트라피체 오크
캐스크 샤르도네

테라사스 까베르네
쇼비뇽

아르헨티나 와인의 약 70%를 생산하고 있는 멘도사는 세계 와인산지 중에서 가장 높은 해발 900~1,100m의 고산지대에 위치해 있다. 풍부한 일조량과 서쪽에 위치한 안데스산맥의 풍부한 수자원, 그리고 뛰어난 배수력을 가진 테루아에서 최고급와인부터 테이블 와인까지 다양하게 생산되고 있으며 전체 생산량의 85%가 레드 와인이다.

(4) 산 후안(San Juan)

아르헨티나 와인의 18%를 생산하며 비교적 더운 지역으로 주로 화이트 와인과 로제 와인을 생산한다.

(5) 리오 네그로(Rio Negro)

안데스산맥 기슭에 있는 곳으로 아르헨티나의 가장 남쪽에 위치해 있다.

칼리아 알타 쉬라즈
로즈

10. 남아프리카공화국 와인(South Africa Wine)

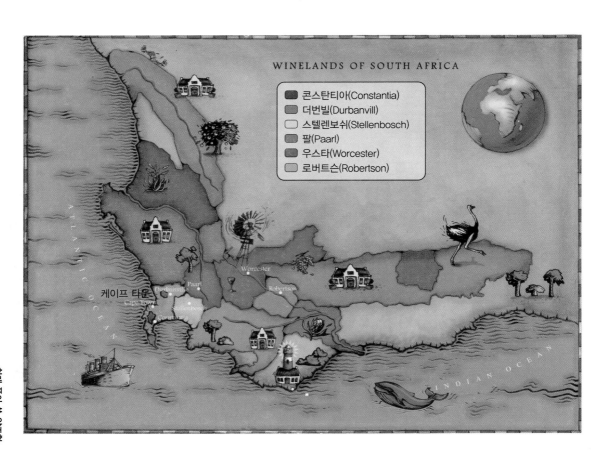

남아프리카공화국에 포도농장이 일구어진 것은 1655년 케이프 (Cape)주에서였다. 케이프주는 1652년에 네덜란드의 동인도회사가 인도까지 긴 항해를 해야 하는 뱃사람들을 위해 희망봉이 있는 케이 프주에 중간 기착지가 마련되었고. 이곳이 점차 교역의 장소로 발전 하면서 1655년에는 포도밭을 조성하여 1659년 2월에 와인을 만들었 고, 1688년에는 프랑스에서 종교박해를 피해 위그노파가 도착하여 포도나무를 심고 와인을 만들면서 와인산업화의 기틀을 마련하게 되 었다. 1814년 영국에 합병된 이후 영국 최대의 와인 공급지로 각광을 받았지만 세계시장에서 두각을 나타내지는 못하였다. 따라서 남아프 리카공화국의 와인은 구세계의 전통과 신세계의 현대적 스타일이 결 합된 와인이며 20세기 중반부터 알려지기 시작했다.

스타 트리 까베르네
쇼비뇽   샤르도네

1) 포도품종

(1) 레드 와인

① 까베르네 쇼비뇽(Cabernet Sauvignon)

가장 널리 재배되는 품종으로 남아프리카의 까베르네 쇼비뇽은 칠레의 와인보다 더 묵직하다는 평을 듣기도 한다. 메를로, 까베르 네 프랑, 시라 등과 블렌딩하기도 한다.

② 쌩쏘(Cinsault=Hermitage)

프랑스에서는 에르미타주(Hermitage)라고도 부른다. 까베르네 쇼비뇽 다음으로 많이 재배하지만 감소 추세에 있다. 수확량이 많 아 저렴한 가격으로 마실 수 있는 와인이다.

니더버그 까베르네
쇼비뇽

③ 삐노타지(Pinotage)

1925년 남아프리카에서 삐노 누아와 쌩쏘를 접목하여 만든 남아프리카의 독자적인 포도품종으로 진한색이며 베리향이 풍부한 와인을 만들어낸다.

④ 메를로(Merlot)

1910년에 도입하였으며, 1980년 이후부터 많이 재배하고 있다. 보통은 까베르네 쇼비뇽과 블렌딩용으로 사용하지만 단독으로도 사용된다.

⑤ 시라(Syrah)

현재 남아프리카에서 많이 재배되지 않지만 상당한 가능성이 있는 품종이다.

⑥ 기타

근래에는 이탈리아의 산지오베제(Sangiovese), 네비올로(Nebbiolo), 바르베라(Barbera) 등의 실험적인 재배가 늘어나고 있는 추세이다.

(2) 화이트 와인

① 쇼비뇽 블랑(Sauvignon Blanc)

18세기에 널리 재배되었으나 병충해 때문에 금세기에는 급격히 재배면적이 감소하다가 현재는 증가 추세에 있다. 남아프리카 쇼비뇽 블랑은 프랑스 스타일의 딱딱한 면과 신세계 와인의 허브와 풀 냄새 사이의 균형을 이루고 있다.

② 샤르도네(Chardonnay)

1982에 도입하여 빠른 속도로 널리 재배되고 있는 품종으로 스타일도 가벼운 것부터 중후한 것까지 다양하다.

니더버그 샤르도네

③ 슈냉 블랑(Chenin Blanc)

남아프리카에서 가장 많이 재배되고 있는 품종으로 과일향이 많아 쉽게 마실 수 있는 스타일이다. 스파클링 와인, 브랜디 생산에 적합하다.

④ 콜롬바드(Colombard)

상쾌하고 신선한 포도품종으로 슈냉 블랑이나 샤르도네와 블렌딩용으로 적합하다.

⑤ 기타

리슬링(Riesling), 쎄미용(Sémillon) 등이 있다.

2) 남아프리카공화국의 주요 와인산지

(1) 콘스탄티아(Constantia)

콘스탄티아 포도밭은 케이프타운(Cape Town) 남쪽에 있는 콘스탄티아 반도의 동쪽 경사지에 맞대고 있다. 서늘한 해양성 기후 덕분에 남아프리카 최고의 쇼비뇽 블랑을 생산하는 고급와인 산지이다.

(2) 스텔렌보쉬(Stellenbosch)

남아프리카에서 가장 유명한 와인산지로 케이프타운 북서쪽 25마일에 위치하며, 아름다운 포도밭과 동쪽으로 뻗은 산과 북서쪽 언덕에 둘러싸여 있다.

시몬삭

(3) 더번빌(Durbanville)

케이프타운 교외에 있으며 해풍 덕분에 여름이 서늘하다. 강우량이 적어서 가벼운 레드 와인을 만든다.

(4) 팔(Paarl)

팔은 케이프타운에서 40마일 떨어져 있다. 비 온 다음 마치 '검은 진주'같이 보이는 바윗덩어리 때문에 이렇게 부른다. 이곳은 비교적 온화하고 건조한 지역으로 명성 있는 개인 생산자가 많고 남아프리카에서 가장 크고 진취적인 조합들이 많다.

투 오션스 소프트
프루티 레드

투 오션스 프레쉬
프루티 화이트

(5) 우스터(Worcester)

남아프리카 와인의 1/4을 생산하며, 대부분 벌크 와인으로 판매된다.

(6) 로버트슨(Robertson)

샤르도네 품종 재배에 적합한 석회질 토양이다. 해양성 기후 덕분에 낮에는 기온이 높고 밤에는 기온이 낮아 쇼비뇽 블랑, 리슬링을 부드럽고 엘레강스하게 만든다.

잉그웨 샤르도네

11. 뉴질랜드 와인(New Zealand Wine)

오스터 베이
삐노 누아

뉴질랜드는 신세계 와인 생산국 중 가장 늦게 와인을 생산하기 시작했지만 1980년대에 수출을 시작한 이래 세계 11위의 와인 수출국이 된 주목받는 신흥 와인 생산국이다.

뉴질랜드 와인의 역사는 1838년 호주에 포도나무를 전파한 제임스 버스비(James Busby)가 포도나무를 들여와 와인을 양조한 것이 그 시초라 할 수 있겠다. 그러나 병충해, 기술부족, 금주법 때문에 와인산업이 발달하지 못했다. 1960년대부터 레스토랑에서 와인판매가 가능하게 되었고, 1975년에는 뉴질랜드 와인협회가 구성되었다.

뉴질랜드는 호주와 더불어 천연 코르크 마개 대신 돌려서 따는 스크류 캡(Screw Cap)을 가장 많이 사용하는 나라이다.

1) 뉴질랜드 와인의 등급 분류

뉴질랜드 와인의 공식적인 등급 분류는 없으나 라벨에 포도품종을 표기할 때 그 포도품종이 75% 이상 비율이어야 한다는 규제를 하고 있다. 생산지역이 표기될 때도 그 지역 포도가 75% 이상 사용되어야 한다. 빈티지 표기는 그해에 수확한 와인으로 만들었을 때만 표기한다.

2) 뉴질랜드의 주요 와인산지

손버리 샤르도네

뉴질랜드는 원래 와인의 대표 산지가 북섬의 혹스베이(Hawke's Bay)였지만 1973년 남섬 북단의 말버러(Marlborough) 지역이 새로운 포도 재배지역으로 개발되면서 현재 뉴질랜드의 가장 큰 포도 재배지역이 되었으며 뉴질랜드 전체 포도 재배면적의 42%를 차지하고 있다.

(1) 북섬

① 기즈번(Gisborne)
샤르도네 재배지역으로 유명하다.

② 혹스베이(Hawke's Bay)

혹스베이는 독특한 까베르네 쇼비뇽과 까베르네 프랑 등으로 보르도 스타일의 레드 와인을 만든다.

③ 기타

오클랜드(Auckland), 와이카토(Waikato), 웰링턴(Wellington) 등이 있다.

(2) 남섬

① 말버러(Marlborough)

1873년 말버러 최초로 포도가 재배되었으며 본격적인 와인 생산은 1970년대에 시작되었고 최근 10년 동안에 3배 이상 급성장을 하고 있다. 말버러는 뉴질랜드에서 가장 큰 와인 생산지역으로 낮에는 일조량이 풍부하고 밤에는 서늘한 기후의 영향으로 클라우디 베이(Cloudy Bay)에서 생산되는 쇼비뇽 블랑은 산미가 있기로 유명하고, 아스파라거스, 구스베리, 풀향을 가진 세계 최고 수준의 와인으로 유명하다.

빌라 마리아 쇼비뇽 블랑   **빌라 마리아 삐노 누아**   **클라우디 베이 쇼비뇽 블랑**

② 센터럴 오타고(Central Otago)

센터럴 오타고는 내륙성 기후로 일교차가 심하기 때문에 포도 재배에 매우 적합하다. 낮에는 매우 덥지만 저녁이면 상쾌할 정도로 시원해지고, 또 긴 가을은 화창하고 산뜻하다. 센터럴 오타고의 토양은 고대 빙하에 의해 산에서 떠내려온 퇴적토가 주종을 이루는데, 그 속의 미세 황토는 최상품 와인 생산에 중요한 역할을 하는데 다량의 광물질이 함유되어 있어 와인 하나하나마다 독특한 맛과 풍미를 낸다. 대표적인 포도품종으로 삐노 누아(Pinot Noir)가 있다.

③ 기타

넬슨(Nelson), 캔터버리(Canterbury) 등이 있다.

12. 집에서 손쉽게 와인 담그는 법

와인 케그(Wine Keg)와 와인 키트(Wine Kit or Must)를 이용한 와인 양조법으로 가정에서 가장 손쉽게 질 좋은 와인을 양조할 수 있는 방법이다.

다양한 포도원액이 생산·판매되기 때문에 만들 수 있는 와인의 종류도 매우 다양하다. 본인의 취향에 맞는 와인 원액을 선택·구입하여 프리미엄 와인을 홈브루할 수도 있다.

살균, 농축, 찌꺼기 제거 등 와인 양조 중 원료 전처리 과정이 이미 끝난 상태로 발효가 최적화된 제품이므로 양조하기 매우 쉽다.

와인 키트를 구입하여 양조하고자 하면 동봉된 설명서와 발효 진행일자에 따라 패킷(Packet)을 순서대로 첨가하면 어려움 없이 양조가 가능하다. 여기서는 와인 키트(Wine Kit)를 이용한 일반적인 양조법을 소개하여 홈브루어의 이해를 도울 것이다. 와인 키트는 거의 대부분이 6갤런 기준으로 제조·판매되므로 편의상 23ℓ(6갤런)용 와인 케그와 와인 키트를 기준으로 설명하고자 한다.

1) 재료(材料)

1차 발효통 1개, 2차 발효병(생수통 or 유리병) 1개, 에어락 1개, 포도과즙원액(23ℓ 용) 1개, 병과 코르크 마개 각각 30개, 코르크 마개기, 깔때기, 사이펀 튜브

와인 양조용 도구

2) 와인 담그는 법

(1) 도구 소독·살균하기

와인 양조를 실시하기 전에 가장 먼저 해야 할 것이 기구의 살균·소독과정이다. 발효통에 적당량의 소독용 락스를 물에 푼 다음 모든 양조도구를 약 20여 분 담가두면 살균·

양조용 도구 소독 및 살균

소독이 가능하다. 세제로 양조도구를 깨끗이 씻은 후 소독용 알코올을 분무기에 넣어 도구에 분사하여 살균한 후 사용하는 방법도 있다.

(2) 머스트(Must) 당도 맞추기

일반 100% 포도원액이라면 살균한 발효통에 머스트를 옮겨 담고, 효모를 투여하면 곧바로 발효시킬 수 있다. 하지만 농축원액을 사용하였다면, 발효에 적당한 당도를 맞추어주어야 한다.

일반적인 와인 키트는 비닐팩 또는 알루미늄팩 속에 들어 있는 포도 농축주스(Must)를 발효통에 따라 부은 후 물을 첨가하여 23리터에 맞추면 머스트의 적당한 당도(약 24% 내외)가 맞추어지기 때문에 문제되지 않는다. 대부분의 자가양조용 농축원액은 이와 같은 방법으로 양조하는 제품이다.

원액투여와 당도 맞추기

(3) 첨가물료 투여(생략 가능)

와인 키트 제품에 따라 동봉된 첨가물(Packet)을 투여할 경우가 있다. 벤토나이트가 동봉되어 있다면 뜨거운 물 500㎖에 녹인 후 포도주스에 붓고 골고루 혼합되도록 저어준다. 벤토나이트는 단백질에 의한 혼탁을 방지하는 청징제이므로 맑고 투명한 화이트 와인 제조에 많이 사용된다. 머스

벤토나이트 투여

트(Must)를 이용한 레드 와인 제조 시 폴리페놀이 단백질과 결합하여 침전되어 제거되기 때문에 특별히 벤토나이트(Bentonite)를 투여할 필요는 없다. 그리고 와인 종류에 따라 오크향을 가미하기 위해 오크칩이 동봉되어 있는 경우 함께 첨가한다. 그 밖에도 와인의 향을 풍부하게 하기 위해 엘더베리(Elderberry) 또는 엘더플라워 (Elderflower)를 첨가할 수도 있다.

(4) 산소공급

효모는 발효 초기에 성장·번식 하기 위하여 많은 산소가 필요하기 때문에 발효통의 발효과즙을 격렬히 저어 많은 양의 산소가 포화되도록 해야 효율적인 발효가 이루어진다.

막대기로 저어서 산소공급　　**기계장치를 이용한 산소공급**

(5) 효모 투여하기

포도원액의 온도를 22~28℃ 정도(홈브루에서는 화이트 와인 20~25℃, 레드 와인은 23~28℃가 적당)로 하여 원액과 동봉되어 있는 건조효모를 투여한다.

건조효모는 탈수되어 있기 때문에 물에 다시 혼합하는 재수화(再水和)과정을 거치면 효모의 왕성한 발효력을 유도할 수 있다. 방법은 약 33~40℃의 소량의 물에 동봉되어 있는 건조효모를 넣고, 서서히 발효

건조효모 투여　　　　　**효모 재수화**

적온까지 약 1시간에 걸쳐 냉각되도록 방치한 후에 희석한 과즙에 투여하면 된다.

(6) 1차 발효

발효통의 뚜껑을 닫고 공기차단기를 설치한 후 발효 최적온도 22~28℃에서 1~2일이 지나면 발효가 일어나기 시작하여 공기차단기에 탄산가스 방울이 올라오기 시작한다.

대략 6~10일간은 발효시키는데 발효온도가 낮으면 기간이 길어진다. 활발한 발효가 진행된 후 공기차단기로 방출되는 공기방울이 현저히 약해

1차 발효

비중 측정

지면 비중을 측정하여 1,000 정도가 되면 1차 발효가 끝난 것으로 본다.

(7) 2차 발효

2차 발효통인 유리병(Carboy)이나 투명한 통과 사이펀 튜브를 앞에서 소개한 살균법으로 살균한다. 1차 발효통의 어린 와인(Young wine)을 사이펀 튜브나 콕을 이용하여 바닥에 가라앉은 효모나 침전물이 딸려 나오지 않게 2차 발효통에 옮겨 담는다. 2차 발효병에서 약 10~12일간 완전발효 및 침전물을 가라앉히는데 이때 비중을 측정하면 0.995 이하가 된다. 처음 2~3일간은 2차 발효통을 흔들어주어 발효를 촉진시키고 탄산가스를 배출시킨다.

유리병에 옮기기와 2차 발효

2차 발효통에서도 남아 있는 잔당에 의해 발효가 일어날 수 있으므로 에어락을 설치하여 두고, 산소와의 접촉을 최대한 줄여야 하므로 될 수 있는 한 발효병에 거친 와인(Young Wine)을 가득 채우는 것이 좋다. 와인을 2차 발효통(카보이나 생수병)에 옮겨 담았을 때 와인액이 2차 발효병 용량에 조금 부족하다면 물을 끓여서 식힌 후 거친 와인액 위에 부어 가득 채운다.

(8) 와인 안정화 및 탄산가스 빼기(생략 가능)

2차 발효통에서 발효가 완전히 끝났다면 사이펀을 사용하여 다시 3차 발효병(유리병)이나 생수병에 넣는다. 와인을 살균 세척한 3차 발효병에 바닥의 침전물이 딸려오지 않게 사이펀을 이용하여 옮겨 담는다. 옮기는 과정에 최대한 공기접촉을 막아 와인 산화를 방지한다. 옮겨 담은 유리병에 와인을 맑게 하는 청징제(젤라틴 0.2~2g 또는 달걀흰자 1/2~1개)를 소량의 물에 녹인 후 첨가한다. 하루에 두 번씩 이틀간 저어주거나 흔들어주어 와인 내의 탄산가스를 제거하고 안정화시킨다.

홈브루용 와인원액으로 양조할 경우 발생하는 찌꺼기가 매우 적기 때문에 이 과정은 생략하고 2차 발효 중에 실시하여 한 번에 끝내는 것이 공정이 간단하면서 와인의 산화를 줄일 수 있는 좋은 방법이다.

(9) 청징화과정과 병입

탄산가스를 제거한 카보이의 마개 또는 에어락을 설치한 상태에서 책상 높이 정도에 올려놓고 움직이지 않게 하여 5~10일 정도 방치하여 침전물을 가라앉힌다. 거친 와인이 맑게 되면 침전물이 딸려 나오지 않게 조심해서 와인병에 옮겨 담는다. 이때 와인을 장기간 보관하기 위해서는 살균 및 산화를 방지하기 위해 사이펀 튜브로 바닥의 침전물이 딸려나오지 않게 조심해서 1차 발효통 또는 다른 통에 옮긴 후 아황산 30~50ppm에 해당하는 메타칼리(Potassium Meta bisulphite) 1~2g(또는 와인 키트에 동봉되어 있는 아황산

병입하는 과정

패킷)을 첨가하여 둔다(생략 가능). 첨가방법은 소량의 물에 녹인 다음 거친 와인에 골고루 혼합한 후 병입한다. 이것은 와인 내에 존재하는 미생물을 살균하는 작용을 하며, 완성한 와인은 얼마든지 보관해도 상하는 일이 드물다. 그리고 용존된 산소를 아황산이 침전 제거시켜 와인의 산화를 방지하는 효과도 있다.

다만, 이 정도의 아황산 농도에서는 효모까지 살균하기에는 역부족이지만 와인이 상하는 것은 어느 정도 막을 수 있다.

(10) 코르크로 밀봉하기

코르크는 와인과 오랫동안 접촉하는 부분이므로 100% 살균된 것을 사용한다. 보통 아황산을 함유한 물{메타칼리(Potassium Meta bisulphite) 5g을 물 1ℓ에 녹임}에 약 1시간 이상 담가두었다가 사용한다. 병에 와인을 채우는 양은 코르크 마개가 들어갈 끝부분과 와인 사이는 2.5~3.5㎝가 적당하다. 이는 와인액과 코르크 마개 사이의 공간이 없으면 코르크 삽입시 내부 압력으로 인해 코르크가 완전히 삽입되지 않는 것을 방지하기 위해서이다. 코르크는 병 입구보다 두꺼우므로 코커를 사용해야 하는데, 코커의 조여지는 부분에 코르크를 넣고 수축시킨 다음 밀대로 병에 밀어 넣는다.

코르크 마개 충진하기

(11) 라벨과 음용

선물용으로 만들려면 데커레이션 캡을 씌운 다음 헤어 드라이어로 가열하여 밀봉하고, 라벨 제작 프로그램 또는 포토샵, 페인트샵 등의 이미지 편집 프로그램을 이용하여 나만의 상표를 제작하여 붙인다. 병입한 와인은 바로 마시면 맛이 거칠고 향이 나쁘므로 적당한 온도(13℃ 이하에서

데크레션캡 씌우기

와인 라벨 붙이기

숙성시키면 더욱 좋지만 실온에서의 숙성도 가능하다)에서 3주 이상 숙성·저장한 후 음용하는 것이 좋다.

Chapter

5

우리나라 술의
역사와 특성

5 우리나라 술의 역사와 특성

1. 우리나라 술의 역사

술은 인류의 역사와 더불어 존재하였으며, 저마다 그 나라의 풍토와 민속을 담고 있다. 수렵시대에 바위틈이나 움푹 패인 나무 속에서 술이 발견되었다고 하는데 이것은 과실이 자연적으로 발효해서 술이 된 것이다. 이어서 유목시대와 농경시대 사이에 곡류에 의한 술이 만들어져 술은 다양화되었다. 현재 곡주로서 가장 오래된 것으로 알려진 것이 맥주인데 우리나라에서는 막걸리로 볼 수 있다.

술은 효모균(yeast)이라는 미생물에 의해 알코올이 만들어진다. 전분을 분해해서 먼저 주정(酒精)당분을 만들게 되는데 이 과정을 당화라 하며 당화에 이용된 것이 동서양에서

북촌 가양주 전시회

서로 다르다.

우리나라는 계절풍의 영향을 많이 받아 곰팡이가 잘 피게 되므로 누룩을 이용하게 되었고, 서양에서는 곰팡이가 잘 피지 않아 엿기름을 가지고 당화시켰던 점이 다르다.

당분이 알코올로 변할 때 탄산가스가 방출되므로 거품이 나오는 이른바 발효현상이 일어나게 된다. 그래서 발효를 우리말로 "술이 끓어오른다"라고 표현해 왔다. 발효될 때 거품이 많이 나는데 거품이 멎게 되면 당분이 거의 알코올이 된 것이므로 술이 만들어진 증거가 된다. 술독에 촛불이나 성냥불을 켜보아 그 불이 쉽게 꺼지게 되면 발효가 아직 진행 중이라는 것을 알게 되었던 것이다.

2. 우리나라 술의 유래(由來)에 얽힌 신화

『고삼국사기(古三國史記)』에서 소개된 동명성왕(東明聖王)의 건국담(建國談) 중 신화에 얽힌 술의 유래를 살펴보면 다음과 같다.

천재(天帝)의 아들 해모수(解慕漱)와 하백(河伯)의 딸 3형제와의 만남부터 시작된다. 지금의 압록강의 물이 푸르러 손을 담그면 손에까지 푸른 물이 오를만하여 청하(淸河)라고도 불리었다. 여름이 되어 푸른 물이 흐르고 있을 때 하백의 딸 3형제가 여기에 나와 놀고 있었다. 큰 딸은 유화(柳花), 둘째는 훤화(萱花), 막내딸은 위화(葦花)라 하였다.

세 자매(姉妹)는 더위를 못 이겨 청하의 웅심연(熊心淵)에서 놀고 있었다.

이때 천제의 아들 해모수는 세 명의 여성을 처음 보았다. 그녀들은 옥으로 장식한 폐물(佩物)소리를 쟁쟁히 내면서 꽃같이 어여쁜 얼굴에 미소를 띠고 있었다. 이것을 본 해모수는 그녀들의 아름다움에 도취되어 눈으로 몇 번이고 가까이하려 하였으나 응(應)하지 않았다.

이때 천제의 아들 해모수는 그럴수록 더욱 그리워 자기의 신하에게 명령하였다.

"저 웅심연가의 미녀를 구하여 나의 왕비로 삼고자 한다."

이 말에 응하여 사신이 달려가 그 뜻을 전하였으나 3자매는 아랑곳없이 물로 뛰어들고 말았다. 이때 해모수 좌우(左右)의 신하들은 왕에게 권고하였다.

"대왕이시여 어찌 웅장한 궁실(宮室)을 지어 그녀들을 초대하지 않으십니까?"

이 말에 대왕 해모수는 그럴 듯이 알고 장엄(莊嚴)한 궁실을 짓게 되었다. 그리고 화려(華麗)한 궁실 안에는 세 자리를 만들고 큰 통에 술을 가득히 담아놓았다.

"너는 어느 사람인데 나의 딸을 감금(監禁)해 놓았느냐?"

이 말에 대하여 해모수도 답(答)하였다.

"나는 천제의 아들로서 하백의 딸과 결혼하고자 하오."

이 말에 하백은 노하여 다시 말을 전한다.

"네가 천제의 아들이라 하면 나에게 응당 매파(媒婆)를 보내 구혼(求婚)할 일이지 어찌 감금하여 취(娶)하느냐"고 크게 책망하였다.

왕 해모수는 자기가 한 일에 대하여 부끄럽게 생각하고 유화를 돌려보내려 하였다. 그러나 이미 정이 들어 유화 홀로는 가려고 하지 않았다. 그러므로 해모수는 오룡거(五龍車)를 타고 유화와 같이 하백의 처소(處所)로 갔다. 이로써 하백과 해모수는 서로 만나게 되었으며 하백은 이르기를

"혼인(婚姻)은 일정한 예절(禮節)을 갖추어 하는 것이 아니냐. 이는 나의 집을 욕하는 데 지나지 않는다"고 시비하였다.

여기서 하백은 해모수와 재주를 비교하며 서로 싸웠으나 도저히 당할 수 없음을 알고 연회(宴會)를 시작하였다.

이때 내어놓은 술이 상당히 독주(毒酒)였다. 즉 하백의 술은 7일이 되어야 깨어난다 하였다. 술에 취하여 해모수가 쓰러지자 하백은 가죽가마에 집어넣어 유화와 같이 가두었다.

해모수는 술에서 깨어난 후 자기가 가죽가마 속에 들어 있는 것을 알고 유화의 비녀로 가죽을 뚫고 홀로 하늘로 올라갔다 한다.

위에서 우리는 신화를 통해 술이 아득한 옛날에 생성(生成)되었음을 알 수 있겠

으나, 술을 빚었다는 사실만을 알 수 있을 뿐 그 외 재료(材料)나 주조법(酒造法)에는 언급이 없어 그 제조방법을 가려내기란 힘든 일이라 하겠다.

3. 술의 어원

술의 옛 글자(古字)는 유(酉 : 닭, 익을, 술 담는 그릇)자이다. 유(酉)자는 술이 익은 다음 침전물을 모으기 편리하도록 한 밑이 뾰족한 항아리 모양의 상형문자에서 변천된 것으로 술의 침전물을 모으기 위하여 끝이 뾰족한 항아리 속에서 발효시켰던 것에서 유래되었을 것이다.

술의 고유한 우리말은 '수블/수불'이었다. 고려시대의 말을 기록한 『계림유사』에서는 酥字(suə-puət)로 적었고 『조선관역어』에는 수본(數本)으로 기서되었다. 조선시대 문헌에는 '수울' 혹은 '수을'로 기록되어 있어 이 수블은 '수불 > 수블 > 수을 > 수울 > 술'로 변해 왔음을 알 수 있다.

'수불'의 의미에 대해서 명확히 밝혀진 바는 없으나 술 빚는 과정을 살펴보면 다음과 같이 추측이 가능해진다.

즉 술은 찹쌀을 쪄서 식히고 여기에 누룩과 주모(酒母)를 버무려 넣고 일정량의 물을 부어 빚는다. 이어 진공상태에서 얼마간의 시간이 지나면 발효가 이루어져 열을 가하지 않더라도 부글부글 물이 끓어오르며 거품이 괴어오르는 화학변화가 일어난다. 이러한 발효현상은 옛 사람의 눈에는 참으로 신비스럽게 보였을 것이다. 물에서 난데없이 불이 붙는다는 뜻으로'수불'이라 하지 않았을까 싶다. 정확히는 '물불'이라야 옳겠지만 물은 한자(漢子)의 '水'를 취한 것으로 보인다.

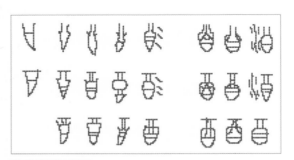

주(酒) 자(字)의 변천
(이성우 : 한국식생활연구, 향문사)

4. 우리나라 술의 변천과정

술도 인류와 함께 생성된 것으로서 인류문화의 발달과 더불어 변천해 왔음은 의심할 여지가 없다.

원시시대에는 얻기 쉽고 만들기 쉬운 과실주(果實酒)가 성행(盛行)하였을 것이고, 유목시대에는 목축(牧畜)이 성행하여 유류(乳類)가 술의 재료가 되었을 것이며, 나아가서 농경시대에 들어서서 곡류(穀類)를 주식으로 취하게 되면서부터 곡주(穀酒)가 빚어지기 시작하였을 것으로 생각된다.

한편, 술을 빚는 기술도 자연 발달하여 여러 가지 술이 나타나게 되었을 것으로 생각된다. 우리나라에서도 부족국가의 형성이 이루어졌던 상고시대에 이미 농업을 가장 중요한 산업으로 삼는 농업구조(農業構造)의 틀이 마련되었음에 비추어 고구려 건국담에 나오는 술의 재료도 곡류였을 것이 분명하고 따라서 곡주(穀酒)였을 것으로 믿어진다. 그러나 곡류를 사용하여 어떻게 술을 빚었는지 곡주의 제조기술에 대하여는 알 길이 없으나, 누룩이 사용되기 전까지는 곡류가 스스로 상(傷)하여 술이 되는 이치라든지 곡립(穀粒)을 씹어서 침으로 당화(糖化)시켜 빚었거나 혹은 곡립을 발아(發芽)시켜 당화한 뒤에 발효하는 방법을 취하였을 것이다.

따라서 시대별 술의 변천과정을 살펴보면 다음과 같다.

(1) 전통주의 발아기, 삼국시대

삼국시대 이전의 음주풍속에서 당시의 술에 대한 우리 조상들의 관심사를 찾아본다면 『위지(魏志)』「동이전(東夷傳)」중에 마한(馬韓)의 풍습으로 5월에 밭갈이할 때와 10월 추수를 거둘 때면 신(神)에게 제사하고 밤낮으로 흥겹게 노래하고 춤추며 술을 마시는 풍습을 전하고 있다.

삼국시대로 내려와서도 술이 어떻게 빚어졌는지 알 수 없으나 『위지』「고구려전」에 의하면 고구려(高句麗) 선장양(善藏釀)이라 하였으니 술과 같은 발효제품을 잘 양조하였다는 것으로 볼 수도 있고, 한편 당나라의 풍류객들 사이에도 신라주가 수상(受賞)의 대상이 되어서 중국의 유명한 시인인 이상은 같은 사람도 신라주를 찬양하는 시를 읊었다고 하니 이와 같은 찬사로 짐작컨대 이미 삼국시대의 곡주가 청·탁이 분명한 청주가 아니었던가 생각된다.

누룩으로 술을 빚게 된 것이 언제인지는 기록이 없어 알 수 없으나, 일본이 전하는『고사기』중에서 찾아본다면 서기 270~312년 응신천황 때 백제의 인번(仁番)이란 사람이 새로운 방법으로 아름다운 술을 빚어서 세상의 표본이 된 까닭에 주신으로 모셨다고 한다. 또한 우리나라 사람 증보리(曾補利) 형제가 신주(新主)의 창시자로 이름이 기록되었다는 것으로 미루어보아 이들이 전한 신법(新法) 또는 신주(新主)라는 것이 바로 누룩을 사용하여 발효시킨 술이었을 것으로 믿어지므로 우리나라에서 누룩을 사용한 발효법은 삼국시대 이전이었을 것으로 보인다.

따라서 삼국시대 우리나라의 술이 중국을 비롯한 외국에서 찬양받았다는 것이 분명해 보인다.

(2) 전통주의 성장기, 고려시대

고려시대로 내려오면서부터는 사실(史實) 중에서 술의 종류들이 눈에 띄기 시작한다. 당시에는 음료(飮料)의 풍습이 어찌나 성행하였던지 서민들은 물론이거니와 승려들 사이에도 음주의 습성이 파고들어 심지어는 승려들이 사찰에서 직접 술을 판매하는 등 날로 그 풍습이 악화되어 현종·인종 때에는 승려들의 음주를 금하고 또 사찰에서 술을 빚는 폐단을 금할 정도에 이르렀다고 한다. 당시 술의 종류는 물론 술을 빚는 솜씨가 삼국시대보다 더욱 번창하였던 것으로 보인다.

고려시대의 주품내용(酒品內容)에 관한 기록은 명나라에 전래되는『계림유사』에서 찾아볼 수 있는데, 그 가운데서 고려국에는 찹쌀은 없고 멥쌀로 술을 빚는다는 기록을 볼 수 있고 또 고려 때 송나라 사신을 따라 우리나라에 왔던 서긍이라는 사람이 지은『고려도경』이란 견문록에서도 우리나라 술에 관하여 "술의 색이 무겁고 독하여 속히 취하고 속히 깨며 누룩으로 술을 빚는다"고 하였고, "조정에서는 맑은 술을 빚으며 민가에서는 술을 잘 빚기가 어려워서 맛이 싱겁고 색이 진하다"라는 이야기를 남기고 있는 것으로 보아 청주와 탁주의 구분을 처음으로 기록한 것으로 볼 수 있겠다.

한편, 일본으로 전파되었다는『신라법사방』이란 의서 중에는 온주를 약용으로 쓴다는 기록이 있는데, 예부터 약용으로 사용되는 술은 독하지 않은 청주가 그 근본이 되고 있다는 것을 생각한다면 청주류가 중국인의 증언에서와 같이 고려시대에서 비롯되었다고는 믿을 수 없고, 다만 기록상으로만 믿을 수 있는 것이기 때문에 그를 참고로 한다면 삼국시대에 이미 쌀과 누룩을 이용한 청주·탁주가 빚어진 것으로 볼 수 있다.

또한 고려시대에는 술의 이름도 다양하여 많은 주류의 이름이 등장한다.『고려사』가운데는 명조 때 왕께서 병환으로 박자인주를 복용한 기록이 있는가 하면, 당대의 사대부로서 풍류객으로 유명하였던 이규보의 집필 중에 우리나라 문헌으로는 처음으로 재래주의 일반 명칭이 소개되어 있다. 이 중에 소개된 술의 종류를 들어보면 이화주(梨花酒), 자주(煮酒), 백주(柏酒), 방문주(方文酒), 춘주(春酒), 천일주(千日酒), 화주(花酒), 녹파주(綠波酒), 파파주(波把酒), 초화주(椒花酒), 천금주(千金酒) 등이 있다.

그리고 삼국시대까지 우리 조상들이 마련해 놓은 양조주인 탁주와 청주 외에 새로운 주류로서 증류주인 소주류(燒酒類)가 고려시대의 한 기록 중에서 선을 보이고 있다는 것은 특이할 만한 것으로서 당대에 외래주의 도입이 있음을 시사하며, 이것은 또한 이때부터 증류주의 보급이 시작된 것을 의미한다고 하겠다.

그렇다면 증류주인 소주가 우리나라에서 빚어지기 시작한 것은 언제부터이며, 우리 조상들의 구미를 흔들어놓고 또 기록에 남게 되었는지에 관해서 그 이유는 확실치 않으나, 고려와 원나라의 교역이 활발하게 이루어지면서 원나라에서 고려 초기에 도입된 것으로 믿어진다.

이 증류주인 소주가 중국에서 시음된 연대도 알 수는 없지만 이태백의 시 가운데 "동자를 불러 닭을 삶게 하고 백주를 따르다"라는 구절이 있음을 보면 중국에서는 이미 당나라 때 소주가 유행되었음을 짐작케 한다.

(3) 전통주의 전성기, 조선시대

조선시대에 들어서서 소주는 더욱 유행하여 태종이 승하한 후 한 달이 넘도록 세종이 술을 들지 않자 신하들이 여러 번 권하는 바람에, 마지못하여 세종은 소주 반

잔을 들었다는 기록이 있고, 또 "사대부 잔치 때에
나 소주를 사용하였는데 요즈음엔 아무나 함부로
사용하여 곡식의 낭비가 많으니 금지하도록 하십
시오" 하는 진언도 있었다 하니, 세종 때 이미 소
주가 서민들에게까지 널리 애음되었던 모양이다.

　소주의 유행에 따르는 폐해도 극심하였던지, 당
시에 과음하면 견디지 못하니 소주의 잔을 작은
것으로 사용했다는 이야기도 있고, 사대부들이 과
음하여 폭사(暴死)하였다 해서 그 해를 막기 위하여 소주 한 잔 마시면 즉시 냉수 한
잔을 마시는 음주법의 권고도 있었다고 한다. 이처럼 조선시대에는 술 빚는 것이 자
유로워 집집마다 특색 있는 술을 빚었다. 조선 후기인 19세기에 이르러 문화교류가
활발해지자 실학자들까지 술의 품질 향상과 새로운 술 개발에 노력할 정도로 우리
술은 급속히 발전하여 절정기를 이루었다.

(4) 전통주의 침몰기

　일본이 우리나라에 들어와 가장 먼저 실시하였던 일이 토지조사와 주류조사였는
데, 이는 식민지 수탈을 위한 가장 효과적인 방법이었기 때문이다. 1907년 이전까지
우리나라에서는 일곱 집에 한 집꼴로 술을 빚어 마셨다고 하며, 조선조의 금주정책
으로 술에 대한 과세나 전매제도가 없었다. 따라서 술의 산업적 양조보다는 각 가정
에서 가양주(家釀酒)를 빚어 마시는 가양주문화가 그 특징이었다.

　그러나 일제는 1907년 7월에 조선총독부령에 의한 주세령(酒稅令) 공포로 제일
먼저 주세를 세금의 대상으로 삼고 같
은 해 8월에는 주세령 시행규칙 공포가
있었고, 9월에는 주세령 강제집행이 시
작됨과 동시에 전통주는 맥이 끊어지
기 시작했다. 1916년 1월에는 주류 단
속이 강화되는 가운데 전통주류는 약
주, 막걸리, 소주로 획일화시켜 우리의

전통 고급주를 사장시켰고, 1917년부터는 주류제조업 정비가 시작되면서 자가양조를 전면적으로 금지시키고 각 고을마다 주류 제조업자를 새로이 배정하였다.

1930년대에는 집에서 담그는 술 제조는 거의 사라지고 이에 따라 각 지방에서의 비법도 사라지게 되었던 것이다. 더욱이 일본은 주세징수에만 중점을 두어 품질개량은 소홀히 하고 일본 청주의 범람으로 우리의 탁주 및 약주는 전혀 개량되지 못하였다. 이로써 우리의 주류문화는 침몰되는 주조사(酒造史)를 기록하게 되었다.

(5) 전통주의 표류기

해방의 감격에도 불구하고 6 · 25전쟁으로 인한 경제적 곤궁과 해방 후 청산되지 못한 일본식 제도의 잔재에 의해 우리의 전통술은 오히려 일제하보다도 더욱 피폐해졌다. 탁주가 1975년을 정점으로 한때 양적 팽창을 보았고, 희석식 소주가 아직 큰 시장을 유지하고 있는 등 외형적인 모습은 왜곡된 채로 발전하였다 하더라도 일제하와 해방 후 현재까지 계속된 정부의 보이지 않는 소외정책으로 우리의 진정한 전통술은 거의 명맥이 끊어졌다 해도 과언이 아니다.

다행히 1980년대 이후부터 불합리한 규제와 제약이 조금씩 해소되어 잊혀진 전통술 50여 종이 재현되었으나, 대부분 영세하고 전문 양조기술의 부재와 영업력 부재로 우리의 찬란했던 전통 가양주문화가 복원되기에는 아직도 요원한 실정이다. 뒤늦게 1995년부터 술을 개인이 빚어 마시는 것이 허용되어 90년간의 가양주문화 단절을 극복하는 기회를 맞게 되었다.

5. 전통주의 제조법상 분류

　우리나라의 전통술은 탁주, 약주, 소주로 대표된다. 이 세 가지 가운데 제조방법으로 볼 때 탁주가 가장 오랜 역사를 가지고 있고, 탁주에서 재(滓)를 제거하여 약주가 되었으며, 또 이를 증류하여 소주가 만들어졌다.

1) 탁주

　오늘날에도 널리 애음되고 있는 막걸리인 탁주는 약주와 함께 가장 오랜 역사를 가지고 있으며 도시의 서민층과 농민에게까지 널리 기호층을 형성한 우리 민족의 토속주이다.

　탁주는 예로부터 자가제조로 애용되었기 때문에 각 가정마다 독특한 방법으로 만들어져 그 맛도 다양한 것이 특징이었으며 대중주로서의 위치도 오랫동안 유지되어 왔다. 탁주는 방언으로 대포, 모주, 왕대포, 젓내

전통주의 정의(규정 제2조 21호)

「전통주」라 함은 다음 각목의 규정에 의하여 면허한 주류를 말한다.
- 전통문화의 전수·보존에 필요하다고 인정하여 문화관광부장관이 요청하여 주류심의회 심의를 거친 주류를 말한다.
- 농수산물가공산업육성법 제6조의 규정에 의하여 농림수산식품부장관이 주류부분의 전통식품명인으로 지정하고 국세청장에게 요청하여 제조허가를 한 주류를 말한다.
- 제주도개발특별법에 의거 제주도지사가 국세청장과 협의하여 제조면허를 한 주류를 말한다.
- 관광진흥을 위하여 1991. 6. 30 이전에 교통부장관이 요청하여 주류심의회 심의를 거친 주류를 말한다.

기술(논산), 탁배기(제주), 탁주배기(부산), 탁쭈(경북)라
는 이름으로 불리었다.

삼국시대 이래 양조기술의 발달로 약주가 등장했지만
탁주와의 구별이 뚜렷하지는 않았다. 같은 원료를 사용해
서 탁하게 빚을 수도 있고 맑게 빚을 수도 있기 때문이다.
고려시대 이래로 대표적인 탁주는 이화주(梨花酒)였다.

그 이름은 탁주용 누룩을 배꽃이 필 무렵에 만든 데서
유래했으나, 후세에 와서는 어느 때나 누룩을 만들었으므
로 그 이름이 사라지고 말았다. 일반에 널리 보급된 탁주는 가장 소박하게 만들어진
술로서 농주(農酒)로 음용되어 왔다.

탁주와 약주는 곡류와 기타 전분이 함유된 물료나 전분당, 국 및 물을 원료로 한
다. 여기에서 발효시킨 술덧을 여과 제성(製成)했는가의 여부에 따라 탁주와 약주
로 구분된다.

2) 약주

약주는 탁주의 숙성이 거의 끝날 때쯤 술독 위
에 맑게 뜨는 액체 속에 싸리나 대오리로 둥글고
깊게 통같이 만든 '용수'를 박아 맑은 액체만 떠
낸 것이다.

약주란 원래 중국에서도 약으로 쓰이는 술이
라는 뜻이지만, 우리나라에서는 약용주라는 뜻이 아니다. 우리나라에서 약주라 불
리게 된 것은 조선시대 학자 서유거(徐有榘)가 좋은 술을 빚었는데 그의 호가 약봉
(藥)이고 그가 약현동(藥峴洞)에 살았다 하여 '약봉이 만든 술', '약현에서 만든 술'이
라는 의미에서 약주라고 부르게 되었다.

약주에 속하는 술로는 백하주, 향온주, 하향주, 소국주, 부의주, 청명주, 감향주,
절주, 방문주, 석탄주, 법주 등이 있다. 이 밖에 보다 섬세한 방법으로 여러 번 덧술
한 약주에 호산춘, 약산춘 등이 있는데 '춘(春)'자를 붙인 것은 중국 당나라 때의 예

를 본뜬 것이다. 그리고 비록 '춘'자는 붙지 않았어도 같은 종류의 술로 삼해주, 백일주, 사마주 등이 있다.

3) 소주

소주는 양조주를 증류하여 이슬처럼 받아내는 술이라 하여 노주(露酒)라고도 하고 화주(火酒), 또는 한주(汗酒)라고도 한다. 증류기술은 십자군전쟁 때 구라파로 건너가서 위스키와 브랜디의 시조가 되었고, 동방으로의 전래는 몽고(元나라)인이 페르시아 회교(回敎)문화를 받아들이면서 증류방식에 의한 술을 함께 들여온 것이 계기가 되었다고 한다. 증류주를 아라비아어로 아락(Arag)이라 한다고해서 술 이름의 근거가 되어 몽고어로 '아리키(亞利吉)', 만

주어로 '아얼키(亞兒吉)'라 불리었고, 우리나라에 들어와서도 '아락주'라 불리게 되었으며, 지금도 개성에서는 소주를 '아락주'라 부른다고 한다.

좋은 술 빚기

좋은 술을 빚기 위해서는 육재(六材)라 하여 여섯 가지 재료를 잘 선택해야 한다.
① 원료(쌀)
② 누룩
③ 물(용수)
④ 좋은 용기
⑤ 술독관리(온도)
⑥ 마음가짐

6. 막걸리

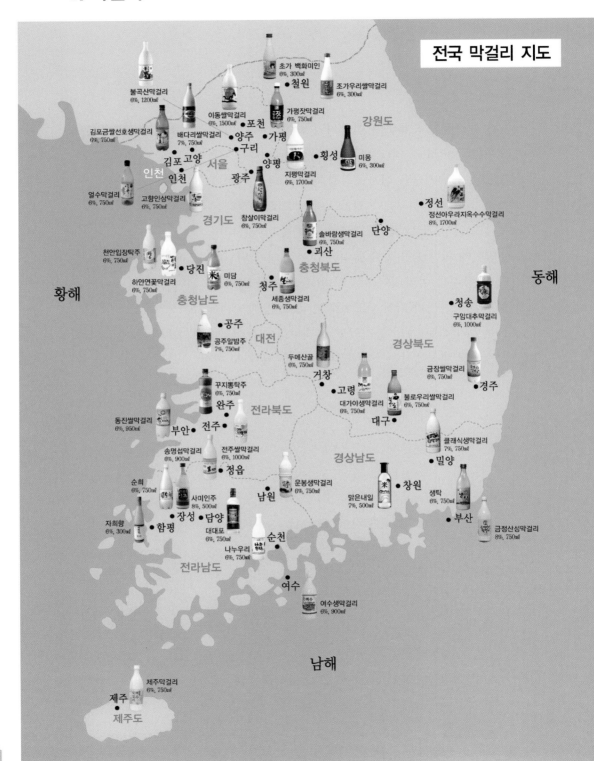

전국 막걸리 지도

초가 백화미인
6%, 300㎖

조가우리쌀막걸리
6%, 300㎖

불곡산막걸리
6%, 1200㎖

철원

이동쌀막걸리
6%, 1500㎖

포천

가평잣막걸리
6%, 750㎖

강원도

김포금쌀선호생막걸리
6%, 750㎖

배다리쌀막걸리
7%, 750㎖

양주   가평

구리

김포 고양

서울

양평

미몽
6%, 300㎖

횡성

인천

인천

광주

지평막걸리
6%, 1700㎖

얼수막걸리
6%, 750㎖

고향인삼막걸리
6%, 750㎖

참살이막걸리
6%, 750㎖

경기도

정선

정선아우라지옥수수막걸리
8%, 1700㎖

솔바람생막걸리
6%, 750㎖

단양

괴산

천안입장탁주
6%, 750㎖

당진

미담
6%, 750㎖

충청북도

동해

하얀연꽃막걸리
6%, 750㎖

청주

세종생막걸리
6%, 750㎖

청송

충청남도

구암대추막걸리
6%, 1000㎖

공주

공주알밤주
7%, 750㎖

대전

경상북도

금장쌀막걸리
6%, 750㎖

황해

두메산골

거창

불로우리쌀막걸리
6%, 750㎖

경주

꾸지뽕탁주
6%, 750㎖

완주

전라북도

고령

대가야생막걸리
6%, 750㎖

대구

동진쌀막걸리
6%, 950㎖

부안

전주

클래식생막걸리
7%, 750㎖

송명섭막걸리
6%, 900㎖

전주쌀막걸리
6%, 1000㎖

정읍

경상남도

밀양

순희
6%, 750㎖

운봉생막걸리
6%, 750㎖

창원

사미인주
8%, 500㎖

남원

맑은내일
7%, 500㎖

생탁
7%, 750㎖

자희향
6%, 300㎖

장성

담양

대대포
6%, 750㎖

순천

부산

함평

나누우리
6%, 750㎖

금정산성막걸리
8%, 750㎖

전라남도

여수

여수생막걸리
6%, 900㎖

남해

제주막걸리
6%, 750㎖

제주

제주도

1) 막걸리의 정의

막걸리(탁주)는 한국의 대표적인 전통 술로 쌀과 '누룩으로 빚어 그대로 막 걸러내어 만들었다' 하여 붙여진 이름이다. 막걸리는 대체로 쌀뜨물 같은 흰빛을 띠고 있는데, 지금처럼 규격화된 양조법으로 대량생산되기 이전에는 집집마다 그 나름의 술 빚는 방법이 있어 난백, 유백, 황백, 회백 등 그 빛깔도 단순한 흰빛만은 아니었다.

고려시대 이래 알려진 대표적인 탁주로는 이화주가 있는데, 이는 막걸리용 누룩을 배꽃이 필 무렵에 만든 것에서 유래하여 불리어진 이름으로 소박한 술의 대명사였으나, 후세에 와서는 누룩을 아무 때나 만들게 되었으므로 이화주란 이름은 사라지고 말았다.

막걸리에 쓰이는 누룩은 주로 밀로 만들었는데, 이 누룩이 처음 만들어진 것은 중국의 춘추전국시대로 알려져 있다.

누룩은 술을 만드는 효소를 갖는 곰팡이를 곡류에 번식시킨 것으로, 곰팡이의 빛깔에 따라 황국균, 흑국균, 홍국균 등이 있는데, 막걸리에 쓰이는 것은 주로 황국균이다. 그리고 막걸리의 명칭은 농주(農酒), 탁주(濁酒), 재주(滓酒), 회주(灰酒)라고도 불린다.

 주세법상 '탁주'는 다음과 같이 정의하고 있다.

막걸리(탁주)는 곡류, 기타 전분이 함유된 물료 또는 전분당과 코지(麴) 및 물을 원료로 하여 발효시킨 술덧을 여과하지 아니하고 혼탁하게 제성한 것 또는 그 발효, 제성과정에 법률이 정하는 물료를 첨가한 것으로 정의하고 있다. 여기에 사용할 수 있는 첨가제는 아스파탐, 스테비오사이드, 젖산, 구연산, 아미노산류이며 알코올농도도 6도 이상이다.

2) 막걸리의 유래

　우리나라에서 술을 언제부터 만들어 먹기 시작했는지 정확히 알 수 없지만 『삼국지』「부여전」에는 정월에 하늘에 제사를 지내는 큰 행사인 영고(迎鼓)가 있었는데 이때 많은 사람들이 모여서 술을 마시고 먹고 노래 부르고 춤을 추었다고 전하고, 『한전(韓傳)』에는 마한에서 5월에 씨앗을 뿌리고는 큰 모임이 있어 춤과 노래와 술로써 즐기었고, 10월에 추수가 끝나고 역시 이러한 모임이 있었다고 한다. 고구려도 10월에 하늘에 제사를 지내는 동맹(東盟)이라는 행사가 있었다고 한다. 이로 미루어보아 우리 조상들은 농사를 짓기 시작했을 때부터 술을 빚어 마셨으며, 의례에서 술이 이용된 것을 알 수 있다. 상고시대에 이미 농업의 기틀이 마련되었으므로 우리나라가 빚기 시작한 술 역시 곡류를 이용한 술 즉 막걸리와 비슷한 곡주였으리라 생각된다.

3) 막걸리의 원료

　막걸리의 제조에 사용되는 원료로는 쌀과 잡곡(소맥분, 옥수수, 보리쌀 등) 그리고 서류인 고구마, 전분당 그리고 양조용수 등이 있는데, 쌀 자급자족이 어려운 시기에는 주로 소맥분, 옥수수 등을 사용하였고, 1970년대 이후 쌀 생산량이 늘어나면서 쌀 또는 쌀과 소맥분을 주로 사용하고 있다.

(1) 쌀

양조에 적합한 쌀은 알이 굵고 흡수성이 좋으며 증자가 용이하고 제국 시 국균의 발육상태와 발효 중 당화가 양호한 것으로 조단백질 및 조지방의 함량이 적은 것이 좋다.

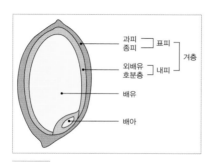

쌀의 구조

　쌀을 저장할 경우 고미화가 일어나 쌀의 무기질성분의 배유 내부로 이동, 유리지방산의 증가, 카르보닐화합물의 증가 등으로 쌀의 생명력이 약화되어 발아력이 저하되고 조직의 경화가 일어나 고미취가 나므로 원료로 적당하지 않다. 따라서 햅쌀을 이용하는 것이 가장 좋다.

(2) 소맥분

밀가루는 글루텐(gluten)의 함량에 따라 강력분(strong flour), 중력분(medium flour), 박력분(weak flour)으로 나누어진다. 막걸리 원료로 중력분(연질, 글루텐 함량이 8% 내외)을 사용하는데 통풍이 좋지 않고 25℃ 이상에 보관한 것은 밀의 호흡증가로 인한 발열로 품온이 35℃ 이상 되어 산도가 올라가므로 적당치 않다.

(3) 옥수수

탁주 원료는 주로 옥수수가루(옥분) 형태로 사용된다. 원료처리과정은 밀가루와 거의 같지만 반죽할 때 물 사용 비율이 높고 흡수시간, 증자시간이 연장되는 것이 특징이다. 1971~1977년에 사용된 바 있으나 제품의 색 등에서 불만이 많았다.

옥수수는 기질이 경질에 속하여 원료 처리에 특히 주의가 필요하나, 그 성질이 쌀에 가장 가까운 잡곡류의 한 종류이므로 이를 잘 이용하면 좋은 주질을 얻을 수 있는 대체원료의 하나이다.

(4) 고구마

고구마녹말은 탁주 대체원료로서 중요한 위치에 있는 원료의 하나이고 맛, 향기, 발효조성에 절대적으로 필요한 단백질, 지방질, 무기질, 비타민 등을 거의 포함하지 않으므로 이들 각 성분의 보충 없이 단독으로는 주조원료로 사용할 수 없다. 이러한 성분을 보충하려면 이들 각 성분이 풍부한 소맥분, 옥수수 등과 혼용하여 사용하는 것이 가장 좋다.

(5) 양조용수

탁주에 사용되는 용수는 맥주용수와 같이 주질에 큰 영향을 준다. 용수의 성분은 미생물의 영양, 자극제, 효소의 완충작용, 향미 등 발효과정과 제품에 직접 영향을 주므로 양조용수로 적합한지 먼저 여러 가지 방법으로 세밀하게 분석한 다음 사용해야 한다.

양조용수의 조건으로는

① 무색, 무취, 이취미가 없고 투명해야 한다.

② 사계절에 온도 변화가 적어야 한다(14~18℃).

③ 유해성분인 철, 암모니아, 아질산, 유기물이 적은 것

④ pH는 약알칼리성 내지 중성이어야 한다.

⑤ 유해미생물(병원균, 부조 유산균)이 적은 것

■ 양조용수로서 좋은 물의 성분

1. 성상	무색, 투명, 무미, 무취
2. 반응	중성 또는 약알칼리성
3. 암모니아	흔적 이하
4. 질산	흔적 이하
5. 아질산	흔적 이하
6. 철분	0.05mg/ℓ 이하
7. 유기산	6.3mg/ℓ 이하
8. 염소	30~100mg/ℓ 이하
9. 칼슘	30~100mg/ℓ 이하
10. 마그네슘	30~100mg/ℓ 이하

⑥ 유해성분인 칼륨, 인산, 칼슘, 염소를 적당히 함유할 것

즉 양조용수는 최소한 위생적으로나 기호적으로 문제가 없어야 하므로 음용수의 수질기준에 적합해야 한다. 술맛과 발효를 고려할 때 물속에 미량의 무기성분이 적당량 함유되면 더욱 좋을 것이다. 그러나 용수 중의 철분은 가급적 0.05ppm 이하 정도로 낮아야만 제품의 색상에 손상을 주지 않는다. 철분이 많으면 술의 색깔이 짙고, 향미를 해친다.

4) 발효제

약주, 탁주 제조에 사용되는 발효제에는 사용역사가 가장 오래된 국자(麴子, 누룩)와 1940년대부터 사용하기 시작한 입국, 1960년대 이후에 개발되어 실용화된 분국, 그리고 1970년대에 개발되어 간편하게 이용되는 조효소제 등이 있다. 효소제에

는 amylase와 protease를 비롯한 각종 효소가 들어 있어 전분을 당화하고 단백질을 분해하여 향미물질을 생성하며, 때로는 야생효모도 존재하여 그 급원이 되기도 한다. 주세법상 발효제는 국(麴)과 밑술(酒母)로 구분되며, 국은 전분물질과 기타 물료를 혼화(混和)한 것에 곰팡이류를 증식시킨 덩어리로 아밀라아제 계통의 효소는 전분을 분해시켜 당분을 만들며 프로테아제 계통의 효소는 단백질을 분해시켜 아미노산을 만든다. 주모는 효모를 배양 증식한 것으로서 당분을 함유한 물질을 주정 발효시킬 수 있는 물료를 말한다.

(1) 누룩(곡자; 재래식 누룩)

누룩은 액화, 당화 및 알코올발효 효소를 가진 국의 한 종류로 원료는 밀의 분쇄도에 따라 분곡과 조곡으로 나눈다. 분곡은 밀을 빻아 가루로 만든 것이며, 밀기울이 섞이지 않은 밀가루만으로 만든 것은 백곡이라 한다. 조곡은 거칠게 빻은 밀로 만든 것으로 현재 주로 사용하고 있는 곡자이다. 누룩은 그 제조시기에 따라 춘곡(1~3월), 하곡(4~6월), 절곡(8~10월) 및 동곡(11~12월)으로 구별한다. 누룩은 곡류 자체에 함유된 여러 가지 효소와 여기에 *Rhizopus*속, *Aspergillus*속, *Absidia*속, *Mucor*속 등의 사상균과 효모, 기타 균류가 번식하여 생성, 분비한 효소를 가지고 있으며, 특히 많은 야생효모

밀로 만든 누룩

녹두국 누룩

를 가지고 있으므로 밑술의 모체 역할을 하는 당화 및 알코올발효제로도 사용된다. 누룩의 품질은 단면이 황회색 또는 회백색으로 균사가 충분히 파고 들어간 것이 좋고 갈색부분이 많은 것은 좋지 않다. 누룩은 수분이 12% 이하로 통풍이 잘되고 시원하고 건조한 곳에 보관해야 하며 사용할 때에는 콩알이나 도토리알 정도로 분쇄하여 사용한다.

(2) 곰팡이(mold, mould)

여러 가지 미생물 중에 효모(酵母; yeast)는 당(糖)을 발효시켜서 알코올을 만들 수 있으나 전분을 발효시킬 수는 없다. 따라서 전분으로부터 술을 만들려면 먼저 곡류를 당화(糖化)시켜야 하는데, 이 당화수단으로 서양에서는 엿기름이 개발되어 맥주제조에 사용하였지만, 동양에서는 계절풍이 발달하여 국(麴) 또는 곡자로 당화하고 있다. 우리나라에서는 간장, 된장, 고추장, 약·탁주 등 양조식품에 이용되는 곰팡이의 대부분은 누룩곰팡이속(*Aspergillus*속)이다.

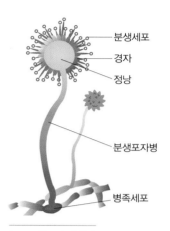

분생세포
경자
정낭
분생포자병
병족세포

Aspergillus 속의 형태

(3) 입국(粒麴)

입국은 원료를 증자한 후 순수 배양한 곰팡이류를 증식시킨 것으로 전분을 당화시킬 수 있는 것을 말한다. 막걸리 제조용 입국으로는 한때 황국을 사용하였으나 황국은 효소활성은 강하나 산 생성력이 약하므로 산 생성력이 강한 백국을 사용하고 있다. 현재 널리 사용되고 있는 백국균은 흑국균의 변이주인 *Aspergillus Kawacchii*이다. 입국은 전분질을 당화하여 효소가 이용할 수 있는 상태로 만들 뿐만 아니라 여러 가지 향미를 부여하고 술덧의 오염을 방지하는 주요한 역할을 한다.

(4) 조효소제(粗酵素劑; 粉麴, 분국)

조효소제 일명 분국은 밀기울을 주원료로 하여 약간의 전분질을 첨가하여 증자살균하거나 약품으로 살균하여, 내산성 당화력이 강한 효소를 분비하는 사상균을 접종 배양하여 만들어진 제품으로 효소활성이 강하다. 사용되고 있는 균류는 *Aspergillus shirousamii mutant*와 *Rhizopus*속 등이며 제조 시에는 배지의 선택, 배지의 pH 조정, 효소력가 증가에 관여하는 영양제를 첨가하여 합리적인 공정관리에 의해서 만들어진다. 분국은 독특하고 구수한 향취를 풍기며 이취가 나는 것은 좋지 않다. 분국은 효소력이 입국이나 곡자에 비해 훨씬 강한 점이 특징이다. 따라서 분국은 입국의 역가부족을 보충하고 발효의 안전성을 높이기 위해 사용된다.

(5) 정제효소제(精製酵素劑)

정제효소제는 당화효소 생성균을 배양시킨 것으로부터 순수 당화효소를 추출, 분리하여 주류 제조에 사용할 목적으로 만든 것을 말한다.

5) 막걸리의 제조공정

■ 쌀막걸리 제조공정

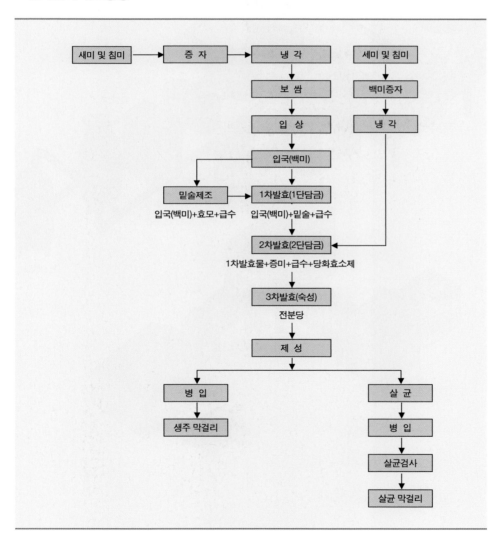

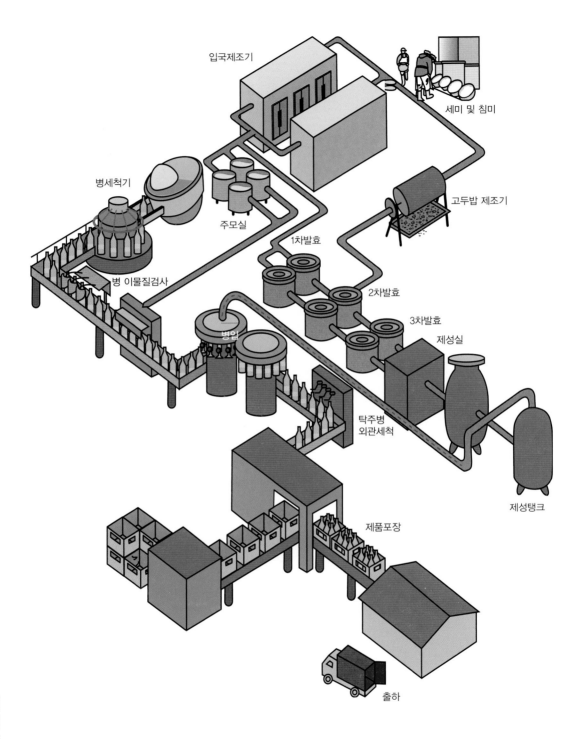

입국제조기

세미 및 침미

병세척기

주모실

고두밥 제조기

1차발효

2차발효

병 이물질검사

3차발효

제성실

병입

탁주병
외관세척

제성탱크

제품포장

출하

(1) 세미(洗米) 및 침미(浸米); 쌀을 씻고 물에 불리는 과정

세미(洗米)는 쌀의 표면에 붙어 있는 이물질이나 먼지를 제거하기 위해서인데 소량일 때는 손발로, 대량일 때는 세미기를 이용한다.

침미(浸米)는 쌀에 적당량의 수분을 흡수시키기 위한 과정으로 침미시간은 흡수가 잘되는 것은 1~2시간, 통일계 쌀은 15~20시간 정도 한다. 물기를 뺀 후의 흡수율은 25~28%가 적당하다.

※ 흡수율(%)=[(침미 후 쌀kg/침미 전 쌀kg)−1]×100

(2) 증자(蒸煮); 쌀에 수증기를 가해 찌는 과정

증미기

증자(蒸煮)의 목적은 수분을 흡수한 쌀에 100℃ 이상의 강한 수증기로 전분을 호화시켜 각종 효소의 작용을 용이하게 하는 데 있다. 증자시간은 40~60분 정도이나 보일러의 성능 등에 따라 조절하며 20~30분 정도 뜸을 들여 증미중량이 쌀의 35~42% 증가되는 정도로 한다.

(3) 냉각(冷却)

증자된 쌀에 백국(*Aspergillus Kawacchii*)을 접종하기 위한 적당한 온도(27~28℃)로 식힌다.

(4) 보쌈

곰팡이 증식이 잘되도록 적절한 온도와 습도 유지를 위해 보온덮개를 이용하여 종국이 고루 섞인 찐쌀을 덮어두는 과정으로 약 18시간 정도 걸리는데 보쌈 시 최적온도는 대략 34℃이나 44℃ 이상을 넘지 않도록 주의하도록 한다.

온도가 44℃ 이상일 경우 뒤집기를 하여 내부와 외부를 고루 섞어주도록 한다.

(5) 입상(粒箱)

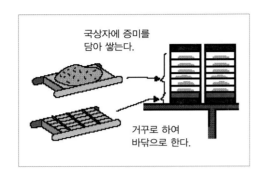

국상자에 증미를 담아 쌓는다.

거꾸로 하여 바닥으로 한다.

보쌈한 찐쌀을 입국 만드는 상자에 옮겨 담아 곰팡이 증식을 더 원활하게 하는 과정이다. 과거의 국상자는 가로 50㎝, 세로 35㎝, 높이 6㎝ 정도의 작은 상자 여러 개를 쌓아서 사용했는데 시간마다 갈아 쌓기를 해야 하는 번거로움으로 인해 요즘은 큰 국상자 한 대에 자동온도장치를 달아 사용하고 있다. 국상자에 옮겨 담은 후에는 6~7시간 후 윗부분과 아랫부분을 섞어주는 첫 손질을 하고 다시 6~7시간 후 2차 손질을 한다. 이때 국상자에서의 온도는 38℃가 넘지 않도록 온도를 지정해 준다.

2차 손질 후 다시 6~7시간 후 22℃ 정도로 냉각시키면 입국이 완성된다.

(6) 입국(粒麴)

입국상자

입국은 주조원료를 증자한 후 곰팡이류를 번식시킨 것으로 전분질을 당화시킬 수 있는 것을 말한다. 탁주용 입국은 전적으로 백국(白麴)을 사용하고 있다. 현재 널리 사용되고 있는 백국균은 흑국균 변이주의 일종으로서 *Aspergillus Kawachii*이다. 백국균은 초기 번식품온인 30~33℃에서는 번식력이 대단히 느리므로 황국균에 백국균이 오염되는 경우는 거의 없다. 입국의 중요한 역할은 전분질의 당화(糖化), 향미 부여, 술덧의 오염방지 등이다.

(7) 밑술(주모酒母) 제조

전분질을 발효시키려면 다량의 효모가 필요하나 한번에 필요한 양의 효모를 만들기는 곤란하므로 미리 필요한 효모를 확대 배양해 두는 것이 좋은데 이렇게 효모를 배양해 둔 것을 밑술(주모)이라 한다. 우량 밑술 육성방법은 수국(水麴)밑술, 곡자밑술로 나눈다.

① 수국(水麴)밑술

입국만을 원료로 하여 덧밥과 산을 첨가하지 않고 만드는 밑술이다. 입국에 용출되는 구연산에 의해 자동적으로 pH가 조절되므로 젖산을 첨가할 필요도 없이 간편하게 제조할 수 있다. 담금 배합에는 입국 10kg에 대하여 급수 15 ℓ (150%), 종효모 100㎖이다. 만드는 방법은 급수에 종효모를 첨가하고 입국을 가하여 교반혼합한다. 교반혼합은 원료의 당화 및 발효의 진행상태에 따라 그 횟수를 조절한다. 품온은 효모가 증식함에 따라 상승하게 되는데 담금 후 약 2일 전후에 28~30℃에 달하게 된다. 이후에는 품온이 갑자기 내려가는 것을 방지하면서 담금으로부터 5~6일 만에 숙성된다. 숙성된 밑술은 저온에서 보관하고 사용할 때에는 잘 교반하여 사용한다.

덧밥과 산을 사용하지 않고 입국만을 원료로 한 밑술이라 입국이 생성한 산(주로 구연산)으로 안전도를 유지할 수 있는 pH농도가 자동적으로 조절되어 보산(補酸)의 필요성이 없어 경제적이면서도 간편하다. 따라서 그 제조방법에 단순한 약주, 탁주 제조용에는 가장 알맞은 종류의 밑술이다.

② 곡자밑술(주모)

곡자와 덧밥 및 젖산을 사용하여 제조하는 밑술로 곡자 중에 다량으로 배양되어 있는 *Saccharomyces coreanus*를 종효모로 이용하고 젖산을 첨가하여 오염을 방지하면서 배양한 밑술이다. 담금할 때에는 곡자의 효소는 산에 약하므로 덧밥과 혼합하여 담금한 후 앞의 수국밑술제조법에 준하여 제조한다.

■ 밑술(주모) 담금 배합비

종 류	용 수 량 (대원료 비율)	종효모(㎖)	75% 젖산(㎖)	덧밥(kg)	발효제(kg)
수국밑술	13 ℓ (130%)	100	-	-	입국 10
곡자밑술	15 ℓ (130%)	-	120	10	곡자 5

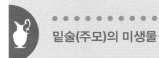

밑술(주모)의 미생물

밑술은 입국, 덧밥, 곡자, 젖산, 물 등을 원료로 하여 효모에 적합한 상태로 배지를 조성하여 순수하고 건전한 효모를 육성해야 하므로 효모 이외에 유해한 미생물이 존재하지 않도록 해야 한다. 그러나 밑술 배양은 무균적이 아니고 개방적이므로 원료(입국, 덧밥, 곡자 등), 용기, 공기 등에 많은 잡균이 존재하므로 밑술 육성 초기에는 잡균이 다소 혼재하고 있으나 이들 잡균은 기술적인 밑술의 육성방법에 의하여 점차적으로 도태되어 주모 숙성기에는 효모만이 증식하게 된다.

(8) 1차 발효(1단 단금)

1단 단금은 밑술, 입국 및 물을 원료로 담금하는 것을 말하며, 1단 담금의 목적은 입국이 분비하는 각종 효소 및 산을 생성하여 잡균의 오염을 막아 안전한 상태에서 효모를 증식하기 위해서이다. 담금온도는 24℃를 표준으로 하여 여름철에는 조금 낮게, 겨울철에는 약간 높게 한다. 최고온도는 30℃ 이하로 하며 품온조절과 효모증식을 촉진하기 위하여 1일 2~3회 막대기로 저어준다.

발효탱크

(9) 2차 발효(2단 단금)

주정발효를 목적으로 하여 1단 담금 물료에 덧밥과 물, 그리고 발효제(곡자, 정제효소제, 조효소제)를 잘 혼합하여 발효시킨다. 20~23℃의 온도에서 발효가 시작되어 당화작용과 주정발효가 일어나면서 온도가 서서히 상승하게 되는데 이때 32℃ 이상 오르지 않도록 온도조절을 해주면서 3~4일간 발효시킨다. 발효온도가 지나치게 높으면 감패(甘敗; 당분이 많아 효모발효가 중지된 것) 또는 산패(酸敗; 산이 많아 실패하였다는 말)의 위험이 있으므로 냉각기를 이용하여 품온을 조절해야 한다.

감산패를 예방하려면 강한 밑술의 사용, 저온에서 본담금 실시, 최고품 32℃ 이하 억제 등이 필요하다.

(10) 3차 발효(숙성)

이 과정을 발효, 숙성단계라고 하는데 적당한 온도는 18~22℃이고 숙성기간은 3~5일이 적당하다.

(11) 제성(製成)

숙성단계를 거친 후 '체' 또는 '탁주 제성기' 등을 이용하여 후수(後水)를 가하면서 탁주를 거르는 단계이다. 탁주는 제성한 후에도 상당 기간 후발효가 지속되며, 후발효가 지속되는 기간에도 상쾌한 맛을 돋우어준다. 그러나 장기간 저장하면 후발효가 끝남에 따라 청량미를 상실하므로 가급적 후발효가 지속되는 기

제성(여과)기

간에 소비자에게 공급되도록 제성시기와 공급시기를 조절한다.

성 분	제성 직후	6시간 후	12시간 후	24시간 후	36시간 후	48시간 후
산 도	3.5	3.6	3.8	3.8	4.1	4.4
알코올(%)	5.3	5.8	6.0	6.1	6.2	6.2

(12) 살균(선살균)

살균은 열에 의한 술의 멸균뿐 아니라 생막걸리에 남아 있는 효소의 촉매기능을 잃게 만들어 술의 저장성을 향상시키는 데 목적이 있다. 살균방법은 고온단시간살균(*high-temperature short-time pasteurization*) 72℃에서 15초 동안 가열한 후 탄산을 주입한다.

(13) 병입

병입은 공정 처음의 것이나 마지막에 한 것이
나, 다 같이 품질이 동일해야 하며, 이런 품질이
그대로 소비자에게 전달되도록 해야 한다. 술은
화락균(火落菌; 젖산균의 일종)이 오염되면 부
패할 염려가 있으므로 사용하는 모든 용기를 청
결하게 해야 하고, 병내는 무균이라야 하며 밀봉
부분이 완벽해야 한다.

병입과정

(14) 살균검사(후살균)

병에 주입 밀봉된 제품을 1차 살균 후 생산공정에서 오염됐을 수도 있는 잡균을
사멸시키기 위하여 온수조에서 2차 살균시킨다.

6) 막걸리의 영양가

막걸리의 영양가는 타 주류에서 찾아보기
힘든 여러 가지 풍부한 영양분이 함유되어 있
음이 한국과학기술연구소 및 학계 등에서 수
차에 걸쳐 발표된 바 있다.

연구결과에 의하면 양질의 단백질 1.9%, 비
타민 B군이 다양하게 고루 함유되어 있고 간
기능을 도와주는 아세틸콜린이 들어 있는 우

포천 막걸리공장 전경

수한 식품으로 입증되었고, 아미노산 계통만도 무려 16종이 함유되어 있으며, 이 중
에는 필수아미노산이 10여 종 포함되어 있다. 따라서 막걸리는 전 세계의 주류 중
가장 영양가 높은 술이라고 할 수 있다.

7. 집에서 손쉽게 전통주 담그는 법

여기서는 가정에서 생활도구를 이용하여 아주 간단한 방법으로 막걸리, 청주 담그는 방법을 소개하고자 한다.

1) 인스턴트 전통주 담그는 법(Instant Rice Wine)

(1) 재료 및 용기

포장된 재료 1,020g, 항아리 또는 스테인리스 통(3~4ℓ), 국자나 주걱, 물 1.5ℓ(정수기 물이나 끓여서 식힌 수돗물), 온도계 등

(2) 술 빚기

❶ 미생물 번식을 막기 위해 3ℓ짜리 용기를 깨끗이 씻어 건조시킨 다음 진공포장된 재료를 전부 붓는다(진공포장 안에는 쌀, 효소, 효모가 혼합되어 있다).

❷ 물 1.5ℓ를 용기에 첨가한다(물의 온도는 약 25℃로 차갑지 않다고 느낄 정도).

❸ 국자나 주걱을 이용하여 천천히 고루 잘 저어준다.

❹ 용기를 비닐로 덮고 고무줄로 묶어준다.

❺ 통풍이 될 수 있게 이쑤시개로 10개 정도의 구멍을 뚫어준다.

❻ 실내의 그늘지고 통풍이 잘되는 서늘한 곳에 보관하고 온도는 20~25℃ 정도로 유지한다.

❼ 하루에 한번씩 고루 잘 저어준다. 술 담금 후 7~8일이 경과하면 약 16℃ 내외의 숙성된 술(원주)이 된다.

❽ 숙성된 술(원주)을 믹서기로 1분 정도 분쇄하여 잘 혼합시킨다. 믹서기가 없을 경우 두 겹으로 겹친 깨끗한 광목천에 원주를 부으면서 손바닥으로 꾹꾹 눌러주며 거른다.

(3) 막걸리로 음용하는 방법

① 17도 막걸리로 음용하는 방법

믹서기로 잘 혼합된 원주에 설탕이나 물엿 100㎖를 첨가하여 숙성시킨 후 음용하면 된다.

② 8도 막걸리로 음용하는 방법

원주에 물 2ℓ를 첨가하여 잘 혼합한 후 설탕이나 물엿 150㎖를 첨가하여 숙성시킨 후 음용하면 된다.

(4) 약주로 음용하는 방법

① 17도 약주로 음용하는 방법

숙성된 원주를 믹서기로 잘 혼합한 후 하루 정도 냉장고에 보관하면 맑은 윗술과 섬유질 침전층으로 분리된다. 맑은 위층을 떠내어 그대로 음용하거나 설탕이나 물엿 50㎖를 첨가하여 숙성시킨 후 음용하면 된다.

② 13도 약주로 음용하는 방법

분리한 윗술에 물 0.6ℓ를 혼합하여 설탕이나 물엿 75㎖를 첨가하여 숙성시킨 후 음용하면 된다. 윗술을 떠내고 남은 침전물은 기호에 맞게 적당량의 사이다를 섞어서 음용해도 좋다. 그리고 하얀 침전물은 100% 섬유질성분이므로 건강에 좋고, 특히 변비해소에 효과가 있다.

2) 전통청주 담그는 법

(1) 재료

- 밑술 : 멥쌀 2되 5홉(소두, 2kg), 누룩 1되(500g), 물 3되 (2.7ℓ)
- 덧술 : 멥쌀 5되(4kg), 물 7주발(4.9ℓ)

항아리를 증기 소독하는 장면

(2) 술 빚기

술을 빚을 때에는 가장 먼저 항아리와 용기를 소독한 다음 손을 깨끗이 씻어주어야 한다. 술을 안칠 술독이 깨끗하지 않거나 나쁜 냄새가 나는 독을 사용할 경우 술의 산패와 이취(異臭)를 초래하게 된다. 살균소독법에는 연기법, 수증기법, 열탕법 등이 있다.

① 밑술 빚기(효모증식이 목적)

밑술은 '술밑', 또는 '주모(酒母)'라고도 한다. 전통술 빚기에서 밑술을 만드는 까닭은 술의 발효를 도와 알코올도수가 높으면서 맛과 향이 좋은 술을 빚기 위한 것으로서, 일차적으로는 효모균의 증식과 배양에 그 목적이 있다.

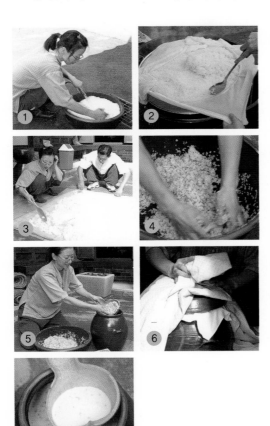

❶ 술 빚을 재료인 멥쌀을 여러 번 씻은 다음 10~12시간 물에 담그고 다시 깨끗이 씻어 쌀의 표면에 붙어 있는 곰팡이, 이물질 등을 제거시킨 다음 체에 담아서 물기를 뺀다.

❷ 물기 뺀 쌀을 시루에 안쳐 고두밥을 짓는다. 시루가 없을 경우 찜통을 사용해도 된다. 쌀을 찔 때 가열온도에 따라 다르지만 대략 40~60분 찐 다음, 불을 끈 상태에서 20분 정도 뜸을 들인다. 고두밥을 골고루 잘 익게 하려면 고두밥이 거의 익었을 무렵 불을 세게 하면 완전호화상태가 되고, 수증기가 한창 오를 때 찬물을 뿌려주면 시루 안에 쌀 전체가 골고루 익는다.

❸ 고들고들하게 밥이 다 되면 넓게 펴 차게 식힌다. 예부터 "고두밥은 얼음같이 차게 식혀서 사용하는 것이 좋다"고 했다.

❹ 고두밥을 잘 법제시킨 누룩과 물을 섞어 충분히 잘 버무린다.

❺ 소독한 항아리에 잘 버무려진 고두밥과 누룩을 담는다. 재료의 낭비를 줄이기 위해 남겨둔 물로 손이며 용기를 깨끗이 씻어내어 술독에 안치고, 나머지는 항아리 안에 골고루 뿌려준다.

❻ 고무줄을 이용해서 베보자기로 밀봉한 술독에 이불보쌈하여 48시간 발효시킨다. 여기서 이불은 술독의 품온을 25~27℃가 되도록 일정하게 유지시켜주는 바람막이 및 보온의 역할을 한다.

❼ 1차 발효가 끝나고 밑술이 완성된 모습

② 덧술 빚기(밑술에 더하는 술)

덧술은 '위덮이'라고도 하는데, 이양주(二釀酒)에 있어서 '밑술에 덧치는 술', 또는 '위 덮는 술'이란 뜻이다. 따라서 덧술은 먼저 빚어둔 밑술을 발판으로 보다 맑고 밝은 빛깔과 알코올도수가 높은 술, 저장성이 높은 술을 빚기 위한 것으로서, 대개는 멥쌀이나 찹쌀이 주원료로 사용되고 있다.

❶ 덧술에 사용할 고두밥을 밑술 만들 때의 방법으로 차게 식힌다. 차게 식힌 고두밥에 밑술과 물 7주발(4.9ℓ)을 섞어 고루 버무린 뒤 술독에 담아 안친다.

❷ 다시 이불보쌈으로 품온을 25～27℃로 유지시켜 2～3일간 발효시킨다.

❸ 발효가 끝난 술독을 냉각시킨 후, 바람이 잘 통하는 서늘한 장소로 옮겨 3～4일간 숙성시켜 용수를 받아둔다(용수는 항아리 크기에 맞는 것으로 선택한다).

❹ 용수 안에 맑은 술이 고이면 술을 뜬다.

Chapter

술과 건강

6

6 술과 건강

1. 알코올(Alcohol)이란?

술은 종류에 따라 약간의 차이는 있으나, 흔히 알코올이라 부르는 주정(酒精, wine spirit) 즉 에틸알코올(ethyl alcohol) 또는 에탄올(ethanol)과 물, 그 밖에 미량이 기는 하나 여러 가지 성분으로 구성되어 있으며, 이러한 성분들이 술의 색, 맛, 향을 결정하는 요소로 작용한다. 물로 희석된 에틸알코올이 인체에 흡수되어 술로써 작용하므로 술을 마신다는 것은 희석된 에탄올을 마시는 것이라고 할 수 있다.

그렇다면 에틸알코올이 무엇이기에 이를 음용하고 인체에 흡수되어 인간의 이성(理性)과 감정의 희로애락(喜怒哀樂)에 변화를 주고, 육체에 영향을 미치는 복잡한 작용을 하는가?

인간의 생활과 밀접한 관계를 가지고 있는 알코올에 대한 의문을 풀기 위해서는 근본적인 지식을 알아야 하므로 알코올의 정의와 작용, 그리고 알코올의 발효과정 등에 대하여 알아보자.

1) 알코올의 정의

에탄올(ethanol)은 지방족 포화 알코올의 하나로서 각종 알코올음료 속에 함유되어 있어 주정(酒精)이라고도 하고, 에틸알코올이라고도 한다. 보통 알코올이라고 하면 이 에탄올을 가리킨다. 술의 성분으로서 예전부터 알려져 있었으나, 술이 취하는 원인이 에탄올에 있다는 것을 안 것은 15세기 이후의 일이다. 알코올이라는 말이 에탄올을 가리키게 되고, 다시 알코올 전반을 가리키게 된 것은 19세기 이후의 일이다.

에탄올을 복용하면 대뇌(大腦)의 제어기능이 억제되어 흥분상태가 되고, 이어서 중추신경이 억제된다. 또, 알코올중독에 걸리기 쉽다.

에탄올(에틸알코올)의 공–막대 모형   CPK 모형

탄소
수소
산소

에탄올의 분자 모형

에탄올의 화학식은 C_2H_5OH이며, 특유한 냄새와 맛이 나는 무색 액체로, 분자량 46.07, 녹는점 $-114.5℃$, 끓는점 $78.3℃$, 비중 0.7893이다. 산화하면 아세트알데히드(acetaldehyde)를 거쳐 아세트산(acetic acid)이 된다. 아세트산은 단백질을 응고시키는 성질을 가지고 있으므로 살균작용이 있다. 살균력은 70% 수용액이 최대이고, 60% 이하 및 80% 이상에서는 소독·살균력이 거의 없는 것과 마찬가지이다.

2) 알코올발효

에탄올은 예로부터 효모(酵母, yeast)에 의해서 당분(糖分)을 발효시키는 방법으로 제조되었으며, 현재도 이러한 발효법으로 에탄올을 대량 생산하고 있다. 그러나 원료가 되는 당밀(糖蜜, molasses) 등의 가격이 상승하였고, 원료의 절반이 CO_2로 되어 낭비되는 결점이 있기 때문에 알코올음료 및 일부 공업용 알코올만이 발효법으로 생산되고 있고 대부분의 공업용 알코올은 화학적인 합성법으로 제조되고 있다.

알코올발효는 효모(酵母, yeast)와 세균(細菌, bacteria)이 혐기적 조건에서 당질원료(설탕, 포도당, 과당, 젖당과 같은 당류)가 피루브산(pyruvic acid)을 거쳐 이산화탄소와 에탄올로 만드는 과정을 말한다.

효모에 의한 알코올발효의 이론식은 다음과 같으며 이 식을 게이뤼삭(Gay Lusac)의 식이라고도 한다.

알코올발효는 주정발효(酒精醱酵)라고도 하며 효모가 생육을 위하여 당분(糖分)을 섭취하여 당을 분해할 때 에너지를 얻는 과정인데 이때 생성되는 분해산물이 알코올이다. 이러한 발효에 있어서는 원료에 들어 있는 당(糖, sugar)의 양이 중요하다. 당이 부족하면 효모는 당으로부터 알코올을 만들기보다는 당을 이용한 세포증식을 우선으로 한다. 둘째로 산소공급이 차단되어야 한다. 효모는 밀폐된 공간에서 산소가 모두 소비된 이후에 알코올발효를 일으키기 시작하고, 알코올발효는 당이 모두 소진될 때까지 지속된다. 셋째로 중요한 요소 중의 하나가 온도인데 어떤 술을 만드느냐에 따라 온도가 달라진다.

이러한 조건에서 알코올발효가 진행되고 위의 Gay Lusac의 식에 의해 이론적으로 포도당(glucose)으로부터 51.1%의 수득률로 알코올이 생성된다. 이 중 약 5%는 효모의 생육이나 부산물의 생성에 소비되므로 glucose로부터 실제 알코올 최대수득률은 이론치의 약 95%이다. 발효과정 중 알코올 이외에 부산물로 미량성분 300여 가지 이상이 생성되는데, 이러한 성분들이 술의 품질을 좌우한다.

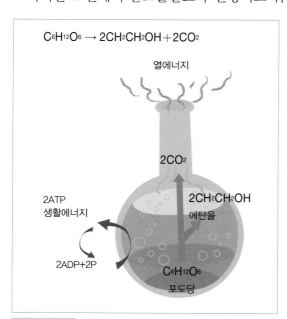

알코올 발효과정

3) 알코올의 작용

우리 몸에는 뇌의 명령에 따라 슬픔, 우울 등의 감정을 유발하게 하는 아세틸콜린(acetyl choline)과 우리의 마음을 들뜨게 하는 아민류(amines)라는 두 가지 종류의 신경전달물질이 있는데 이들은 조화를 이루면서 감정상태를 나타낸다. 술을 마신다는 것은 알코올을 생체 내에 섭취한다는 것을 말한다. 술을 마시면 알코올이 뇌를 자극하여 많은 양의 아민류를 급격히 분비시켜 승리감이나 행복감을 느낄 수 있다. 그러나 계속 마시면 상대적으로 아세틸콜린의 양이 많아져 억압, 우울, 슬픔 등의 부정적인 감정으로 바뀌게 된다. 이렇기 때문에 행복감을 다시 느끼기 위해 계속 술을 마시게 되는 것이다.

많은 양의 알코올은 체수분의 균형을 깨뜨리며 수분을 조직에서 세포 밖으로 끌어내므로 갈증을 느끼게 하고, 특히 숙취 시에 심한 갈증을 초래한다. 체내에 흡수된 알코올은 위에서 20%, 소장에서 80% 흡수되고 혈액을 따라 뇌와 장기 및 체조직으로 퍼져 나간다. 흡수된 알코올성분은 간에서 알코올대사에 의해 산화·분해되어 칼로리(calorie)로 변하게 된다. 그러나 산화하는 알코올의 양은 극히 제한되어 있으므로 이 한도를 넘은 알코올은 축적되어 중독을 일으키게 된다.

2. 술

술의 기원은 심산(深山)의 원숭이가 빚은 술이 곧잘 예화로 등장한다. 나뭇가지가 갈라진 곳이나 바위가 움푹 팬 곳에 저장해 둔 과실이 자연적으로 발효한 것을 먹어본 결과 맛이 좋았으므로 의식적으로 만들었을 것이라는 설이다. 과실이나 벌꿀과 같이 당분(糖分)을 함유하는 액체는 공기 중에 존재하는 야생효모(wild yeast)가 들어가 자연적으로 발효하여 알코올을 함유하는 액체가 된다는 것이다.

술의 주성분은 에틸알코올과 물이며, 여기에 향기성분으로서 에스테르류(ester)

나 고급 알코올류와 맛성분으로서 당분·유기산류·아미노산류, 그 밖에 색소류를 포함시키기도 하는데, 이들의 함량과 비율은 술의 종류에 따라 다르다. 술의 성분은 보통 알코올분과, 술 100㎖에 함유된 불휘발성분의 총 그램수로 표시한다.

술에 취하는 정도는 개인차가 상당하여 약간의 술로도 취하는 사람이 있는가 하면, 다량의 술을 마셔도 취하지 않는 사람이 있다. 어느 일정한 취도(醉度) 때 혈액 중의 알코올분과 요(尿) 중의 알코올분을 측정해 보면 술을 많이 마신 사람이나 적게 마신 사람이나 같은 양을 마신 것으로 나타난다. 쉽게 취하지 않고 많이 마시는 사람은 알코올을 산화하여 이산화탄소와 물로 분해시키는 기능이 왕성하여 혈액 중에 남는 것이 적기 때문이며, 이 기능을 담당하는 것이 간장(肝臟)이다.

술에 취하여 얼굴이나 몸이 빨갛게 되는 것은 알코올이 혈관의 신경을 자극하여 혈관을 확장시키고 동시에 심장의 박동을 빠르게 하여 혈행(血行)이 왕성해지기 때문이다. 그리고 화끈하게 느껴지는 것은 실제로 체온이 상승하는 것은 아니고 그렇게 느끼는 것일 뿐이다. 반면에 얼굴색이 파랗게 되는 사람은 확장신경이 마비되어 혈관이 수축되었기 때문이다.

음주량이 많으면 완전히 산화시키지 못하고 중간물질인 아세트알데히드(acetal-dehyde)를 생성하게 된다. 예전에는 음주 후의 두통·숙취 등의 원인이 술에 함유된 퓨젤유(fusel oil) 때문이라고 생각하였으나, 지금은 그 원인이 주로 아세트알데히드 때문이라고 규명되었다.

상습적으로 폭음을 하면 간장의 지방이 덩어리져 간경변이 일어나고, 간장의 기능이 감퇴되어 혈관과 심장 등에 지방이 쌓이며, 간장 장애를 일으켜 알코올중독이 되는 경우가 많다.

1) 술의 작용

술을 마신다는 것은 생체 내에 알코올을 섭취하는 것이라고 할 수 있다. 술이 우리 몸속으로 흡수되면 어떤 작용을 하는 것일까? 술은 생체 내로 섭취되어 자극작용, 살균작용, 중추신경 억제작용, 에너지 공급 등의 작용을 한다.

(1) 자극작용

알코올은 세포의 원형질을 침전시키고 탈수시킨다. 이러한 작용은 술을 마실 때 위점막과 목을 따끔거리게 하고, 갈증을 느끼게 만든다. 특히 강한 술을 마셨을 때 알코올의 위점막에 대한 작용은 더욱 커지므로, 애주가에게는 대체로 위염이 있는 경우가 많다. 또 알코올은 지방질을 녹이는 성질을 갖고 있어 쉽게 세포벽을 뚫고 들어가 추출작용도 한다.

(2) 살균작용

알코올은 일차적으로 표면장력을 떨어뜨리고, 지방 등 여러 가지 유기물질을 용해하기 때문에 피부를 깨끗이 할 수 있다. 60~90%의 고농도 알코올은 단백질을 침전시키거나 탈수작용을 하기 때문에 세균에 대해서는 살균작용을 나타낸다. 옛날부터 상처부위의 소독에 독한 소주가 많이 사용된 것도 이 때문이다.

(3) 중추신경 억제작용

술을 마시면 기분이 좋아지고 외부의 싫은 관계가 점차 약해지고 편안하고 느긋한 기분이 된다. 이것은 술이 중추신경계에 작용하여 뇌의 기능을 약화시켜 판단력을 흐리게 하고, 감정을 이완시켜 안전감, 자기만족감 및 기억력 저하, 체력의 저하 등 복잡한 생리작용을 하기 때문이다. 술을 섭취하게 되면 대뇌의 신  피질에 작용하여 동작을 둔하게 하고, 구피질과 연결된 신경계통을 마취상태에 빠뜨려 이성의 통제가 없어지고, 심지어 기억상실까지 일으킨다.

(4) 에너지의 공급

인체에서 알코올이 산화되면 1g당 7칼로리의 열량을 낸다. 이는 탄수화물이 4칼로리, 지방이 9칼로리인 것을 보면 상당히 높은 열량이다. 그러므로 독한 술 한 병을 마시면 작은 양의 식사로도 살아갈 수 있다. 하지만 알코올은 인체 내에서 축적 없이 계속 산화만 되므로 오히려 인체 내에 존재하는 효소, 비타민, 무기질을 강제로 소모시키기 때문에 이런 영양성분의 부족현상을 나타낸다. 그러므로 알코올의 에너지는 실속 없는 칼로리(calorie)로 술을 마시고 난 다음 허탈상태가 되는 것도 바로 이런 현상에서 비롯된다.

2) 술의 대사

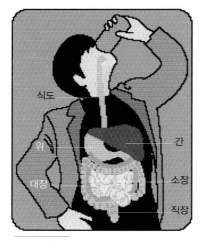

알코올의 흡수

알코올은 소화되지 않고 단지 혈장을 통해 세포나 신체조직 속으로 흡수될 뿐이다. 알코올이 체내로 들어가면 20%는 위에서 위벽을 통해 즉시 혈관으로 흡수되고, 나머지 80%는 소장에서 이보다 늦게 천천히 흡수되고 혈액을 따라 뇌와 장기 및 체조직으로 퍼져 나간다.

흡수된 알코올성분은 간에서 알코올대사에 의해 산화·분해되어 칼로리로 변하게 된다. 알코올대사란 알코올이 알코올 탈수소효소(alcohol dehydrogenase)에 의해 아세트알데히드(acetaldehyde)로 전환된 후 알데히드 탈수소효소(aldehyde dehydrogenase; ALDH)에 의해 식초산(초산, 아세트산 : acetic acid)으로 산화되고, 이것이 분해되어 에너지, 이산화탄소, 물로 변하는 일련의 과정을 말한다.

술의 흡수속도는 위 내 음식의 양, 술의 종류, 술의 양, 술 마실 때의 분위기, 감정 등에 따라 많은 차이가 있고, 조금만 마셔도 금세 얼굴이 붉어지는 사람들은 체내에 알코올대사에 필요한 알코올 탈수소효소와 아세트알데히드 탈수소효소가 상대적으로 작거나 혹은 없거나, 대사과정에 문제가 있는 것이므로 가급적 알코올 섭취를 자제해야 한다. 흔히 술이 깬다는 것은 알코올이 체내에서 알코올대사를 통해 산화되어 배출되는 것을 말한다. 이 과정에서 처리되지 못한 아세트알데히드는 체내에 순환하면서 세포를 자극하여 붉게 충혈시키고, 두통을 유발한다.

과음을 하면 왜 구토를 하게 될까? 술은 다른 식품과 달리 위에서 혈액 내로 직접 흡수될 수 있으므로 위 내부의 술의 농도가 높으면 위 내 점액이 분비되어 유문마개가 닫히게 된다. 유문마개가 닫히면 술은 위에 머물러 소장으로 이동하여 흡수되지 못하고 계속 위 내에 머물다가 유문부 경련을 일으켜 구토를 하게 한다.

뇌에는 다른 신체기관보다 많은 혈액이 공급되기 때문에 혈관에 흡수된 알코올 성분은 뇌에 즉시 영향을 미치게 된다. 알코올의 흡수량에 따라 처음에는 기분 좋은 이완상태를 느끼다가 차차 말이 많아지고 자제력이 떨어지기 시작한다. 이런 상태에서 술이 더 들어가면 청력(聽力)도 둔해지고 발음도 부정확해지며 물체도 흐릿하게 보인다. 뒤이어 시야가 가물가물해지고 몸의 균형을 잃으며 잠시 후에는 의식을 잃게 된다.

그 밖의 음주에 의한 대사작용을 살펴보면 다음과 같다.

(1) 술에 의한 인체변화

알코올은 중추신경계(Central Nervous System)인 뇌간망양체(腦幹網樣體, brain stem reticular)에 직접 작용한다. 이 속에 있는 상행성 망양억제계(上行性 網樣抑制系)는 통상 대뇌피질(大腦皮質, cerebral cortex)의 작용을 억제하고 있는데, 알코올에 의해 그 작용이 마비되기 시작하면 대뇌피질은 기능적으로 항진한 상태가 된다. 이런 때 사람들은 기분이 좋아지기도 하고 말이 많아지거나, 혹은 감정이 고양(高揚)되어 행동이 거칠어지기도 한다. 그 밖에 알코올은 후각이나 미각, 냉각, 통각을 약화시키는 작용도 한다. 한편, 알코올의 산화에 의한 대사작용 중 산화 1차 대사산물인 아세트알데히드는 알코올의 수백 배 이상으로 생체작용이 강한 것으로 알려져 있다. 아세트알데히드가 생체 내에서 일으키는 작용은 말초혈관의 확장작용인데 술을 마시면 얼굴이 붉어지는 것은 몸의 피부 말초혈관이 확장되기 때문이다.

이와는 반대로 술을 마셨을 때 얼굴이 붉어지는 사람이 있는가 하면, 오히려 창백해지는 사람도 있다. 알코올을 섭취하면 일시적으로 혈압이 상승하였다가 다시 하강하여 원래의 상태로 되돌린다. 이것은 알코올 섭취에 의해 말초혈관이 확장되면 자연히 혈압이 내려가고 내장계(심장, 장, 혈관, 자궁 등)의 혈류(血流)가 나빠지므로 이를 보완하기 위하여 생체는 아드레날린(adrenaline)을 분비하여 혈관을 수축시켜 심장의 박동수를 상승시킨다. 이러한 말초혈관을 수축시키는 작용에 의해 말초혈관의 혈류가 나빠져 얼굴이 창백해지는 것이다.

(2) 술의 대사와 숙면

흡수된 알코올성분은 간(肝)에서 알코올대사에 의해 산화 · 분해되어 칼로리로 변하게 된다. 간이 대사작용에 의하여 알코올을 해독할 수 있는 양은 사람마다 차이는 있으나 대개 1시간에 맥주 약 1/4병 정도이다. 사람의 간은 술의 알코올성분만 해독하는 것이 아니라 기타 다른 약물, 식품 내의 독, 기타 해로운 물질의 성분도 분해해야 하기 때문에 술을 지속적으로 혹은 많은 양을 한꺼번에 마시게 되면 간에 큰 부담을 주게 된다. 간도 수면 시에는 쉬어야 한다. 따라서 취침 전의 과음은 알코올 분해량을 늘게 하여 간을 쉴 수 없게 하므로 당연히 간에 큰 무리를 주며 숙면을 방해한다. 술로 인하여 간에 생기는 병은 지방간, 알코올성 간염, 간경변, 간암 등이 있고, 간의 손상은 곧 생명에 위협이 되기 때문에 건전한 음주습관으로 간이 정상적으로 해독하고 회복될 수 있게 하는 것이 무엇보다 중요하다.

(3) 알코올대사와 성기능

술은 흔히 사랑의 묘약이라고 해서 사랑의 행위에 없어서는 안되는 물질로 알려져 있다. 그러나 혈액 1 ℓ 당 알코올의 양이 0.1g 이하에서 성욕은 증가하나 발기력은 오히려 감소하고, 발기를 지속 · 유지시키는 능력 또한 감소하는 것으로 알려져 있다.

술을 몇 년이고 계속해서 마시면 고환(睾丸, testis)이 위축되어 적어지고 정자(精子, sperm)의 수도 감소된다. 특히, 과음은 대뇌까지 마비시켜 남성의 발기를 방해하고, 중추신경을 마비시켜 사정(射精)이 이루어지지 않거나 불감증을 느끼게 된다. 술이 깨면 정상이 되곤 하지만, 지속적이고 반복되는 음주는 고질적인 임포텐스(impotence)가 될 수 있다. 오랫동안 계속해서 술을 마시게 되면 남자의 경우 남성호르몬(testoster-one) 생성을 방해하여 정자 수의 감소나 불임을 유발하고 여성 음주자들에게는 월경(月經, menstruation)이 없어지고, 난소(卵巢, ovarium)의 크기가 감소하며, 황체(黃體, corpus luteum)가 없어져 불임증(不姙症, sterility)을 초래하고 불감증(不感症, frigidity)에 빠지거나 생리를 어렵게 만들기도 한다.

(4) 여성과 알코올대사

남녀가 평등한 시대라고 술자리에서도 '남녀가 따로 있느냐?'며 여성에게도 술을 똑같이 권하는 게 요즘의 추세이다. 그러나 전문가들은 술 마시는 데 있어 '여자이니까'라는 말은 의학적으로 일리 있는 변명이라고 지적한다. 술은 상대적으로 여성에게 더 나쁘기 때문이다.

여성은 남성보다 체지방의 비율이 높고 수분량은 적어 똑같이 술을 마셔도 체내 알코올농도가 더 높아진다.

술은 지방과는 상관이 없으며 체내의 수분과 섞이기 때문이다. 또 여성은 대체로 알코올분해효소가 남성보다 적게 분비된다. 같은 양의 술을 마셔도 여성의 간이 빨리 나빠지며, 이로 인한 사망률은 남자보다 5배 정도 높다. 알코올은 여성의 호르몬체계에 변화를 일으켜 생리불순이나 생리통(生理痛)을 유발하며 불임과 조기폐경의 원인이 되기도 한다. 매일 두 잔의 술을 마시면 유방암 발병 가능성이 25% 증가한다는 연구결과도 있다.

임신 중 음주는 더욱 나쁘다. 유산과 사산, 저체중아(Low Birth Weight; LBW) 출산의 원인이 된다. 특히 임신 초기의 음주는 '태아 알코올증후군(Fetal Alcohol Syndrome; FAS)'의 원인이다. 이런 아기는 자라서 평균 지능지수 70으로 평생학습장애가 나타나며 안면기형과 심장기형, 성장장애가 되기 쉽다.

술은 피부에도 나쁘며 칼로리도 많아 복부비만을 부른다는 것도 명심해야 한다.

여성음주가 늘면서 여성 알코올성 질환이 증가하고 있다. 여성이 상습적으로 음주를 하면 남성보다 훨씬 빠른 속도로 중독된다. 또한 여성 음주자는 비음주자에 비해 자살률이 약 4배 높으며 특히 20대와 40대 여성이 많다.

보건복지부가 2월에 전국 성인 6,000여 명을 대상으로 조사한 바에 따르면 남성 알코올중독자는 1984년 42.8%에서 25.8%로 줄어든 반면, 여성 중독자는 2.2%에서 6.6%로 증가했다.

여성 알코올중독자는 과거에 우울증이나 불안증 등 정신과(精神科) 질환을 겪었을 확률이 48.5%에 이른다. 또한 여성은 '부엌 알코올중독(kitchen alcoholic)'이라 해서 남편과 아이들이 나간 낮시간에 혼자 술을 먹고 저녁 때에는 깨어 있어 가족들도 잘 모른다는 것이다. 어머니가 알코올중독이면 아버지가 그런 것보다 아동학대의 위험성도 훨씬 높다는 게 전문가들의 의견이다.

술은 판단력을 떨어뜨려 의사(意思) 결정능력을 감소시킨다. 그래서 평소라면 그러지 않을 사람과 술을 먹고 성관계를 갖게 되는 일도 흔하다. 술에 취했을 때는 '안전한 섹스'에 대한 관념이 없어져 성병이나 에이즈에 감염될 가능성이 높아질 뿐 아니라 원치 않는 임신을 할 수도 있다. 이 피해는 고스란히 여성의 몫이 된다.

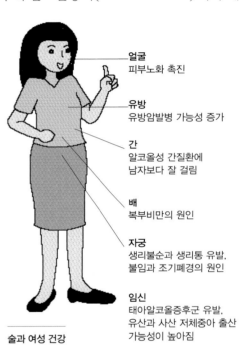

얼굴
피부노화 촉진

유방
유방암발병 가능성 증가

간
알코올성 간질환에 남자보다 잘 걸림

배
복부비만의 원인

자궁
생리불순과 생리통 유발, 불임과 조기폐경의 원인

임신
태아알코올증후군 유발, 유산과 사산 저체중아 출산 가능성이 높아짐

술과 여성 건강

3. 술과 건강

술은 긴장과 스트레스를 해소시키고 불안감이나 우울증도 감소시키는 등 정신적 건강에 긍정적 효과가 있다는 것, 그리고 사회활동에 필요한 윤활유 역할을 하는 것

은 사실이나, 문제는 과음 특히 습관성, 중독성이 될 경우 건강에 직접적 해가 된다는 데 그 심각성이 있다.

그럼, 술은 건강에 어떤 영향을 주는지 알아보도록 하자.

1) 숙취(宿醉)

숙취란 술에 몹시 취한 뒤, 수면에서 깬 후에 특이한 불쾌감이나 두통, 또는 심신의 작업능력 감퇴 등이 1~2일간 지속되는 것을 말한다. 원인은 분명하지 않으나 아세트알데히드설(說)이나 불순물설(不純物說) 등이 있다. 아세트알데히드설의 경우 알코올대사 즉 알코올이 분해되어 흡수·배설되는 과정 중에 생긴 아세트알데히드(acetaldehyde)가 혈액 속을 돌아다니기 때문에 숙취가 생기게 된다는 것이다. 이 아세트알데히드를 빨리 몸 밖으로 배출시키도록 도와주는 것이 숙취해소방법이다. 치료는 먼저 체내의 알코올분을 없애야 하고, 토기가 있으면 적극적으로 토하고, 또 비타민 B$_1$이나 수분을 보충하여 분해를 촉진시키거나 커피·차·과즙 등과 같이 이뇨작용(利尿作用)을 하는 것을 마시는 것도 좋은 방법이다.

누워서 쉬고, 옆으로 누우면 장기에 흐르는 혈액량이 늘어나서 각 장기에 쌓인 피로가 빨리 회복된다.

2) 알코올중독(Alcohol intoxication)

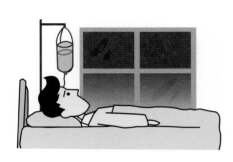

알코올중독이란 에탄올(에틸알코올)의 복용에 의하여 일어나는 중독증세를 말한다. 급성중독과 만성중독이 있는데, 일반적으로 장기간의 음주에 의한 만성중독을 말한다. 급성중독은 알코올을 한꺼번에 다량 섭취함으로써 일어난다.

급성증세로는 흡수된 알코올의 혈중농도가 10∼50mg%에서는 쾌적한 발양상태(發揚狀態)이고, 50∼100mg%에서는 혀가 꼬부라지거나 운동실조를 나타내며, 300mg%에서는 만취상태가 되고, 400mg%를 넘으면 혼수상태가 된다. 또 병적명정(病的酩酊)이라 하여 비교적 소량의 음주로 의식장애와 정신운동성의 흥분을 나타내고, 나중에는 건망증을 일으키는 경우도 있다.

■ 술의 종류와 혈중 알코올농도

주 종	알코올농도(%)	음주량	혈중 알코올농도(%)
소 주	23	1병(360㎖)	0.14
맥 주	4.5	1병(645㎖)	0.048
위스키	43	1잔(60㎖)	0.044
포도주	12	1컵(150㎖)	0.031

※ 체중 70㎏인 남자가 30분 이내에 술을 마셨을 때

만성중독에는 음주의 상습에 의한 주벽(酒癖)도 포함되지만, 일반적으로는 정신적·신체적인 장애를 남기는 것을 말한다. 대개는 10년 이상의 음주자에게 많고, 그 근본은 의지박약 등의 성격이상에 의한 경우와 생활의 갈등 등이 요인으로 생각된다. 증세는 정신적으로는 이해나 판단능력이 약해지고 사고(思考)도 얕고, 정리가 되지 않으며, 기억·기명(記銘)의 능력도 저하된다. 감정도 변하기 쉬워져서 고등감정은 저하되고, 자기중심적인 경향이 강해지며, 거짓말하는 버릇이나 무치(無恥) 등의 성격 변화도 현저해지고, 전반적으로 무기력해진다.

신체적으로는 만성위염·말초혈관 확장, 심장의 비대와 확장, 간·신장의 장애, 다발성 신경염, 떨림, 평형장애 등의 여러 증세를 수반하는 경우가 많다. 또한, 이와 같은 만성중독을 기초로 하여 여러 가지 급성 알코올정신병이 나타난다.

주로 야간에 돌연히 특유의 환각(幻覺), 특히 환시(幻視)가 나타나서 2∼3일 안에 회복되는 진전섬망(振顫譫妄)이나 피해적 내용을 갖는 환각망상을 초래하는 급성 알코올환각증 및 질투망상 등이 있다. 만성인 것으로는 결함상태의 특별한 것으로서 여러 해 동안 음주한 초로인 사람에게 일어나기 쉬운 코르사코프증후군(Korsakov's syndrome)·코르사코프 정신병이 있으며, 자발성의 결여, 둔감·다행증(多幸症, euphoria)·불유쾌 등의 인격변화를 나타낸다. 또, 간질상발작(癎疾狀發

作)을 나타내는 알코올 간질, 주기적으로 술을 갈망하고 일단 마시기 시작하면 한없이 마셔서 병적 명정을 되풀이하는 주기적 폭음 등이 있다.

치료는 급성중독의 경우 외상뇌출혈의 병발 등에 주의함과 동시에 과도한 경우에는 최토제(催吐劑)의 투여나 위장 세정을 한다. 또, 중증의 경우는 보온 · 약물요법과 함께 산소흡입 · 수혈 등을 한다. 만성중독은 절대 금주가 필요하지만 쉽지 않다. 어느 정도 진전된 경우에는 그 밖의 치료를 위해서도 정신병원에 입원해야 한다. 충분한 휴양과 영양, 비타민 · 미네랄 등의 보급을 도모하고, 금주의 의지를 강화하며, 또 배후에 있는 인격장애를 바로잡기 위한 심리요법도 중요하다. 근년에는 디설피람(안타부스 · 녹빈) 등의 항주제(抗酒劑)가 사용되어 효과를 보고 있지만, 심혈관장애 · 당뇨병 등일 때는 의사의 지시에 따라 사용하는 것이 좋다.

3) 명정(酩酊, Drunkenness)

명정이라 함은 정신을 차리지 못할 정도로 술에 취한 상태를 말한다. 음주뿐 아니라 카페인이나 키니네(kinine)에 의한 경우도 있어, 각각 카페인 명정 · 키니네 명정이라 하여 구별한다. 예를 들면, 키니네는 미량일 경우도 가벼운 진통작용이 있으나, 다량이면 일종의 명정상태가 된다. 이는 대뇌의 정신기능에 대한 자제력을 잃어 발양상태(發揚狀態)를 보이는 것을 말한다. 카페인 명정은 흥분에 의한 것이고, 키니네 명정은 일부의 흥분을 동반하며, 음주의 경우는 대뇌의 가벼운 마비에 의한 자제력의 감퇴로 볼 수 있다. 단시간의 급성 알코올중독 증세의 하나인 명정은 병적(病的) 명정이라고도 한다.

4) 주란(酒亂)

술을 마시면 소리를 지르거나 폭력을 휘둘러서 다른 사람에게 해를 입히는, 이른바 주벽이 나쁜 사람을 가리키는 말이다. 의학적으로는 병적 명정(病的酩酊)이 이에 해당한다. 단시간에 볼 수 있는 급성 알코올중독상태의 일종이다. 의식의 혼탁, 상황의 오인, 불안이나 분노가 격심한 정동(情動) 외에 환각이나 착각 등을 수반하고, 때로는 폭행도 하지만 이내 잠에 떨어진다. 각성 후에는 건망(健忘)도 보인다. 만성 알코올중독 · 동맥경화증 · 뇌외상후유증 · 전간(癲癎) · 폭발성 정신질병 등의 경우에 많고, 과로나 흥분했을 때, 병후 등에 보이는 경우가 많다.

5) 과음으로 인한 질병

소량의 음주는 중추신경을 억제하여 즐거움을 느끼게 하지만 음주를 계속하면 간 및 신경기능이 손상되어 여러 가지 질병에 걸리기 쉽다. 술로 인한 가장 흔한 건강상의 문제는 간 손상으로 과음을 계속하면 지방간, 간염, 간경화 등의 순서로 악화될 수 있다.

만성음주자의 약 1/3 정도는 위염, 식욕감퇴, 변비 등 여러 증상이 나타난다. 지나친 음주로 식도나 위에 염증이 생길 수 있고, 위궤양이나 십이지장궤양이 있는 경우 증상이 심해져 위장출혈을 일으킬 수도 있다. 또한 잦은 설사나 복통 등의 증상이 나타날 수 있다. 식품 중의 불충분한 비타민 및 단백질이 알코올과 결합하여 많은 수의 간세포를 파괴시켜 간경화증 환자는 황달, 무기력, 복부 팽배감, 쇠약 등이 생겨 사망하게 된다. 술을 자주 마시거나 과음하면 식욕이 저하되어 식사를 거르기 쉬워져 음식 섭취량이 줄고 여기다 술에는 열량만 있고 다른 영양소는 없으면서 (empty calorie) 다른 영양소의 소화, 흡수, 저장 및 대사에도 지장을 초래하여 영양불균형으로 빈혈, 비타민 결핍증, 신경염 등의 증상이 나타나고, 면역능력도 저하되어 질병에 대한 저항력도 떨어져 감염 가능성이 높아진다. 알코올 1g은 7kcal를 내는 에너지원으로 단백질이나 탄수화물의 4kcal보다 높고, 술안주로 즐겨 먹는 땅콩이나 소시지, 감자튀김, 과일 등은 고

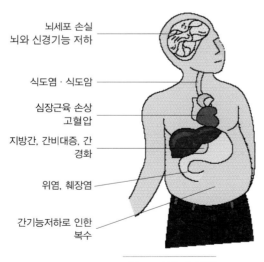

뇌세포 손실
뇌와 신경기능 저하

식도염 · 식도암

심장근육 손상
고혈압

지방간, 간비대증, 간경화

위염, 췌장염

간기능저하로 인한 복수

과음으로 인한 건강위험

칼로리식품으로 조금만 먹어도 섭취 칼로리가 매우 높아져 잦은 음주는 살이 찌는 원인이 된다. 또 알코올은 혈관에서 산소를 운반하는 적혈구 세포에 해를 주기 때문에 뇌에 공급하는 산소가 부족하게 되어 산소결핍증(酸素缺乏症)을 초래하며 많은 뇌세포를 파괴하여 신장, 심장, 동맥 등에 퇴행성 변화를 준다.

알코올 그 자체로는 암을 유발하지 않으나 소화관에 대한 만성적 자극제로서 혹은 암의 전(前)단계 세포들의 성장을 촉진시키는 물질로서 암의 발생과 밀접한 관련을 갖는다.

임신 중인 여성이 술을 자주 마시거나 과음하면 알코올의 영향으로 유산이나 사산, 태아의 발육부진, 선천적 기형 등이 발생할 수 있다. 임신부가 알코올을 섭취할 경우 알코올이 태아세포에 도달하여 태아의 세포작용을 억제하고 정상적인 대사과정을 방해하므로 임신부가 술을 마신다는 것은 태아를 위해 결코 바람직하지 못하다.

여성의 경우 알코올 대사속도를 조절하는 효소인 알코올 탈수소효소(alcohol de-hydrogenase)의 활성이 남성보다 낮고, 남자보다 체지방량은 많고 체액량이 적어 알코올을 희석시키는 능력이 떨어지므로 혈중 알코올농도가 더욱 높아져 두통, 멀미, 위장장애 등의 부작용이 더 크다.

이러한 음주는 개인의 건강을 해칠 뿐만 아니라 경제적 손실을 초래하여 가정의 화목을 깨뜨리기 쉽다. 특히 성장기의 청소년들은 술에 대한 올바른 지식을 가지고 있어야 하며, 스트레스는 건전한 취미생활을 통해 해소해야 할 것이다.

(1) 술과 뇌(腦)

전문가들의 의견에 의하면, 술에 의해 가장 치명적인 부위는 간보다는 뇌라고 한다. 술을 계속 마시면 뇌세포가 파괴되고 뇌 용량이 감소된다. 뇌 용량이 적게는 5%, 많게는 15%까지 줄어들어서 기억력이 감퇴되거나 심하면 정신이상까지 생길 수도 있다. 일본의 한 대학에서 실시한 동물실험에 따르면, 알코올을 주입한 쥐에게 카페인을 투여한 결과 그렇지 않은 쥐보다 돌발적인 상황에서의 순간 판단력이 크게 떨어졌다고 한다.

(2) 술과 장(腸)

음주 후의 설사는 보통 세 가지 원인이 있다. 첫째, 알코올이 위장 점막을 자극하여 장운동을 활발하게 해서 일종의 장(腸) 자극 반응으로 볼 수 있는데, 특히 체질이 예민한 사람에게 일어나기 쉽다. 둘째, 알코올이 항원(抗原)이 되어 알레르기(allergy) 기전을 일으켜 설사를 일으키는데, 이것은 우유 알레르기가 있는 사람이 우유를 마시고 설사하는 원리와 같다. 셋째, 술을 많이 마시면, 췌장(膵臟)이 손상되어 급·만성 췌장염(膵臟炎, pancreatitis)을 일으키기 쉽다. 췌장에서 분비되는 소화효소분비에 문제가 생기는 것이다. 특히 리파아제(lipase)가 감소하면 지방이 소화되지 않고 중성지방이 그대로 장을 통과해서 설사가 일어난다. 8% 정도의 낮은 농도의 알코올은 위산(胃酸, gastric acid) 분비를 촉진하지만 20% 이상의 고농도는 위산 분비를 억제하는 작용이 있다. 따라서 소화성 궤양환자는 저농도의 알코올도 마시면 안된다. 고농도의 알코올은 위점막(胃粘膜)의 급성염증을 일으켜서 점막출혈(粘膜出血)을 일으키며 심한 복통(腹痛, abdominal pain)을 호소하게 된다. 이런 알코올성 급성 위염을 예방하기 위해서는 미리 약한 술을 마신 후에 독한 술을 마시는 것이 좋으며, 위점막을 도포하는 약제인 제산제(制酸劑, antacid)를 음주 직전에 미리 복용하면 다소 예방효과를 기대할 수 있다.

혈중 알코올농도는 30~90분 사이에 최고조에 이르며 공복 시에는 흡수가 빠르고 음식과 함께 먹으면 흡수가 느려진다. 그리고 술을 먹는 속도와 알코올의 함량이 술의 흡수에 영향을 미친다. 알코올함량 15~30%의 술이 가장 흡수가 빠르다. 하지만 우리의 몸에는 술에 대한 방어시설이 있는데 위 안의 알코올농도가 너무 높으면 위점액(胃粘液)이 분비되고 위유문(胃幽門)이 닫혀 술의 흡수가 느려지고 소장으로 가는 길을 막는다. 그래서 많은 양의 알코올이 위 안에 흡수되지 않은 채 남아 있게 되고, 더 나아가 위유문의 수축을 가져와 오심(惡心, nausea)과 구토(嘔吐, vomiting)가 나게 된다.

(3) 술과 담배

알코올을 적당히 마시면 동맥경화증(動脈硬化症, arteriosclerosis)의 예방에 도움이 된다고 하는 사람도 있다. 확실히 알코올은 콜레스테롤(cholesterol) 중의 비중 높은 리포단백질(HDL; High Density Lipoprotein : 이로운 단백질)을 높여주고, 혈관벽으로부터 콜레스테롤을 제거해 준다. 그러나 이는 어디까지나 한쪽 현상일 뿐, 동시에 콜레스테롤을 혈관에 발라주는 저비중의 리포단백질(LDL; Low

술과 담배의 관계

Density Lipoprotein : 해로운 콜레스테롤)을 높여주는 현상도 있다. 거기에 담배가 첨가되면 어찌 되겠는가? 담배 속에 함유된 니코틴(nicotine)은 알코올작용으로 전신을 휘젓고 다니게 되어 말초 모세혈관이 급격하게 수축되고 혈압을 높인다.

니코틴은 알코올에 잘 용해되기 때문에 술 마실 때 담배까지 피우면 더 빨리 취하게 되며 구강암(口腔癌, oral cavity carcinoma), 식도암(食道癌, esophageal cancer), 후두암(喉頭癌, laryngeal cancer) 등에 걸릴 위험성이 높아지게 된다. 또한 담배에 있는 니코틴 이외의 유해 발암물질(發癌物質, carcinogen)이 알코올에 용해되어 신체의 저항력을 매우 약하게 만들기 때문에 이때 피우는 담배는 독이 될 뿐이다. 담배의 또 한 가지 성분인 '타르(tar)'가 알코올 속에 녹아들어 구강이나 위 등의 벽에 붙는다. 말하자면 두 가지 약물을 같이 상용하는 행동이 계속된다는 것은 한 유기체 안에서 두 약물이 서로(아니면 한 약물이 다른 약물에게) 약물상승효과(藥物相乘效果)를 주고 있음을 추측할 수 있다. 그 약물효과가 약물이 주는 쾌감을 늘려주는 '정적 강화(正的强化, positive reinforcement)'로 작용하든지, 아니면 약물 때문에 부수적으로 생기는 불쾌감을 없애주는 '부적 강화(否的强化, negative reinforcement)'로 작용하여 그런 행동이 계속된다.

일본의 어느 의사가 조사한 바에 의하면 인구 10만 명 중 식도암 사망률은 담배를 1일 20개비 이상 피우며 매일 음주한 사람이 27.9인으로 나타났는데, 이는 담배를 피우지 않은 사람 7.6인에 비해 무려 4배에 가까운 것이다. 원래 담배는 끊는 것이 상책이지만 특히 술과의 병행은 금물이다.

(4) 술과 임신

술은 인간뿐 아니라 많은 영장류(靈長類, Primates)가 즐겨 먹는 기호식품이다. 인류와 가까운 원숭이 등은 사람과 마찬가지로 술은 물론 홍차나 커피 등을 몹시 좋아한다고 한다. 이들 영장류는 야생에서 우연히 만들어진 자연 발효주를 맛본 뒤, 그 맛에 반해 계속해서 술을 찾아다녔다는 연구결과도 있다. 그러나 술, 즉 알코올은 강력한 기형 유발물질이다. 따라서 가임기 여성의 음주는 태아에게 치명적인 독이 될 수도 있다. 특히 임신기간에 많은 양의 술을 마실 경우에는 '태아 알코올증후군 (fetal Alcohol Syndrome; FAS)'으로 기형아를 낳을 가능성이 크다. 이 증후군은 산전 또는 산후에 태아의 발육을 떨어뜨려 저능아, 행동이상, 안면기형, 심장기형 및 비뇨기 계통의 이상을 초래한다.

실제로 '태아 알코올증후군'이 저능아를 만드는 가장 흔한 원인 중에 하나이다. 특히 여성의 음주가 늘어가는 우리 사회도 이제는 '태아 알코올증후군'이 심각한 문제가 될 수 있기 때문에 적어도 임신 첫 3개월간은 술을 자제해야 한다.

'태아 알코올증후군'이 생긴 아기를 치료하는 방법은 없다. 다만, 지속적인 의학적 도움으로 좀 더 나은 삶을 살 수 있도록 도와줄 수는 있다. 엄마가 임신한 상태에서 술을 많이 마시면 태아에게 영향을 주게 되어 아가의 성장에 지장을 초래하기 때문에 임신한 엄마는 술을 끊는 것이 좋다. 어떤 이는 지금까지 임산부가 어느 정도 알코올을 섭취할 때 태아가 영향을 받는지에 대해서는 정확히 규명된 바가 없다고 주장한다. 또 임신 초기에 한두 차례 정도 폭음을 한 경우에는 특별한 이상이 발견되지 않았다는 보고를 내밀기도 한다. 그러나 '오이밭에서 신발끈을 매지 말라'는 속담이 있듯이 태아의 기형 유무를 떠나 임산부는 가능한 알코올 섭취를 피하는 것이 좋다.

최근 영장류를 상대로 한 실험에서 120g의 알코올을 매일 투여했을 때 안면기형이나 중추신경에 이상이 있는 자손이 태어났다는 보고가 있다. 따라서 매일 음주를 하지 않는다고 할지라도 자주 많은 양의 술을 마시는 것은 확실히 선천성 기형 또는 발육이상을 초래하는 것으로 추정할 수 있다.

(5) 술과 심장병(心臟病, Heart disease)

최근 술이 심장병이 있는 환자에게 좋은지 나쁜지에 대하여 정확지 않은 속설이 많다. 그중 하나가 '한두 잔의 술은 심장병에 좋다'라는 속설로 많은 사람들이 옳은 것으로 알고 있고 술을 좋아하는 심장병 환자들이 술을 끊지 않는 변명 중의 하나이다. 술과 심장병의 관계에 대한 많은 학설과 논문이 발표되어 있고, 한두 잔의 술은 건강한 사람에게는 술을 마시지 않는 사람들보다 심장병의 발생률이 낮다고 알려져 있으나, 심장병이 있는 환자는 마시지 않는 것이 좋다는 것이 정설이다. 그러나 주의할 점은 술이 건강에 미치는 영향은 개인과 남녀 간 차이가 심하기 때문에 같은 양을 마셔도 반응의 차이가 많고, 한두 잔의 술의 양이 어느 정도인지 알기가 어렵다는 점이고, 술을 조금만 더 많이 마시면 다시 사망률이 높아진다는 점이며, 심장병 환자에게는 한두 잔의 술도 건강에 심각한 영향을 줄 수 있기 때문에 술은 마시지 않는 것이 좋다.

술에 관한 또 하나의 속설은 '적포도주가 심장병에 좋다'는 것이다. 적포도주가 심장병에 관련이 있다는 것은, 프랑스 사람들의 경우 이웃 유럽 사람들과 비슷한 지방 섭취 등 생활환경이 유사함에도 불구하고 심장병의 빈도가 낮은 이유를 조사하다 알려진 사실로, 이웃나라 사람들보다 적포도주의 섭취가 많기 때문으로 알려진 다음부터인데, 특히 백포도주보다 적포도주를 마시는 사람에서 좋은 효과를 나타냈다고 한다. 백포도주보다 적포도주에서 나타나는 이유는 포도 껍질에 포함되어 있는 라스베스테롤이라는 식물성 호르몬이 항산화 역할을 하기 때문이라고 알려져 있으나, 항산화물질의 심장병 및 건강에 미치는 영향은 아직도 논란의 여지가 많다.

술을 많이 먹으면 주로 위장이나 간장에 이상을 초래한다고 알려져 있으나, 술을 먹고 갑자기 사망하는 사람들을 검사해 보면 간장이나 위장에는 큰 이상이 없는 경우가 많아 심각한 위장이나 간 질환이 발생하기 전에도 심한 심장병이 발생할 수 있다고 한다. 술을 많이 먹으면 처음에는 심장이 붓고 심장의 수축력이 약해지며 나중에는 심장이 늘어나는 확장형 심근증(心筋症, myocardia) 같은 심장질환이 발생한다고 한다. 그렇지만 증상이 크게 나타나지 않고 간단한 검사만으로는 이런 변화를 알 수 없기 때문이며, 나중에 심장이 늘어나고 증상이 심해지고 나서야 진단이 가능해지기 때문에 진단이 늦어질 수가 있고, 특별한 증상 없이 급사 같은 심한 심장질환이 발생할 수 있다. 특히 술 중독자에서처럼 술만 마시고 식사를 하지 않아 저혈당증(低血糖症, hypoglycemia)이 발생하거나, 어떤 약물(양약뿐만 아니라 한약이나 특이한 음식)을 먹었을 때 급사(急死)가 잘 발생하며, 특히 조심해야 할 점은 술을 많이 먹은 경우 심장이 불안정하여 작은 흉부 외상에도 쉽게 급사할 수 있다고 한다. 특히 추운 겨울철에 술을 많이 마시면 뇌기능이 떨어져 온도조절을 잘 못하게 되어 동사하거나, 불안정한 심장 때문에 체온이 조금만 내려가도 급사에 이를 수 있다.

술을 마시면 다른 음식과는 달리 소장뿐만 아니라 위에서부터 흡수되고, 폐나 신장으로 직접 배설되기도 하나 우리 몸에 있는 알코올 분해효소에 의하여 술이 분해되며, 중간 대사산물인 아세트알데히드라는 물질이 생성되는데, 술뿐만 아니라 아세트알데히드라는 물질 때문에 심장이 뛰고 머리가 아프고 간이나 위, 심장 등에 독작용을 나타내고, 특히 동양인은 얼굴이 빨갛게 된다. 동양인이나 아메리카 인디언에서는 선천적으로 비특이적인 알코올 분해효소가 많아 아세트알데히드가 빨리 많이 생성되면서 혈액 내에 축적되기 때문이다. 따라서 술을 마셨을 때 얼굴이 빨갛게 변하는 사람들은 술에 의한 독작용이 더 많이 발생할 가능성이 높기 때문에 술을 많이 마시지 않는 것이 좋다.

술에 의한 독작용을 줄이고 심장병을 예방하기 위해서는 술을 먹지 않아야 하지만, 별수 없이 술을 마셔야 하는 경우에는 식사를 충분히 하여 술의 흡수를 줄일 뿐만 아니라 저혈당증이 발생하지 않게 하고, 술을 마신 다음에 약 복용을 조심해야 하며(특히 술이 빨리 깨기 위해서 약을 먹는 것도 조심), 몸싸움 등 흉부 등에 충격을 받지 않아야 하고, 특히 겨울에는 추위에 노출되지 않고 몸을 따뜻하게 유지해야 한다. 특히 최근 스트레스가 많은 사회에서 술을 많이 마시는 경향이 많으나 무절제한 음주와 폭음은 사라져야 하고, 특히 상대방에게 술을 강권하는 문화는 사라져야 한다.

4. 음주 후 건강회복

과음하면 찾아오는 숙취, 술을 많이 마시면 그만큼 소변이나 땀 등으로 많은 수분을 소비하게 되고 미네랄(無機鹽類, mineral) 같은 각종 전해질(電解質, electrolyte)이 체외로 방출된다. 또한 간장에 분해되지 못한 아세트알데히드(acetaldehyde)가 몸에 부작용을 일으킨다. 그래서 갈증, 두통, 무기력한 증상을 호소하게 되는 것이다. 이런 숙취의 고통을 사전에 예방하려면 다음 몇 가지 사항을 지키는 길밖에 없다.

• 술 마시기 전에 음식을 꼭 먹어서 공복(空腹)을 피한다.
• 자기자신의 적정음주량을 초과하지 않는다.
• 술을 마실 때 될 수 있는 한 천천히 그리고 조금씩 시간을 끌면서 마신다.
• 반드시 안주를 잘 먹으면서 마신다.
• 술과 함께 탄산가스가 함유된 음료를 마시지 않는다.

1) 숙취를 다스리는 법

과음한 다음날 심한 숙취로 갈증과 설사, 두통 등의 고통을 견디기 힘들 정도면 의사에게 도움을 청해야 한다. 병원에 가기 어려운 경우 다음과 같은 방법을 쓰면 회복하는 데 도움이 된다.

• 위 속에 남아 있는 알코올 찌꺼기를 토해낸다.
• 토했으면 위장약을 먹도록 한다.
• 잘 토해지지 않으면 따뜻한 물에 꿀을 진하게 타서 마신다.
• 가을에는 따뜻한 차를 몇 잔 마신다.
• 잘 익은 홍시를 먹는다.
• 따뜻한 물로 목욕을 한다. 너무 뜨거운 열탕이나 사우나는 좋지 않다.
• 지압을 한다.

2) 술 종류별, 신체 증상별 숙취 해소법

숙취의 증상과 마신 술의 종류, 신체상태 등에 따라 적절한 해소법을 선택하면 증상도 효과적으로 완화시키고 건강증진에도 도움이 된다. 집에서도 간단하게 처방이 가능한 한방 숙취 해소법을 알아본다.

(1) 술 종류별

- **소주** : 칡즙과 산사(산딸기)를 6 : 4의 비율로 함께 달인 차를 마시면 소주 과음으로 인한 숙취 해소에 도움이 된다. 산사가 없을 때에는 배 한 쪽을 대신 넣어 달여도 좋다.
- **막걸리** : 소화기능이 떨어지는 사람이 막걸리를 많이 마시면 신트림이 나고, 팔, 다리가 저린다. 엿기름 한 주먹과 모과 1/4쪽을 차로 달여 아침, 점심, 저녁으로 2~3일간 복용한다.
- **맥주** : 약간 볶은 말린 생강과 계피, 인삼을 넣어 차로 달여 마시면 속이 편해진다.
- **양주** : 생인삼즙에 꿀을 타서 마신다. 여성이나 술이 약한 사람이 과음했을 경우 녹두 한 주먹 분량에 배 반 쪽을 넣고 죽을 쑤어 꿀을 타서 먹으면 술이 빨리 깬다.

(2) 신체 증상별

- **설사 · 복통** : 다시마 한 주먹과 생강을 30분 정도 달여 마신다.
- **속쓰림 · 부종** : 붉은팥 한 주먹과 수삼 2뿌리, 연뿌리 2개를 차로 달여 마신다. 당뇨가 있거나 신장이 나쁜 사람이 부득이하게 술을 마셨을 경우 숙취 해소제로 좋다.
- **두통 · 피로** : 피로회복이 더디고 목이 쉬고 두통과 더불어 몸이 무겁게 느껴질 때에는 인진쑥과 미나리를 달여 꿀을 타서 마시면 효과적이다. 간이 나쁜 사람에게도 좋다.

3) 해장국

숙취 해소법은 예로부터 여러 가지 방법이 전해지고 있다. 숙취하면 빠질 수 없는 것이 해장국이다. 흔히 선지국, 북어국, 콩나물국, 우거지국, 매운탕, 동치미를 즐겨 먹고 있다. 해장국의 특징은 지방질이 적고, 단백질, 아미노산이 풍부하고 비타민을 보충해 준다는 것이다. 미역이나 해조류를 된장에 풀어 끓인 국물이 좋은데, 이것은 미역과 같은 해조류에는 간장의 활동을 돕는 글리코겐이 많아서 아세트알데히드 대사를 도와주기 때문이다. 선지국은 부족되기 쉬운 철분과 단백질이 풍부하다. 생선 국물을 자기 전과 아침에 드는 것도 도움이 되는데, 얼큰한 것보다는 담백한 것이 좋다.

해장국으로 절대 빼놓을 수 없는 것이 콩나물국과 북어국이다. 콩나물국은 뿌리를 다듬지 않고 끓이는 것이 좋은데, 이는 아스파라긴산(aspartic acid) 때문이다. 아스파라긴산은 콩나물 뿌리에 많으므로 다듬지 말아야 한다.

북어에는 메티오닌성분이 함유되어 있어서 알코올 해독을 도와주면서 간의 피로를 회복시켜 준다. 비타민 A, B_1, B_2, 나이아신(niacin)이 함유되어 있고, 단백질이 풍부하다. 또한 이뇨작용(利尿作用)이 커서 소변을 시원하게 보게 해주므로 아세트알데히드의 배설을 촉진시켜 준다.

한편, 연근에 들어 있는 비타민 B_{12}는 숙취로 인한 피로를 빨리 풀어주며, 신경의 불안정을 조절한다. 연근을 강판에 갈아 생강즙을 조금 타서 마시거나 연근을 찧어 더운물에 타서 마신다.

술에서 깨어날 때 무엇이라 형용할 수 없는 혐오감이나 불쾌감은 술을 마시는 사람만이 아는 고통이다. 현실적으로는 알코올로 인해 상한 몸을 조속히 정상화시켜야 한다. 그러기 위해서는 알코올 흡수를 저지하고 남아 있는 알코올을 빨리 몸 밖으로 내보내야 한다. 알코올의 분해를 도와주는 당분이나 비타민 C를 섭취하거나 혹은 대량의 물을 마셔 배설해야 한다. 알코올을 몸 밖으로 내보내기 위해 해장술을 마신다는 것은 말도 안되는 이야기이다. 해장술은 확실히 뇌의 중추신경을 마비시켜 일시적으로는 불쾌감을 없애주지만 결국은 그 부담이 배로 늘어난다. 앞에서 말한 조건을 충족시켜 주는 것으로는 감이나 수박, 포도 등이 가장 적합하다. 술이 덜 깼을 때는 달게 잘 익은 단감 2~3개를 먹으면 술이 깬다. 특히 감은 그 성분인 타닌(tannin)이 알코올의 흡수를 지연시키고 위를 보호하는 한편, 카탈라아제(cata- lase)나 베루옥실이 알코올대사를 촉진시켜 주며, 이뇨 효과도 있다.

감에 많이 들어 있는 과당(果糖, fructose)은 혈액 속의 알코올 분해속도를 빠르게 해주고 술로 인해 부족해진 영양분과 에너지를 혈액에 보충해 주는 역할도 한다. 생 감이 없을 때에는 곶감이라도 좋다. 그러나 같은 감이라도 연시는 술 마신 후에 먹 으면 위 통증을 일으키고 술에 더 취하게 하므로 먹지 않는 것이 좋다.

지방질이나 전분질이 많이 함유된 식품은 숙취를 더 심하게 하고 산성이 강한 식 품도 해롭다. 예를 들면, 지방질이 많은 식품은 기름기가 많은 식품이라고 생각하면 된다. 전분질이 많은 식품은 감자나 고구마 등으로 보면 된다.

술 마신 다음날 기분 전환으로 목욕을 하는 것은 분명 도움이 되지만, 너무 뜨거 운 물에 들어가거나 땀을 통해 술 찌꺼기를 빼겠다는 생각에 사우나를 하면 오히려 숙취가 심해질 수 있다. 체온보다 훨씬 높은 열을 몸에 가하는 것은 달리기하는 것 과 비슷한 에너지를 소비하는 힘든 일이다. 간에 영양을 보충해야 하는데 오히려 간 의 에너지를 빼앗아버리는 셈이 된다. 숙취 해소에 가장 적당한 온도는 체온보다 약 간 높은 38~39℃이다.

38~39℃ 정도의 따뜻한 물은 혈액순환을 좋게 하고, 간장에 신선한 혈액을 보다 많이 공급함으로써 간장의 해독작용을 도와준다. 또한 술기운을 깨게 한다고 음주 후에 곧 욕탕에 들어가는 사람이 있는데, 심장에 불필요한 부담을 안겨주기 쉬우니 삼가는 것이 좋다.

혈중 알코올농도가 높은 상태에서 목욕을 하면 혈액순환이 지나치게 빨라지고, 혈압이 높아질 가능성이 많다. 술을 마시면 혈관이 좁아져서 혈압이 상승하기 때문 이다.

효과적인 숙취 해소 목욕법은 간장이 어느 정도 알코올대사를 시킨 후 적당히 따 뜻한 물로 목욕하는 것이 좋다.

한 가지 명심해야 할 것은 해장술은 절대 금물이라는 것이다. 해장술을 마시면 숙 취가 가라앉은 것처럼 느껴지지만, 이는 단순한 마취작용일 뿐 결국 간에 더 큰 부담을 주게 되고 간이 더욱 손상될 뿐이다.

■ 숙취 해소 음식

선지국	선지국에는 흡수되기 쉬운 철분이 많고, 단백질이 풍부하다. 콩나물, 무 등이 영양의 밸런스를 이루며 피로한 몸에 활력을 주고 주독을 풀어준다.
콩나물국	콩나물은 최고의 해장국! 콩나물 속에 다량으로 함유되어 있는 아스파라긴은 간에서 알코올을 분해하는 효소의 생성을 돕는다. 숙취에 탁월한 효과가 있으며 특히 꼬리부분에 많이 들어 있다.
북어국	다른 생선보다 지방함량이 적어 맛이 개운하고 혹사한 간을 보호해 주는 아미노산이 많아 숙취 해소에 그만이다.
조개국	조개 국물의 시원한 맛은 단백질이 아닌 질소화합물 타우린, 베타인, 아미노산, 핵산류와 호박산 등이 어울린 것이다. 이 중 타우린과 베타인은 강정효과가 있어 술 마신 뒤에 간장을 보호해 준다.
굴	굴은 비타민과 미네랄의 보고이다. 옛날부터 빈혈과 간장병 후의 체력회복에 애용되어 온 훌륭한 강장식품이다. 과음으로 깨어진 영양의 균형을 바로잡는 데 도움을 준다.
야채즙	산미나리, 무, 오이, 부추, 시금치, 연근, 칡, 솔잎, 인삼 등의 즙은 우리 조상들이 애용해왔던 숙취 해소 음식이다. 간장과 몸에 활력을 불어넣어 준다. 오이즙은 특히 소주 숙취에 좋다.
감나무잎차	감나무잎을 따서 말려두었다가 달여 마시면 '타닌'이 위점막을 수축시켜서 위장을 보호해 주고 숙취를 덜어준다.
녹차	녹차잎엔 폴리페놀이란 물질이 있다. 이것이 아세트알데히드를 분해하는 데 많은 도움을 주므로 숙취효과가 크다. 진하게 끓여 여러 잔 마신다.
굵은소금	굵은소금을 물에 타 마시면 술 마신 뒤 숙취 해소도 도와주고 변비도 줄여준다. 유산마그네슘이란 성분이 담즙의 분비를 도와주기 때문이며, 굵은소금(천일염)만이 효과가 있다.

5. 건전한 음주

올바른 음주습관으로 술을 접하면 술은 좋은 벗이 되고, 인생을 기름지게 하고 즐거운 윤활유가 될 뿐만 아니라 건강을 유지하는 약이 된다. 술에는 알코올 이외에도 건강에 도움

을 주는 물질이 많이 들어 있다. 당분과 각종 펩타이드(peptides), 핵산(nucleic acid)
과 아민류(amines), 칼슘, 인, 철과 같은 무기질과 비타민 B 등 무려 100여 종이나 된
다. 잘 마신 술은 신진대사를 개선해 주고 빈혈, 감기, 소화, 식욕증진, 수면, 심장병
예방에 도움을 준다는 사실이 입증된 바 있다. 또한 술은 응급처치나 이뇨제(利尿
劑)로 쓰이기도 하고, 최근에는 비만증(肥滿症, obesity)을 조절하는 데도 이용되고
있다. 적당히 마신 술은 즐거운 삶의 촉매제로서, 두려울 때는 안심을, 슬플 때는 위
안을 주고, 기쁨은 배로 증폭시켜 주며 인간의 희로애락과 함께할 수 있는 묘약이
다.

■ 우리나라 연령별 음주인구

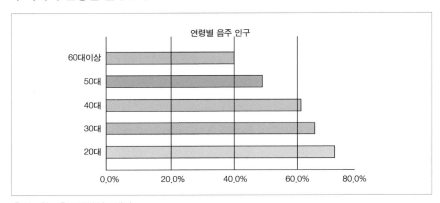

출처 : 한국음주문화연구센터

1) 적정음주량

  체질적으로 술을 잘 마시거나 못 마시는 사람들도 있으며, 체지방이 많고 적음에
따라 술의 체내분포가 다르기 때문에 술에서 깨어나는 속도도 다를 수 있는 등 술에
대한 영향은 개인차가 심하다. 한편, 술을 자주 먹으면 술이 느는 경향을 보이는데,
이는 약을 많이 먹으면 약의 효과가 떨어지듯이 우리 몸에서 술에 대한 내성이 생기
기 때문이다. 그러나 내성이 많이 생기는 것과 술의 독작용이 적어지는 것은 서로
비례하지 않기 때문에 술을 많이 마시면 독작용은 증가한다.

■ 우리나라 음주인구 비율

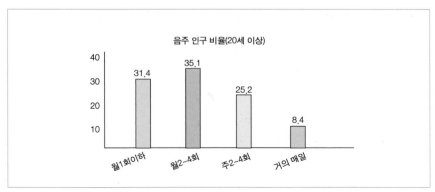

음주 인구 비율(20세 이상)

출처 : 한국음주문화연구센터

요즈음 '적정음주'란 말이 사람들 사이에 흔히 회자되고 있는데, 적정음주란 '술을 마시기로 한 사람이 건강하게 음주하는 방법'을 말하는 것으로, 요컨대 자기자신의 건강에 책임을 지고 사회에도 누를 끼치지 않는 음주법이라고 할 수 있을 것이다. 적정음주라 하면 우선 알코올이 간장에서 90~98% 처리되는 것을 고려하여 간장의 능력에 맞는 음주를 하는 것을 말한다.

정상적인 사람의 간이 하루 동안에 처리 가능한 알코올의 양은 체중(kg)×0.1×24(시간)이지만 간이 알코올의 해독에서 벗어날 시간을 주어야 하므로 처리량의 절반 정도가 적정음주량이다.

즉 체중 70kg인 성인남자의 하루 알코올 처리 가능량은 168g이지만, 이의 절반인 84g(소주 5~6잔, 맥주 2,100cc)을 넘지 않아야 지방간의 우려에서 벗어날 수 있다.

또한 간이 정상으로 회복되는 기간은 3일 정도 소요된다. 즉 소주 한 병의 알코올 함량은 약 80g이니, 간에 무리가 가지 않는 범위에서 음주를 하려면 소주 한 병을 먹고 3일 후에 다시 음주하는 것이 바람직하다.

그러나 보통 각각의 술잔에 적당하게 부은 술 한 잔은 약 12g의 알코올을 포함한다. 즉 맥주 한 잔 360cc, 와인 한 잔 120cc, 위스키 또는 진 한 잔 30~45cc, 소주 한 잔 50cc는 비슷한 양의 알코올을 포함하고 있다. 어떠한 술이든 한 잔을 마시면 체중 70kg인 사람에서 알코올의 농도가 15~20gm/dl씩 증가하고 이는 약 한 시간 내에 인체에서 대사될 수 있다. 우리의 건강을 해치지 않는 범위 내에서 최대 음주량은 체중 1kg당 0.7g이다. 그러므로 체중 70kg인 사람이 하루에 마실 수 있는 양은

49g, 즉 어떠한 술이든 하루에 4잔을 넘어서는 안된다.

물론 주량에는 개인차가 커서 술에 강한 사람도 있고 약한 사람도 있기 마련이다.

■ **적정음주량**

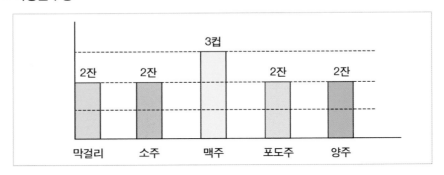

2) 이상적인 안주

술을 마실 때 안주만 먹는 사람과, 안주를 전혀 입에 대지 않는 사람이 있다. 일부 애주가들 중에는 안주만 먹는 음주방식을 경멸하는 사람도 있는 것 같은데, 안주는 일단 먹어두는 것이 건강에 좋다. 위 내에 음식물 이 있으면 알코올의 흡수가 더뎌지고 느긋하게 취기  를 즐길 수 있다. 그런데 기름기 있는 안주가 위의 점막을 보호해 주는 데 좋다는 그 럴듯한 뜬소문은 믿지 않는 것이 좋다. 알코올은 물이건 기름이건 녹아들어 가기 마 련이다. 더욱이 지방질이 많은 안주는 위 내에 비교적 오래 머물러 악취를 유발하게 되며, 간장에 축적되어 지방간의 원인이 되기도 한다.

원래 지방은 비만의 원인이며, 성인병의 원흉이라 할 수 있다. 술을 마시며 먹기 에 알맞은 음식은 치즈, 두부, 고기, 생선 등 고단백질이다.

이런 음식은 간세포의 재생을 높이고, 알코올대사 효소의 활성화를 높이며, 비타 민의 보급도 충실히 해준다. 알코올대사에는 비타민 B_1이 많이 소비된다. 땅콩류나 깨음식, 천엽 등이 가장 적절한 안주감이라 하겠다. 저지방, 고단백, 비타민 등을 생 각해서 안주를 먹어야 한다. 물론 공복에 술을 마시는 것은 금물이다.

3) 몇 가지 음주 상식

• 체격이 큰 사람이 술에도 강할까?

음주량은 술을 분해하는 효소가 얼마나 있느냐가 가장 중요한 기준이 된다.

인체의 2/3가 수분으로 되어 있는데, 체중이 많이 나가는 사람은 체내 수분 보유량도 많다. 알코올이 체내에 들어가서 체액에 희석되면 알코올농도가 떨어지므로, 체중이 많이 나가는 사람이 주량이 셀 가능성이 있다.

• 커피를 마시거나, 토하거나, 찬물에 샤워를 하면 술이 빨리 깨나?

심리적으로 도움을 줄 수는 있지만 술을 빨리 깨게 하는 것은 아니다. 술은 시간이 지나야만 깬다. 알코올은 일정한 시간이 지나야 배설된다.

• 음주 후 감기약을 먹어도 되나?

약물과 알코올을 동시에 복용하면 안된다. 알코올을 마신 후 뒤따라 약물을 복용하거나 약물 복용 후 술을 마시는 것은 절대 금해야 한다. 약과 알코올은 간의 입장에서는 모두 독성물질이다. 간이 알코올과 약물 중 알코올분해를 우선으로 하면 약이 분해되지 않고, 체내에 남아 있으므로 약성분이 강하게 되어 부작용이 나타난다.

해열진통제, 수면진정제, 신경안정제, 당뇨병치료제, 간질치료제, 고혈압치료제, 항생제, 항히스타민제 등은 약효가 강하게 나타나서 사망에 이르는 경우도 있다. 반대로 술로 인해 약효가 감소되는 경우는, 술을 자주 마시면 간에서 알코올 해독을 위한 대사가 증가되는데 술과 함께 약도 빨리 대사되어 약효가 감소하게 된다.

• 술 마시면 얼굴이 빨개지는 사람이 건강한 건가?

얼굴이 빨개지는 사람은 알코올 분해효소가 부족하기 때문에 체내에 아세트알데히드가 축적되어 조금만 마셔도 숨이 가쁘고 얼굴이나 전신이 붉게 되는 것이다. 이런 사람이 과음하면 건강을 해치기 쉽다.

• 약한 술은 자주 마셔도 괜찮은가?

많은 사람들이 맥주같이 약한 술에 의해서는 중독되지 않는다고 생각한다. 하지만 약한 만큼 술의 양이 늘게 되고 따라서 혈중 알코올농도도 독한 술과 마찬가지로 올라간다. 약한 술도 자주 과음하면 중독이 될 수 있다.

• 술을 마시면 잠을 푹 잘 수 있을까?

잠을 푹 자기 위해 술을 마시는 사람이 있다. 그러나 술을 마시고 잠을 자면, 수면시간이 길어도 잠이 깨었을 때 개운하지 않고 피로가 풀리지 않는다. 간은 잠자는 사이에는 쉬어야 하는데, 자기 전의 과음은 알코올 분해량을 늘게 해 간을 쉴 수 없게 한다. 당연히 간에 큰 무리를 주어서 숙면을 방해하게 되므로 삼가야 한다.

• 해장술을 마셔도 되나?

과음으로 인해 간과 위장이 지쳐 있는 상태에서 또 술을 마시면 그 피해는 엄청나다. 해장술은 뇌의 중추신경을 마비시켜 숙취의 고통조차 느낄 수 없게 하고 철저히 간과 위를 파괴한다. 일시적으로 두통과 속쓰림이 가시는 듯한 것은 마약과 다름없다. 다친 곳을 또 때리는 것과 똑같은 해장술은 마시지도 권하지도 말아야 한다.

• 왜 낮술이 잘 취하는가?

낮에 마시는 술이 잘 취한다는 말을 흔히 듣게 된다. 점심식사 때 마신 반주 몇 잔에 이상하게 금방 취하는 일이 있다. 어째서 적은 양의 술이라도 낮에 마시면 빨리 취하고 저녁에 마시면 그렇지 않은 것일까? 여기에 흥미 있는 실험을 한 것이 있는데, 하루 중 여러 시간대에 쥐에게 알코올을 투여하여 그때의 신체조직의 감수성을 조사한 것이다. 이 실험에 따르면 알코올의 감수성에는 하나의 리듬이 있음을 알 수 있었다고 한다. 즉, 장기의 알코올 감수성이 가장 높게 나타나는 것은 저녁의 활동기이고 그것은 하루 중 감수성이 가장 낮은 시기에 비하여 7배나 되었다. 또한 뇌의 감수성은 쥐의 활동기의 중간에서 후반 즉 한밤중에서 새벽녘에 걸쳐 가장 높았다. 이것을 인간의 생활패턴으로 바꾸어 생각해 보면 장기의 감수성이 고조되는 것은 아침이고, 뇌의 감수성이 높아지는 것은 밤이라는 얘기가 된다. 다시 말해 아침이나 낮에 마신 술은 몸에 영향을 주고, 밤에 마신 술은 뇌에 영향을 미친다는 것이다. 아무래도 낮술에 취하는 것은 단순한 기분만은 아니고 생리학적으로도 확실히 근거가 있는 것이다.

4) 건강을 지키는 음주 수칙

• 과음, 폭음을 피하라

과음과 폭음은 신체적·정신적으로 손상을 가져올 뿐만 아니라, 여러 가지 병의 원인이 된다. 각종 간질환, 위장병, 심장질환이나 뇌세포의 손상을 야기한다. 그리고 음주자의 건강과 자제력을 상실시켜 가족과 대인관계에 피해를 주기도 하고 사회생활에 치명적인 결과를 낳기도 한다. 음주량은 일과에 지장을 받지 않을 정도로 음주 후 10~12시간 이내에 술이 완전히 깰 수 있을 정도가 적당하다.

• 첫잔은 오래, 그리고 천천히…

술을 마실 때 첫잔은 단숨에 들이켜지 말고 천천히 음미하듯 마시는 것이 좋다. 알코올도수가 높은 술을 첫잔부터 단숨에 마시면 위염이나 위점막에 가벼운 출혈을 일으킬 수도 있고, 몸 전반에 무리를 주게 된다. 원샷처럼 급히 마시는 술은 알코올의 혈중농도를 급속히 높여 중추신경과 호흡중추를 빠르게 마비시켜 급성 알코올중독이 될 수 있다. 또한 그렇게 계속 마시게 되면 뇌의 마비가 진척되어 혼수상태로 사망에까지 이를 수도 있다.

또한 독한 술은 희석해서 마시는 것이 좋다. 희석시킬 때에는 냉수로 희석시켜 마시는데 탄산음료는 오히려 알코올 흡수를 촉진시켜 더 빨리 취하게 하므로 주의한다.

• 술! 섞어 마시지 말자

우리 사회의 그릇된 음주문화의 하나가 바로 이것저것 섞어 마시는 음주문화이다. 만약에 자리를 바꾸거나 계속 마셔야 한다면 한 가지 술을 마시는 것이 바로 자신을 관리하는 것임을 명심해야 할 것이다. 부득이 섞어 마실 때에는 약한 술로 시작해서 강한 술로 끝내야 한다. 왜냐하면 강한 술로 손상받은 간이 회복되지 않은 상태에서는 약한 술도 지속적인 손상을 입히기 때문이다.

언제부턴가 입가심으로 맥주, 본격적으로 소주, 정리하는 뜻에서 양주를 마시는 것이 공식이 되어가고 있다. 한국에서도 약 100년 전, 혼돈주라 불리는 순한국식 칵테일이 있었다. 따끈하게 데운 반 사발의 막걸리에 소주 한 잔을 섞어서 소주가 위로 맑게 떠오르기를 기다렸다가 마셨다고 하는데, 이때 사용하는 소주는 붉은빛 나는 홍소주로 '自中紅'이라 불렀다고 한다.

특히 독한 술을 먼저 마시면 위점막이 제대로 흡수를 못 하고 손상을 입게 되며 그 뒤에 마시는 술은 그대로 간으로 전달되어 간의 부담이 가중되기 때문이다.

● 술에는 장사가 없다

술을 마실수록 늘기는 하지만 알코올 저항력이 높아지는 것은 아니다. 술이 세다고 자랑하는 사람들 중 술에 강한 체질이 있긴 하지만 엄청난 알코올에 끄떡없는 간은 없다.

● 간은 휴식이 필요하다

간이 분해할 수 없을 정도로 많은 알코올을 섭취하면 아세트알데히드가 분해되지 않고 간장에 남아, 간 조직을 자극하거나 지방분을 쌓이게 하여 간장질환을 야기한다. 과음했다 싶으면 2~3일 정도는 절대로 술을 마시지 말고 간장에 쌓인 지방분이 해독되도록 해야 한다. 만일 쉬지 않고 계속 마시면 지방간에서 알코올성 간염, 간경변, 간암으로 발전하게 된다.

● 약과 함께 절대 마시지 마라!

약을 복용하면서 술을 마시면 간은 약과 알코올 두 가지를 동시에 대사하지 않으면 안된다. 알코올이 간에 들어오면 알코올은 우선적으로 분해된다. 자연히 약의 분해가 늦어져서 혈중에 오래 정체하기 때문에 약의 작용이 과하게 나타난다. 반드시 사고가 나는 것은 아니지만 간과 위 등에 과중한 부담을 주고 심각한 부작용이 생길 수 있는 음주 시의 약물복용은 절대 피해야 한다.

● 안주를 충분히 먹는다

알코올은 몸 안에서 분해되면서 열량을 발산하지만 영양분이 아니므로 안주를 섭취하여 영양을 공급해 주어야 한다. 공복에 안주 없이 마시면 알코올의 흡수속도가 빨라지고 혈중 알코올농도는 급격히 상승한다.

또한 술 마신 뒤 컨디션을 나쁘게 하고 위점막에 자극을 주기도 한다. 음주 전에 반드시 음식을 먹어두거나, 건배 뒤에 일단 잔을 내려두고 안주를 먹도록 해야 한다. 지방이 많은 음식은 지방간의 원인이 될 수 있고 고단백질 음식은 간장의 알코올 해독에 에너지원 구실을 한다.

우유에는 단백질뿐만 아니라 지방질도 풍부하게 함유되어 있어서 위의 점막을 보호하고 위산을 중화시키는 작용을 하기 때문에 음주 후의 악영향을 줄일 수 있다. 소주 1병 반은 쌀밥 한 공기의 칼로리와 거의 맞먹는다. 따라서 칼로리가 높은 육류보다는 저열량 식품인 과일이나 야채가 좋은 안주감이다.

● 술 마실 때 담배를 피하라!

담배 속의 니코틴은 위산의 분비를 촉진하게 되어 위산과다 현상을 나타나게 한다. 그리고 니코틴은 알코올에 잘 용해되므로 술 마실 때 담배를 피우면 술이 더 빨리 취하게 된다. 니코틴 외에도 담배에 포함된 각종 유해물질과 발암물질이 알코올에 빠른 속도로 용해되어 알코올로 인해 저항력과 암 발생 억제력이 감소된 몸을 공격하고, 위산과다는 위벽의 혈류를 나쁘게 하여 심할 경우에는 위궤양을 일으키는 원인이 되기도 한다.

● 속이 좋지 않으면 반드시 토하라

속이 거북한 것은 이미 소화능력 이상의 술을 마셨다는 증거이다. 그 정도로 술을 마시는 것도 좋지 않지만, 이미 마셨다면 술이 흡수되기 전에 토해내어 간의 부담을 덜어주는 것이 현명하다.

● 숙취는 충분히 풀어주어야 한다

술을 마시고 괴로워하는 것은 알코올이 몸 안에서 완전 분해되어 빠져나가지 못했기 때문이다. 알코올 분해대사의 중간산물인 알데히드가 혈액 속을 돌아다니면서 대뇌를 자극하고, 속을 뒤집어놓는 것이다. 이러한 현상을 없애려면 알코올성분을 빨리 몸 밖으로 빼내는 것이 최선이다.

음주 후에 물을 많이 마셔서 배뇨를 빠르게 하는 것도 숙취 해소에 도움이 된다. 술을 마신 후 입가심으로 먹는 아이스크림이나 커피를 삼가도록 한다. 숙취 해소나 입가심에도 도움이 되지 않을뿐더러 체지방만 더욱 축적하게 할 뿐이다.

숙취를 해소하기 위해서는 단백질, 비타민 C, 수분이 많은 음식을 섭취하는 것이 효과적이다. 알코올대사를 촉진시키는 아스파르트산(aspartic acid)이 함유된 콩나물국이나 조개국, 비타민이나 무기질이 많이 들어 있는 이온음료나 과일주스 등을 마시는 것이 좋다.

● 체질을 알고 마시자!

술은 남들과 맞추려다 간을 망가뜨리기 십상이기 때문에 자신의 체질을 확인하고 마셔야 한다. 드링크제만 마셔도 취하는 사람은 술이 받지 않는 체질이다. 술에 강해지려고 노력하는 것은 금물이다. 자꾸 마시다 보면 주량은 늘지만 그만큼 아세트알데히드도 증가하여 간이 상하게 된다. 조금만 마셔도 숨이 가쁘고 얼굴이 붉어지는 사람 역시 알코올 2차 분해효소인 ALDH와 보효소인 NAD의 선천적 결핍자이므로 술을 조금이라도 지나치게 마시면 위험할 수도 있다.

● 음주 후 스포츠는 위험하다

술을 마시고 스키 등의 격렬한 스포츠를 하는 것은 위험하다. 술을 마시면 반사신경과 판단력이 둔해져 상처를 입거나 남을 다치게 할 수 있다. 또한 취한 상태에서의 수영도 심장에 2중 부담을 주어 심하면 사망에 이르는 경우도 있다. 또 술에 취한 채로 사우나를 하는 것 역시 매우 위험하므로 피해야 한다.

그러나 술 마신 다음날 반드시 운동을 한다. 술과 안주를 많이 먹은 다음날에는 식사를 가볍게 하고 운동을 하면 몸 컨디션이 빨리 정상으로 돌아오고 칼로리 균형도 맞출 수 있게 된다. 운동을 하지 않더라도 택시 대신 버스나 지하철을 타거나 걸어가는 등 일상생활 속에서 활동량을 늘리도록 신경을 써야 한다. 술을 마신 후 간 기능이 정상적으로 회복되려면 최소 72시간이 지나야 하므로 최소 3~4일의 간격을 두어야 한다.

참고문헌

Andrew Sharp(2001), Wine Taster's Secrets, Warwick Publishing

Elin, McCoy and John, Frederick Walker(1998), Mr. Boston Official Bartender's Guide, A Time Warner
    Company

Hugh Johnson & Jancis Robinson(2001), The World Atlas of Wine(5th ed.), Simon & Schuster

John, J. Poister(1989), The New American Bartender's Guide, USA: Penguin Books Ltd

Michael Jackson(2000), Great Beer Guide, A Dorling Kindersley Book

Sopexa(1989), Wines and Spirits of France, Sopexa

The Wine Academy(2001), Wine Guide, Winenara.com

United Kingdom Bartender's Guide(1994), International Guide to Drink, Hutchinson Benham Ltd

김 혁(2000), 프랑스 와인기행, 세종서적

김준철(2002), 와인 알고 마시면 두배로 즐겁다, 세종서적

김준철(2003), 와인, 백산출판사, 서울

김한식(1996), 현대인과 와인, 도서출판나래

노완섭(1999), 성인병 300, 효일문화사

노완섭 · 전은자(2001), 식생활과 건강, 훈민사

두산그룹 기획실 홍보부(1994), 황금빛 낭만, 동아출판사

마주앙(1998), 와인이야기, 두산동아출판사

박록담(2002), 우리 술 빚는 법, 오상

박용균 · 우희명 · 조흥근 · 김정달(1990), 롯데호텔 식음료직무교재 · 명지출판사

배상면(1995), 전통주제조기술, 국순당 부설 효소연구소

이석현(2002), 전통 민속주를 이용한 칵테일 개발, 동국대학교 대학원 석사학위논문

이석현(2002), 현대 칵테일과 음료이론, 백산출판사

이종기(2000), 술을 알면 세상이 즐겁다, 도서출판한송

임웅규(1976), 호프, 일신사

전재근 등 공저(2002), 농축산식품이용학, 한국방송통신대학교출판부

정동호(1995), 우리술사전, 중앙대학교출판부

조영현(2012), The Wine, 백산출판사

조호철(2004), 우리 술 빚기, 넥서스Books

캘리포니아와인협회(1986), 지상최대의 음료, 캘리포니아와인협회

하덕모(1988), 발효공학, 문운당

〈자료제공〉 OB맥주 양조기술연구소, 서울 북촌문화센터 남선희 선생, 프랑스 소펙사, 두산주류BG

■ 저자 소개

이 석 현

동국대학교 산업기술환경대학원 식품공학과(공학 석사) 졸업
한국관광대학, 장안대학 겸임교수
롯데호텔 식음팀 입사
조주사 자격증 취득
현) 사단법인 한국바텐더협회 협회장
　　농촌진흥청 인적개발원 감사
　　주류품질인증제 심사위원 / 제1회 대한민국주류품평회 심사위원(국세청)
　　한국직업능력개발원 ETPL 심사위원
　　한국산업인력공단 조주기능사 필기 출제위원, 실기 감독위원
　　바리스타 필기시험 출제위원, 실기 감독위원
　　한국산업인력공단 조주분야 전문위원

주요 저서 및 논문
집에서 즐기는 칵테일 파티
조주학개론(현대 칵테일과 음료이론)
양조학(정성껏 빚어낸 양조주 이야기)
실전 칵테일
전통 민속주를 이용한 칵테일 개발(학위논문)

김 상 진

대구대학교 관광경영학과 졸업
경희대학교 대학원 관광학과 졸업(관광학 박사)
그랜드 하얏트 서울 근무(식음료부)
서울 교육청 특성화고 선정심사위원
조주기능사 실기시험 심사위원
현) 한국관광식음료학회 회장
　　경복대학교 관광학부 교수

주요 저서 및 논문
음료서비스관리론(백산출판사)
외식산업경영의 이해(백산출판사)
호텔의 사회자본이 직무만족, 조직몰입에 미치는 영향(호텔경영학연구) 외 다수

김 종 규

경희대학교 경영대학원 관광경영학과 졸업(석사)
강원대학교 대학원 관광경영학과 졸업(박사)
롯데호텔 식음료부 근무
롯데호텔잠실 식음연회팀 근무
경북 외국어 테크노대학 관광과 겸임교수
경복대학 관광과 겸임교수
현) 사단법인 한국바텐더협회 부회장
　　국제대학교 관광경영계열 교수

주요 저서 및 논문
호텔 조직내의 커뮤니케이션이 직무만족 및 경영 성과에 미치는 영향
호텔 식음료 종사원 교육 훈련개선에 관한 연구
호텔 식음료 실무/관광법규/실전 칵테일 외 다수

박 　 한

세종대학교 일반대학원 호텔관광경영학과 박사
세종대학교 관광대학원 호텔경영학과 석사 졸업
호텔리츠칼튼서울 바&다이닝팀 수석바텐더
밀레니엄서울힐튼호텔 식음료팀 소믈리에
한국조리사관학교 호텔식음료학부 교수(학과장)
남서울대학교, 경인여자대학교, 청강문화산업대학교 외래교수
서정대학교 겸임교수
현) 천안연암대학 외식산업계열 교수
　　사단법인 한국바텐더협회 이사(교육국장)
　　사단법인 한국능력교육개발원 기획분과 위원장
　　사단법인 관광경영학회 이사(학술분과)
　　한국산업인력공단 조주기능사(실기) 감독위원
　　한국능력교육개발원 와인소믈리에 심사위원
　　한국능력교육개발원 커피바리스타 심사위원

주요 저서 및 논문
와인미학
바&라운지 음료경영론
호텔 기업의 교육 훈련과 조직 환경이 직원의 서비스 품질과 동기 부여에 미치는 영향
호텔 바 직원의 폭력경험과 직무소진 간의 관계에 관한 사회적 지지의 조절효과

쉽게 풀어 쓴 **양조학**

2013년 2월 10일 초판 1쇄 인쇄
2013년 2월 15일 초판 1쇄 발행

저 자 이 석 현 · 김 상 진
김 종 규 · 박 한
발행인 寅製 진 욱 상

발행처 백산출판사
서울시 성북구 정릉3동 653-40
등록 : 1974. 1. 9. 제 1-72호
전화 : 914-1621, 917-6240
FAX : 912-4438
http://www.ibaeksan.kr
editbsp@naver.com

값 **30,000원**
ISBN 978-89-6183-654-8